江苏高校优势学科建设工程资助项目（PAPD）
江苏省博士后科研资助计划（1701083C）

高质量发展文库

ASSESSMENT
OF ENVIRONMENTAL ECONOMIC
POLICY AND ITS APPLICATION

环境经济政策评价
方法及应用

陆　敏/著

经济管理出版社
ECONOMY & MANAGEMENT PUBLISHING HOUSE

图书在版编目（CIP）数据

环境经济政策评价方法及应用／陆敏著. —北京：经济管理出版社，2019.7

ISBN 978-7-5096-6803-0

Ⅰ.①环… Ⅱ.①陆… Ⅲ.①环境经济—环境政策—评价—中国 Ⅳ.①X-012

中国版本图书馆 CIP 数据核字（2019）第 154336 号

组稿编辑：宋　娜

责任编辑：宋　娜　张馨予

责任印制：黄章平

责任校对：董杉珊

出版发行：经济管理出版社

　　　　　（北京市海淀区北蜂窝 8 号中雅大厦 A 座 11 层　　100038）

网　　　址：www. E-mp. com. cn

电　　　话：（010）51915602

印　　　刷：三河市延风印装有限公司

经　　　销：新华书店

开　　　本：720mm×1000mm /16

印　　　张：15.25

字　　　数：290 千字

版　　　次：2020 年 6 月第 1 版　　2020 年 6 月第 1 次印刷

书　　　号：ISBN 978-7-5096-6803-0

定　　　价：98.00 元

前　言

习近平总书记说，"既要金山银山，又要绿水青山，绿水青山就是金山银山"。金山银山和绿水青山的关系，归根结底就是正确处理经济发展和生态环境保护的关系。这是实现可持续发展的内在要求，是坚持绿色发展、推进生态文明建设首先必须解决的重大问题。当前，中国经济已由高速增长阶段转向高质量发展阶段，高质量发展必须是绿色发展，绿色发展是构建高质量现代化经济体系的必然要求，实现绿色发展先要重视环境保护。

环境经济政策是国家为了达到环境管理和环境保护的目标制定的大政方针，是可持续发展战略和环境保护战略的延伸和具体化，是诱导、约束和协调政策调控对象的观念和行为的准则，是实现可持续发展战略目标的定向管理手段。对环境经济政策效应开展综合评价，分析环境保护和经济可持续发展的关系，提出进一步完善环境经济政策的科学化、规范化、合理化建议，对于提高环境经济政策的经济有效性和可操作性，提升环境经济政策决策的科学化水平，促进经济的绿色发展和高质量发展具有重要意义。

基于此，本书运用多种环境经济政策评价方法，研究节能减排政策、碳排放交易机制、碳税等环境经济政策对自然、社会、经济环境的影响，并在此基础上给出相应的政策建议。

本书由九个部分组成，第一部分阐述了环境保护的迫切性，环境经济政策的含义和政策效应传导机制；第二部分介绍了本书的理论基础；第三部分给出了环境经济政策的历史演变；第四至第九部分是不同环境经济政策评价方法和案例研究。

本书是在笔者主持或参与的项目成果基础上编写而成，特别受到了江苏省高校优势学科建设工程项目（PAPD）、江苏省博士后科研资助计划（1701083C）的资助。本书参考引用了大量的国内外研究成果和文献，但只列出了部分文献，尚有部分未列出，在此向这些文献的作者表示歉意和感谢。

由于笔者能力所限，加之书稿内容跨时较大，为体现研究过程部分内容没有更新数据，文中疏漏和谬误在所难免，恳请广大读者批评指正。

陆敏

2019 年 6 月

目　录

第一章 绪 论

近百年来，全球气候经历了以变暖为主要特征的显著变化，极端气候现象和环境污染等事件频繁发生，温室气体排放被认为是导致全球气候发生变化的主要因素之一，自工业化时代以来，人类活动已引起全球温室气体排放增加，其中在1970~2004 年增加了 70%[①]，气候变化不仅严重地影响全球生态，还与经济社会息息相关，因此，控制温室气体排放已成为国际社会日益关注并高度重视的问题。

1988 年，联合国环境规划署（United Nations Environment Programme，UNEP）和世界气象组织（World Meteorological Organization，WMO）共同成立了联合国政府间气候变化专门委员会（IPCC），专门研究气候变化相关问题的成因及其潜在的环境、社会经济问题。1992 年，《联合国气候变化框架公约》（UNFCCC）通过，包括中国、美国等主要温室气体排放国在内的 189 个国家的支持和自愿承诺，这是目前全球气候变化谈判的最重要，也是最基本的框架结构。另一个具有里程碑式的文件就是《京都议定书》（1997），该文件明确了碳排放的总量目标和分解指标，具有创造性地规定了三个灵活机制，即附件一缔约国家[②]之间的联合履约机制（Joint Implementation，JI）、碳排放交易机制（International Emission Trade，IET）和附件一与非附件一缔约国家[③]之间的清洁发展机制（Clean Development Mechanism，CDM）。《京都议定书》之后，国际气候变化会议（见表 1-1）在争议之中艰难前行，特别是近年来，极端天气频发、生态环境日益恶化及能源资源急剧减少等情况的出现，已经使得气候变化问题超出科学研究范畴，成为国际社会多种政治力量利益博弈的筹码，但世界各国应对气候变化带来的威胁和挑战的步伐从没有停滞，国际社会在"共同但有区别的责任原则"下，在竞争中不断扩大合作。

---

① IPCC，2007：Climate Change 2007. Synthesis Report. WG Ⅰ, WG Ⅱ and WG Ⅲ. Core Writing Team, Pachauri R. K and Reisinger A. IPCC, Geneva, Switzerland.

② 39 个附件一国家包括：澳大利亚、奥地利、比利时、加拿大、丹麦、芬兰等。

③ 附件一与非附件一国家是《联合国气候变化框架公约》里的说法。

表 1-1　国际气候变化会议

年份	地点	会议成果	年份	地点	会议成果
1992	里约热内卢	UNFCCC	2007	巴厘岛	巴厘岛路线图
1995	柏林	柏林授权	2008	波兹南	启动"适应基金"
1996	日内瓦	日内瓦宣言	2009	哥本哈根	未形成有法律约束力文件，取得微小进步
1997	东京	京都议定书	2010	波恩	坎昆会议前要进行至少两轮气候会谈
1998	阿根廷	布宜诺斯艾利斯行动计划	2010	坎昆	坎昆协议
1999	波恩	没有重要进展	2011	德班	德班一揽子决议
2000	海牙	没有重要进展	2012	多哈	京都议定书第 2 承诺期
2001	波恩	波恩政治协议	2013	华沙	加强对发展中国家的资金和技术支持、推动德班平台
2001	摩洛哥	马拉喀什协定	2014	利马	继续推动德班平台谈判，细化 2015 年巴黎协议的要素
2002	新德里	新德里宣言	2015	巴黎	通过全球气候变化新协定
2003	米兰	造林再造林模式和程序	2016	马拉喀什	落实巴黎协定
2004	布宜诺斯艾利斯	简化小规模造林再造林模式和程序	2017	波恩	斐济实施动力
2005	蒙特利尔	蒙特利尔路线图	2018	曼谷	对巴黎协定的细节进行协商
2006	内罗毕	内罗毕工作计划	2018	卡托维兹	对巴黎协定机制、规则基本达成共识

　　伴随着中国经济的飞速发展，能源消耗和二氧化碳排放急剧增加，中国已经成为仅次于美国的全球第二大能源消耗国和二氧化碳排放国，2013 年，《BP 世界能源统计年鉴》数据显示，2012 年仅中国和印度就贡献了全球近 90%的能源消费净增量，而 IEA 的预测表明，中国的二氧化碳排放量预计到 2030 年将达到

世界总量的 27.32%,2012 年,《BP 世界能源统计年鉴》给出了中国和世界二氧化碳排放量的对比数据(见表 1-2),从表 1-2 中可以发现,1998~2011 年,我国二氧化碳排放贡献率显著增加。但中国的人均二氧化碳排放量依然较低,作为没有减排义务的发展中国家,中国在 2009 年哥本哈根会议召开之前,宣布了 2020 年人均 GDP 碳排放将比 2005 年降低 40%~50% 的承诺。

表 1-2 中国和世界二氧化碳排放量对比

年份	中国二氧化碳排放量 (亿吨)	世界二氧化碳排放量 (亿吨)	中国二氧化碳排放贡献率 (%)
1998	3319.61	2445.19	13.58
1999	3483.99	24819.00	14.04
2000	3550.57	25463.36	13.94
2001	3613.85	25668.75	14.08
2002	3833.14	26150.15	14.66
2003	4471.20	27323.09	16.36
2004	5283.16	28760.07	18.37
2005	5803.16	29652.04	19.57
2006	6415.54	30523.98	21.02
2007	6797.86	31446.27	21.62
2008	7033.49	31772.21	22.14
2009	7636.31	31460.35	24.27
2010	8209.81	33040.63	24.85
2011	8979.14	34032.75	26.38

未来中国经济仍将持续快速地增长,基础投资和建设依然在不断增加,中国的基本国情决定了中国能源消费和温室气体等的排放也会持续上升,这使其不得不面对巨大的国际压力。在国际气候变化谈判中,国际社会要求中国承担"大国责任",但我国坚持"共同而有区别的责任"原则,提出:不但看排放总量,还要看人均排放量;不但看当前排放量,还要看历史累积排放量;不但看本土排放量,还要看转移排放量;不但看当前排放量上升,还要看国家所处的历史发展阶段。

第一节　我国环境保护的现实背景

一、现阶段城镇化、工业化双轮驱动的环境保护压力仍处高位

党的十八大以来，我国生态环境保护从认识到实践，发生了历史性、全局性变化。"美丽中国"建设深入人心、稳步推进，生态文明建设取得显著成效，进入认识最深、力度最大、举措最实、推进最快，也是成效最好的时期。全党全国思想的认识程度之深，污染治理力度之大，制度出台频度之密，监管执法尺度之严和环境质量改善速度之快都前所未有。

然而，随着我国城镇化进程的不断推进，城市环境压力和承载力持续加大，城市环境保护问题日益凸显。改革开放以来，我国的城镇化进程快速发展，2000~2010年，城镇化率每年约提升1.37个百分点，近年来，虽然城镇化速度有所放缓，但预期到2020年，城镇化率依然会达到60%左右，年均增长0.9个百分点，到2030年，城镇化率将达到68%左右峰值并相对稳定。现阶段，中国城镇化依然在推进，尽管质量有所提升，但城镇化带来的城市人口激增、资源能源消耗，都对城市环境承载能力、城市生态空间容量、环境基础设施等带来很大的压力，城市整体环境面临的防治形势非常严峻（见表1-3）。

表1-3　2015年生活类资源消耗情况

类别	全国总量	生活消费	生活消费占比（%）
能源消费量（万吨标准煤）	429905.00	50099	11.65
人均能源消费量（千克标准煤）	3135.00	365.40	11.65
用水总量（亿立方米）	6103.20	793.50	13.00
城市供水总量（亿吨）	560.47	287.27	51.26

资料来源：《中国统计年鉴》（2016）。

中国已经进入基本实现工业化的决战阶段，但仍存在着发展经济的强烈需求。距离完成工业化也还有一段很长的路要走，依然需要实行大规模的能源、交通、建筑等基础设施建设。中国工业已基本完成了以技术驱动为特征的集约型增

长方式的转变，但长期经济增长的资源过度依赖形势，短期难以迅速扭转，能源依然是中国工业增长的主要源泉，仍将保持增长的态势，环境污染累积的压力难以缓解，工业能源消费量占能源消费总量的比重依然较高（见图1-1）。

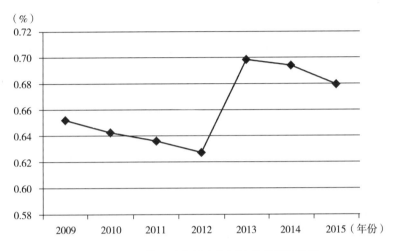

图1-1 工业能源消费量占能源消费总量的比重

二、经济结构调整、优化、升级任务艰巨

我国产业结构的调整和经济增长方式的转变取得了初步成效，2017年第三产业增加值占GDP比重已达到51.9%（见图1-2），"三二一"的产业结构格局将继续深化，大数据浪潮、信息技术和制造业的深度融合，"互联网+"等新产业、新业态持续发力，新能源、新材料等技术创新空前活跃，但结构调整的反复性、复杂性和长期性突出，经济发展过程中的能源过度依赖、污染排放强度高、投入产出效率低下等特征依然明显存在，短期内转变难度较大；第二产业占GDP比重虽然有所下降，但基数依然较大。投资驱动、工业主导、能源消耗量大等传统经济发展方式的固有特征在经济增长下行压力较大时表现得尤为突出。

从能源消费来看，我国能源消费总量连年攀升（见图1-3），2016年能源消费总量为43.58亿吨标准煤，环境污染较为严重的煤炭消费量占比稳定在67.28%。2017年，中国能源增长了3.1%，连续17年成为全球能源消费增量最大的国家。消费经济增长与能源消费和碳排放之间依然存在较显著的相关性，这是由我国目前的产业结构、技术发展水平和能源资源禀赋等共同决定的，短期内很难得到有效解决。

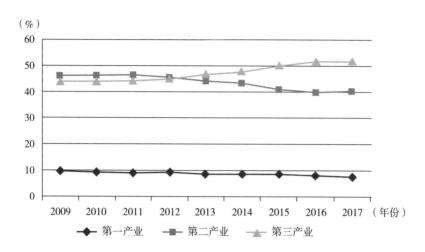

图 1-2　三个产业增加值占比

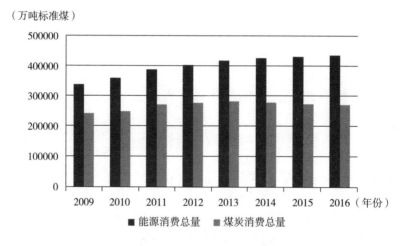

图 1-3　能源和煤炭消费总量

为了实现到 2020 年 GDP 的二氧化碳排放下降 45% 这一约束性目标，我国将会进一步优化产业结构，调整能源消费结构，实现经济的低碳发展。陈文颖、高鹏飞和何建坤提出，当减排率为 0~45% 时，由碳减排造成的 GDP 损失率在 0~2.5%。因此，现阶段产业、能源等结构调整的"阵痛"仍将持续存在，化解落后产能依然是首要任务，环境保护和经济增长方式转变、结构调整会长期处于战略相持阶段。

如表1-4所示，2015年六个主要能源密集型行业的能源消费总量达到21.75亿吨标准煤，占工业能源消费量的74.4%，占全国能源消费总量的50.59%，未来高耗能行业依然处于平台整理期，资源环境处于负重爬坡压力放缓阶段但仍是高位相持期。

表1-4 2015年六个能源密集型行业能源消费情况

行业类别	能源消费量 （万吨标准煤）	占工业能源消费量比重 （%）	占全部能源消费量比重 （%）
石油加工、炼焦及核燃料加工业	23182.81	7.93	5.39
化学原料及化学制品制造业	49009.38	16.77	11.40
非金属矿物制品业	34495.17	11.80	8.02
黑色金属冶炼及压延加工业	63950.51	21.88	14.88
有色金属冶炼及压延加工业	20707.01	7.08	4.82
电力、热力的生产和供应业	26123.75	8.94	6.08
合计	217468.6	74.40	50.59

三、经济发展与环境保护区域差异突出

我国不同地区所处的经济发展阶段存在较大差异，所处经济发展阶段和产业发展层次的不同会带来能源资源消耗和环境污染的空间差异。从经济发展所处的阶段来看，东部地区长三角、珠三角已经进入经济转型的工业化后期阶段，东部地带经济发展仍处于绝对优势，GDP增长速度远超中部、西部地带（见图1-4），中国西部地区大部分省份处于工业化中期阶段，个别省份仍处于工业化初期，东、中、西部完成工业化进程相差10年左右。

东部地带包含的11个省份人口密度大、经济体量大，长期以来，这些地带的高速发展消耗了大量的能源资源，产生了很多环境问题，使环境承载力负荷过重，生态环境问题突出，被破坏的生态修复、维护成本高、难度大，累积的环境压力积重难返。中西部地区具有劳动力、土地和市场等基础优势，固定资产投资远高于东部地区，基础设施的边际产出要低于东部地区，可以承接东部地区的产业梯度转移，经济粗放式增长的动能较强，涉重产能从东中部向中西部地区转移、从重点区域向非重点区域转移，预期部分行业的产能过剩可能会加剧，经济

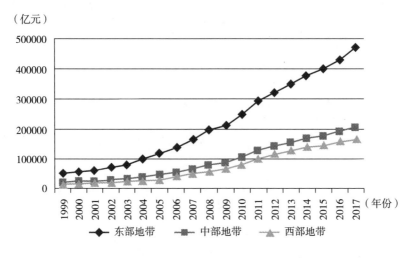

（亿元）

图1-4　三大经济带国内生产总值变化情况

加速发展引发的环境污染问题也会持续增加，再加上西部地区生态环境敏感度高、监管能力弱，环境保护压力明显加大。

"一带一路"倡议、京津冀协同发展和长江经济带发展战略会带来地区潜在环境风险和环境污染空间新格局。"一带一路"带来的沿线城市新一轮城镇化、工业化浪潮，不可避免地增加了对能源资源的需求，威胁沿线地区耕地、森林、草地等生态系统。京津冀长期积累的环境问题复杂交织，资源和生态环境透支严重，改善难度非常大。长江经济带的沿江产业布局会加剧长江流域的环境污染现状。

四、环境污染逼近临界，环境质量改善难度大

我国经济持续高位增长的主要支撑点包括资源要素高强度投入、能源无节制消耗、生态环境破坏严重的经济低质量发展，这导致环境污染累积严重，生态系统已濒临或超越临界点。我国主要河流、湖泊、水库水质处于临界水平，风险突出，敏感性加大，部分河流生态径流消失。数据显示，2017年全国24.5万公里长的河流中，Ⅰ～Ⅲ类[①]水质河长占78.5%，劣Ⅴ类水质河长占8.3%；参与水质评价的123个湖泊共3.3万平方公里，全年总体水质为Ⅰ～Ⅲ类的湖泊有32个，

---

　①　根据国家水质标准，Ⅰ～Ⅴ类水质的评价分别为优良、良好、较好、较差和极差。

Ⅳ~Ⅴ类湖泊有 67 个,劣Ⅴ类湖泊有 24 个,分别占评价湖泊总数的 26%、54.5% 和 19.5%;抽样评价的 117 个湖泊中,中度营养湖泊占 23.1%;富营养湖泊占 76.9%。在富营养湖泊中,轻度富营养湖泊占 56.7%,中度富营养湖泊占 43.3%;对全国 1064 座水库的评价显示,全年总体水质为Ⅰ~Ⅲ类的水库有 920 座,Ⅳ~Ⅴ类水库有 120 座,劣Ⅴ类水库有 24 座,分别占评价水库总数的 86.4%、11.3% 和 2.3%,其中大型水库Ⅰ~Ⅲ类及劣Ⅴ类的比例分别是 88.6% 和 1.4%;抽样评价的 1038 座水库中,贫营养水库占 0.3%,中营养水库占 72.6%,富营养水库占 27.1%。在富营养水库中,轻度富营养水库占 86.1%,中度富营养水库占 13.5%,重度富营养水库占 0.4%。

环境质量在短期内改善难度大,复杂性突出。2017 年水利部 2145 个监测站数据显示,地下水开发利用程度较大、污染较严重地区的流域地下水质量评价结果总体较差,水质优良的测站比例为 0.9%,水质良好的测站比例为 23.5%,水质较差的测站比例为 60.9%,水质极差的测站比例为 14.6%。同时,并发地下水过度开采所带来的系列问题呈现易发高发态势,以华北平原"地下漏斗"为例,根据 2010 年的通报,华北平原地区共超采地下水 1200 亿立方米,相当于 200 个白洋淀的水量,远大于减少的降水资源总量,换句话说,即使气候不转向,也无法阻止超采的发生。由于多年的地下水超采,华北平原已经成为世界上最大的"漏斗区"。张兆吉(2011)发表的一项研究结果表明,包括"浅层漏斗"和"深层漏斗"在内的华北平原复合地下"水漏斗",面积为 73288 平方公里,占总面积的 52.6%。2017 年,全国 338 个地级及以上城市中,有 99 个城市环境空气质量达标,占全部城市数的 29.3%。有 239 个城市环境空气质量超标,占全部城市数的 70.7%;338 个城市发生重度污染 2311 天次、严重污染 802 天次,以 PM2.5 为首要污染物的天数占重度及以上污染天数的 74.2%。

五、环境污染多元化、复杂化凸显

环境污染呈现多元化、复杂化的新趋势。城市农村、陆地海洋、生产生活、农业工业畜牧业等环境污染问题交织影响,新老环境污染问题叠加,防治形势非常严峻,导致单一治理模式无法彻底根治。以环渤海污染治理为例,渤海污染久治不愈,边治边污染的根源在于环绕渤海湾的两市三省(北京、天津、河北、辽宁、山东)污染问题的多元性和复杂性。首先,水资源短缺,时空分布不均,导致入海河流径流量减少,河流缺乏污染治理的物理动力;其次,资源缺乏与库容闲置并存,上游过度蓄水导致的下游生态径流缺乏、稀释自净能力差,加剧了下游城市的河流污染；再次，地下水开采过度，次生灾害频发，进一步导致环境污染从地表径流向浅层地下水污染渗透；最后，农业面源污染治理不到位，水环境污染恶化，农业面源污染是导致区域水体氮磷超标、水质恶化的主要因素，也带来渤海的主要污染物。其中，畜禽养殖粪污治理乏力，2016 年《中国环境年鉴》数据显示，2011~2015 年畜禽养殖污染排放的 COD（化学需氧量）总量约占农业 COD 总量的 95%，畜禽养殖污染排放的氨氮总量占农业氨氮总量的 75% 以上，同时，农业结构调整执行不到位。2018 年，农业部对其中"四至"信息中完整的 943.08 万亩进行遥感核查，结果显示有 224.16 万亩未完成，导致大豆的经济价值和生态价值（固氮作用）都无法体现。另外，化肥的用量大、利用率不高。我国每年使用化肥约 6000 万吨，亩均化肥施用量达到 21.9 公斤，远高于世界平均水平（每亩 8 公斤），是美国的 2.6 倍。且我国化肥利用率低，氮肥利用率仅为 35%，而温室大棚内更是只有 10%，磷肥的利用率仅为 10%~25%。面对环境污染多元化、复杂化的发展态势，中央明确提出打好污染防治攻坚战，使主要污染物排放总量大幅减少，生态环境质量总体改善，调整产业、能源、运输结构，淘汰落后产能，加大节能力度和考核。

六、环境管理统筹、协调难度大

习近平生态文明思想引领着环境管理的各项工作，生态文明理念加速转变全社会的价值观，但法规、制度、政策等的"生态化"存在一定的滞后期，环境管理在调控要求和现实背景中统筹、协调难度非常大，具体表现有：第一，环境保护涉及不同职能部门、不同地区省份，职权错配、利益冲突、多头管理等都会在一定程度上削弱环境保护的效果，特别是在当前污染防治攻坚战的背景下，联合执法、整体协调、统筹把握的压力显著增加；第二，人民群众环保意识增强，对环境保护的诉求日益强烈，而当前的环境保护工作处在"负重前行、克难攻坚"的阶段，污染防治在短期内的成效难以显现，社会部分公众的环境质量诉求甚至超越了当前的经济发展阶段和环境资源禀赋，人民群众对细微环境质量改善的认可度降低，微博、微信等新媒体的迅速发展，加快了环境污染事件的扩散和传播，对当前环境保护工作的社会监督能力提升；第三，随着全球经济一体化的发展，世界范围内的能源、资源和环境等的争夺、竞争激烈，加之不同经济体之间的社会经济发展不确定、不平衡，环境问题已经超出传统范畴，与政治、经济和安全相互渗透，呈现一体化、复杂化的发展趋势，成为不同国家之间博弈的新手段，统筹、协调国家的环境利益存在极大的挑战。

第二节 环境经济政策的含义

一、广义和狭义的环境经济政策

环境污染已经成为全球社会经济发展面临的主要问题之一，环境经济政策也逐渐成为各国最重要的公共政策之一。公共政策是第二次世界大战后西方国家逐步兴起的一个全新研究领域，公共政策就是政府选择做哪些事情和不做哪些事情。

环境经济政策是公共政策的一个组成部分，是国家机关、政治团体及环境决策机构为了达到环境管理和环境保护的目标，在一定时期内制定的规范公众、企业与团体行为和观念的一系列准则和依据。同时，环境经济政策又是公共政策中独立的政策领域，直接或间接地解决环境问题。环境经济政策既有公共政策的普遍特性，又有其自身的属性和边界。环境经济政策是可持续发展战略和环境保护战略的延伸和具体化，是诱导、约束和协调政策调控对象的观念和行为的准则，是实现可持续发展战略目标的定向管理手段。

环境经济政策根据所涉及的范围存在广义和狭义之分。广义的环境经济政策是指国家相关部门制定的与环境保护相关的一切法律、法规、规章制度和工作计划等，它们中间有强制性的和非强制性的，有以环境保护为直接目的的，也有不以环境质量改善为直接政策目标但却具有环境含义的。比如，能源政策、高新技术产业支持政策、绿色信贷政策等，都属于广义的环境经济政策。狭义的环境经济政策是指国家相关部门采取的直接保护环境和解决环境问题的政策，如环境保护法。不论是广义的环境经济政策，还是狭义的环境经济政策，其本质都应该是减轻或消除环境问题的外部不经济性，政策本身必须获得社会成员的普遍认可，具有一定的权威性，同时，环境经济政策不应该以保护环境为唯一目标，而应以人民为中心，改善人民生活质量，使环境与社会经济协调发展。

二、环境经济政策的制定

在法律效力维度上，中国的环境经济政策大部分是由全国人大下属的环资委制定的，如排污费、排污许可证和生态环境补偿政策等均由生态环境部制定；矿产资源补贴、城建环保补贴、废物回收利用等政策是由工信部等产业部门制定；能源使用、新能源补贴、能源税等由国家能源局或工信部制定。具体制定部门如图1-5所示。

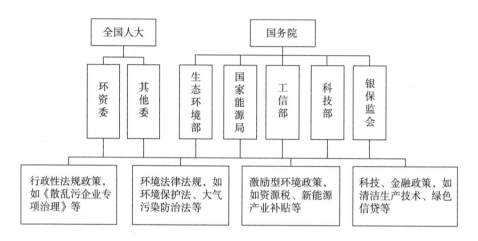

图1-5　中国环境经济政策的制定部门

三、环境经济政策的"四力"原则

政府环境治理水平建立在政府公共行政能力之上，主要包括环境公共物品生产力，环境保护决策力、执行力、协调力与监督力，政府在环境治理的过程中，生产力是基础，决策力是核心，执行力和协调力是关键，监督力是保障。因此，"四力"成为政府环境经济政策的重要支撑。

首先，环境经济政策的制定必须考虑到环境公共资源的生产力特质。环境资源是人类赖以生存和发展的物质保障，环境资源的公共物品特性决定了政府必须发挥资源调配的重要作用，同时，环境污染又具有典型的外部不经济性，这就要求政府在制定环境经济政策时承担起环境保护的责任。其次，环境经济政策的制定必须以决策力为核心。政府环境经济政策的主要目标是改善环境质量，但政策设计必须基于一定的现实条件和状况，运用科学的理论和方法，系统分析主客观条件，掌握充分的信息，保证政策实施可以实现对环境问题的有效改善，该决策力是实现可持续发展的决策，是绿色决策。最后，执行力和协调力是环境经济政策的纵向和横向要求。执行力要求环境经济政策的制定必须贯彻落实国家环境保护的法律、法规和政策工作部署，必须从中央到地方，执行完成政策目标，这是涵盖政策主体、环境、客体和资源禀赋等的纵向一体化过程,执行力的最终目的是确保政策效果的落实,环境质量的改善。协调力要求环境经济政策的制定必须通盘考虑跨部门的横向合作和统筹协调,协调力能不能发挥是环境经济政策能否取得最好效果的关键一步。习近平指出,山、水、林、田、湖是一个共同生命体,其本质就是在强调整体质量的提高需要部分功能的协调发展。因此,环境经济政策不能分开看待环境问题,而应从全局考虑,突出系统性和整体性。最后,监督力是环境经济政策发挥长效治理的重要基础。环境经济政策中,监督力是不可或缺的一环,是体现环境治理工作完整性和权威性的重要途径,也是保证政策效果的重要手段,可以有效地预防政策寻租、提高政府行政能力。

第三节 环境经济政策效应的传导机制

一、环境经济政策效应的理论认知

正确认识和处理经济发展与环境保护问题一直是理论界、实务界争论的一个基本问题。环境问题具有较强的负外部性,而经济的快速发展又不可避免地会带来资源消耗、环境污染等日益严重的环境问题,人们甚至会将环境问题和经济发展对立起来,认为发展经济难免会牺牲环境,环境经济政策会妨碍经济发展。事实上,有效的环境经济政策会通过影响政策主体的决策行为,进而影响产业发展,推动产业优化调整,不仅改善环境质量,而且促进经济高质量发展。因此,正确认识环境保护和经济发展的关系,就是对环境经济政策效应的理论认知。

严重的环境污染问题必然给经济社会发展带来无法挽回的负面影响。环境污染问题有悖经济发展的初衷,造成巨大的经济损失,甚至制约部分产业的发展,而且带来资源的低效率利用,危害人民群众的身心健康。同时,严重的环境污染事件也容易引发投诉、冲突,发酵的群体性事件还会危害社会稳定。政府部门加强环境保护,推行严苛的环境经济政策,可以促使企业增加环境治理投入,提升环境治理效率,激励企业改变生产流程,刺激和推动环境技术创新,而企业技术的进步又会促进环境治理成本的降低,最终实现环境改善和经济发展的双赢。严苛的环境经济政策可以在减少环境污染的同时,提高企业的生产率。长期来看,这对生产率的促进作用更加明显,尤其是对工业行业的技术创新具有显著的促进效应,而且还可以降低上游企业的环境技术变革成本。

二、环境经济政策效应传导机制和路径

环境资源具有竞争性和非排他性，其稀缺性和产权不明晰会造成市场失灵，当市场在交易成本很高、信息不对称时，会出现无法解决的环境问题。因此，政府主导的环境经济政策应运而生，政府可以通过政策工具影响环境污染主体的行为，间接地实现环境管理目标。环境经济政策效应的发挥，需要借助于主体污染企业的策略行为的改变来实现，政策效应主要体现在企业全要素生产率提高和整个产业结构优化升级上，整体传导机制如图 1-6 所示。

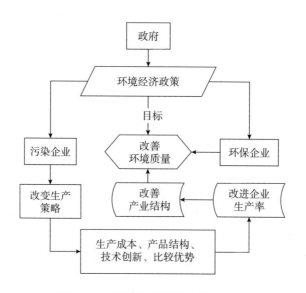

图 1-6　环境经济政策效应传导机制

具体而言，环保企业，可以从环境经济政策中获取政策红利，沿着"政策红利—清洁生产技术—生产环保产品—改善环境质量"的路径，形成企业和社会环境的良性循环。对污染企业来说，从生产成本来看，在环境经济政策的约束下，企业需要对生产流程进行改进，减少生产活动的环境污染，这必然导致企业生产成本增加，影响企业效益。追求利润最大化的企业，会将增加的成本转嫁给终端消费者，但成本转嫁在市场机制下取得的效果有限。因此，企业更多地会选择"生产流程改造（生产设备改良）—加大研发投入—生产技术革新—降低企业生产成本—提高企业生产率—产业结构"的路径。当经济发展带来的社会公众消费结构升级时，消费者需求结构变化带来了对高环境质量和清洁产品的偏好，进而

影响企业产品的供给结构，所以也有企业选择"环境经济政策—需求结构—产品供给结构—绿色生产技术—绿色生产率—产业结构"的路径。此时，企业会根据消费者需求结构的变化，进行资源重配，适时地调整内部的产品结构，从高能耗、高污染的初级工业产品逐步转向生产高新技术和清洁型产品，使企业更多地拥有绿色生产技术。企业生产率不断提高，越来越多处于价值链低端的企业产品结构被调整，带来的便是最终的产业结构优化升级，从而改善社会的环境质量。环境经济政策不仅会带来企业生产成本、产品结构和技术创新的变化，还会进一步促使不同区域的企业出现地理位置的迁移，具有比较优势的企业生产率会不断提高，具有比较优势的区域产业结构会不断优化，最终在一定程度上改善环境质量。

环境经济政策引致企业生产策略改变，其带来的企业生产率提高和产业结构优化过程中，对环境资源过度依赖的企业将会改变生产策略，增加对清洁能源的需求，企业能源需求的结构变化必然导致能源供给结构的改变，这会进一步影响生产要素供给部门的发展和结构优化，促使整个产业链上下游企业提高生产技术、增强竞争力，推动产业结构的高度化和集中化发展。

三、环境经济政策效应的实践案例

唐山作为传统的重工业城市，历史上形成了以煤炭、钢铁、水泥、化工等为代表的重化产业结构。这种重化产业结构，在支撑经济发展的同时，也导致能源消耗高、污染物排放总量大，给大气污染的防治带来巨大压力。空气质量不好直接影响了全市经济社会发展的整体环境。"雾霾围城"已经成为唐山发展之痛。

2013 年，河北省唐山市制定了《唐山市 2013~2017 年大气污染防治攻坚行动实施方案》（以下简称《方案》）。《方案》出台了 65 条具体措施，预计到2017 年全市二氧化硫、氮氧化物排放量比 2012 年分别减少 15%和 23%以上，细颗粒物浓度下降 33%以上，尽快实现"天蓝、水清、地绿"的目标。

2013 年以来，累计立案处罚违法企业 1656 家，罚款 7391 万元；侦办环境污染刑事案件 100 起，抓获犯罪嫌疑人 168 人；办理治安案件 337 起，行政处罚463 人，保持了环境执法的高压态势。截至 2016 年 2 月，唐山兴业工贸（集团）有限公司、唐山众业钢铁有限公司等 7 家企业已完成关停搬迁。分三批对 557 家重污染企业进行集中整治，关闭取缔小灰窑、小石场、小镀锌、小塑料、小橡胶、小选矿等非法企业 2382 家。2013 年以来，投资 30 多亿元实施重点行业企业料场入仓入棚改造，重点行业污染治理水平得到显著提升。同时，还开展了独立轧钢、烧结竖炉和石灰企业专项治理，关停企业 436 家。2013~2015 年，累计削减二氧化硫 5.77 万吨，氮氧化物 9.62 万吨。狠抓燃煤锅炉整治，到 2015 年底累计淘汰燃煤锅炉 3820 台，削减二氧化硫 2.3 吨、氮氧化物 1.1 吨、烟（粉）尘 2.7 吨。加快推广洁净型燃煤，建成 11 家洁净型煤生产企业，在农村大力推广清洁高效炉具，建成秸秆压块站 48 处。2013 年以来，全市共拆除高炉 23 座、化解炼铁产能 1087 万吨，淘汰转炉 57 座、化解炼钢产能 2357 万吨，分别占全省 2017 年底任务的 38.8% 和 58.9%。同时，淘汰焦炭落后产能 505 万吨、水泥落后产能 3754.7 万吨，压减水泥过剩产能 90 万吨，淘汰印染行业落后产能 1200 万米，淘汰造纸行业落后产能 34.51 万吨，削减二氧化硫 0.6 万吨、氮氧化物 0.5 万吨，全部超额完成省达目标任务。在机动车尾气治理方面，2013 年以来，淘汰黄标车、老旧车 13.9 万辆；累计更换新型环保公交车 1455 辆，新增公交车、出租车全部使用清洁燃料，2015 年底全面供应国 V 标准汽油、柴油。在扬尘治理方面，重点建筑工地监控系统安装率达到 100%；完成 226 家露天散料堆场、109 家混凝土搅拌站、17 家重点企业料场治理；关闭取缔采石场 281 家，对其中 197 家进行了环保整治。在挥发性有机物综合治理方面，对 55 家医药、化工等重点行业企业实施挥发性有机污染物治理；全市 1122 个加油站、10 座储油库、165 辆油罐车全部完成油气回收治理；市主城区、县城建成区全面取缔了露天烧烤。

　　虽然《方案》实施以来，短期和小范围内对唐山市经济发展造成了一定的负面影响，但从长期和宏观层面来看，《方案》有力地促进了唐山市环境质量的改善和传统产业的优化升级。全市在 2013 年平均达标天数 106 天，达标率仅为 29%，但 2015 年，全年有效监测天数 360 天，空气质量达标天数 156 天，达标率为 43.3%；2015 年与 2014 年相比，达标天数增加 23 天，重度污染以上天数减少 30 天，环境空气质量改善率 15.8%；与 2013 年相比，2015 年达标天数增加 50 天，重度污染以上天数减少 42 天，综合污染指数由 2013 年的 12.08 下降到 8.97，累计下降了 25.7%，PM2.5 浓度由 2013 年的 115 微克/立方米下降到 85 微克/立方米，环境空气质量改善率为 26.1%，完成了河北省 2017 年环境空气质量改善率 33% 目标的 79.1%。

第二章　环境经济政策的理论基础

第一节　经济学的外部性理论

一、外部性的内涵

外部性（Externality）又称外部效应，是指个人（包括自然人和法人）在从事经济活动时给他人造成了积极的或消极的影响，但没有取得应有的收益或承担应有的责任，或者说当一个人的生产或消费直接影响到另一个人的环境，产生了施加于其他人的费用或者效益时，外部性问题就出现了。比如，某企业为用户提供产品或者服务，用户是企业活动的直接关联者，同时，该企业的生产活动又会对周围居民产生影响，这些居民为与该企业活动无直接关联者，企业对居民的影响没有在企业的生产交易活动中得到反映，则称为外部性。

外部性通常有以下几个主要特征：①外部性是由人为活动造成的。②外部性是经济活动中的一种溢出效应，在受影响者看来，这种溢出效应不是自愿接受的，而是由对方强加的。③经济活动对他人的影响并不反映在市场机制的运行过程中，而是在市场运行机制之外。由于经济主体的活动对其他主体的影响有好坏之分，因而外部性也有正外部性和负外部性。

从经济学角度来看，环境问题其实就是外部性问题，外部性理论是环境经济政策的基础。20世纪30年代，庇古（Pigou）在《福利经济学》一书中提出，外部性反映和描述的是私人成本与社会成本的差异。外部性可以分为外部经济性和外部不经济性，或称正外部性和负外部性，分别指受外部性影响的个人福利增加和利益受损的情况。一般来说，当市场上资源的供给大于需求时，存在外部经济性，反之，存在外部不经济性。当外部性存在时，资源得不到有效配置，市场均衡一般是低效率的①。社会中的环境或资源问题一般都由外部不经济性导致，比较著名的有"公地悲剧"，当个人追求自身利益最大化，不考虑对其他人的潜在损害时，会造成资源的过度使用和枯竭。所谓公共资源（The Commons），是指公共使用或者消费的资源，与私人资源相对应。严格意义上的公共资源具有两重性质——非竞争性和非排他性。所谓非竞争性，是指个人对公共资源消费的同时并不影响其他人消费并获取一定的效用，即在生产水平给定时，其他人消费资源的边际成本为零。所谓非排他性，是指个人在消费某一公共资源时，不能排除其他人消费这一资源（不论他们是否付费），或者排除的成本很高。过度砍伐的森林、过度捕捞的渔业资源及污染严重的河流和空气，都是"公地悲剧"的典型例子。对公共地资源的悲剧有许多解决办法，哈定（1968）说，我们可以将之卖掉，使之成为私有财产；可以作为公共财产保留，但准许进入，这种准许可以以多种方式来进行。他还说，这些意见均合理，也均有可反驳的地方，"但是我们必须选择，否则我们就等于认同了公共地的毁灭，我们只能在国家公园里回忆它们。"

因此，当外部性存在时，公共资源得不到最优配置，市场这只"看不见的手"出现失灵。

二、外部性的解决办法

1. 庇古税

解决外部性问题时，经济学家主张将外部成本内部化，但在如何将外部成本内部化问题上，经济学上存在两大经典流派：一是庇古理论，主张用征税的办法对造成环境负外部性影响的行为征税，征收一个边际净私人产品和边际净社会产品的差额，也就是庇古税，从而使外部成本内部化，达到控制资源过度消耗的目的；二是产权理论，其中最重要的思想来自科斯（Coase），他提出产权的不明晰和无效是市场失灵的根源，只要明确界定产权，经济行为主体之间的交易行为就可以有效地解决外部性问题，因此可以通过产权的市场交易来实现外部成本内部化。

科斯认为，环境问题是由于市场在环境资源配置上的失灵所致，只有对污染排放活动征收一定单位的税收，才能使外部性内部化，从而解决市场失灵问题。税率应该等于在最有效分配时，最后一个污染单位引起的外部边际社会损害。根据这种观点，通过税收方式对污染定价，让企业内部化其污染的外部性，企业必

---

① 哈尔·瓦里安. 微观经济学（高级教程）[M]. 北京：经济科学出版社，2002.

然会选择符合自身利益的策略最小化其需要承担的成本，这样，企业在实现内部成本最小化时也最小化了社会总成本。

2. 产权理论

解决外部性问题时，科斯提出可以通过市场交易使外部成本内部化。1960年，科斯发表了经济学史上最为著名的文章之一《论社会成本问题》，提出了与庇古截然不同的观点，他认为应当充分发挥市场的作用，市场可以在政府不干预的情况下以有效的方式消除外部性。他强调交易成本的作用，并认为只要产权明确，在交易成本为零时，法定权利的最初分配从效率角度来看是无关紧要的，不管权利怎样进行初始配置，通过产权协商最终交易，市场机制本身可以解决因外部性产生的市场失灵而无须政府干预，这在经济学中通常称为"科斯定理"。科斯定理将产权赋予外部损害的制造者，只要产权清晰，当事人之间可以通过自由协商达到资源的有效配置，无论谁拥有产权，社会资源都会趋向于最优化配置。

尽管现实世界中产权界定与明晰经常存在一定的困难，交易成本也不可能为零，但科斯定理给出了一种利用市场机制解决外部性问题的新方法，即将带有外部性的行为（如环境污染）确定为一种权利，并使其明晰化和可交易化，然后由市场对这种权利的价值和分配做出判断和配置。科斯认为，市场不仅可以在保持这些权利的价值中扮演实质性角色，而且在确保它们得到最佳使用上也可以扮演重要角色。

科斯的产权理论提出通过市场手段解决环境问题，与庇古提出的政府定价正好相反。基于科斯的理论思想，1966年，克洛克（Crocker）在《空气污染控制系统结构》一文中讨论了科斯理论在空气污染中的应用。1968年，美国经济学家戴尔斯（Dales）的论著提出，污染实际上是政府赋予排污企业的一种产权，这种产权应该是可以转让的，可以通过这种市场方式提高环境资源的使用效率，并首次在水污染中应用科斯定理，这也是科斯定理的第一次实践应用。根据科斯定理，排污权的卖方可以出售自己超量减排剩余的排放权，获得一定的经济回报，这是市场对有利于环境外部经济性的补偿，而无法按规定进行减排的企业必须购买排放权，其支出的费用实质上是为其环境外部不经济性付出的代价。因此，排污权交易在本质上属于基于市场的环境政策工具，它搁置了科斯所说的污染者与被污染者的"谈判"，代之以追求社会福利最大化的政府，允许市场为产权定价和实现价值，价格由市场中供给和需求的交互影响决定。

三、外部性对环境保护的意义

环境资源就是一种公共资源，由于自身的非竞争性和非排他性导致了生产建设过程中环境污染和资源浪费现象。企业可以任意占用公共资源而不必付出什么代价，长此以往，其最终结果是人人占用公共资源为自己的收益服务，为了个人利益损害社会总利益，就整个社会而言，企业环境污染的负外部性必然使得社会成本增加，资源浪费严重。环境使用的"零价格"导致了私人成本和社会成本的偏离，由于人们在经济活动中只会考虑私人成本而不考虑所造成的外部成本，企业产品不能反映它们对环境的损害。因此，这些产品的成本被低估，这就导致该类型产品的生产和需求过高，环境资源被过度使用。

外部性理论可以充分解释和说明经济活动中出现的资源配置低效率的根本原因，同时也为如何解决环境外部不经济性问题提供了可供选择的思路和方向。政府可以对产生负外部性的企业增加税收（如环境税、资源税），使得外部成本内部化；不同类型企业之间可以就利益关系和环境保护问题进行协商、合作；政府还可以通过总量控制的排污权交易（如碳排放权交易），让环境污染约束在许可目标范围内，促进社会经济的可持续发展。

第二节　新制度经济学

新制度经济学或新制度学派就是用主流经济学的方法分析制度的经济学，是一部以科斯、诺思、布坎南、奥尔森、阿尔奇安、德姆塞兹、威廉姆森、张五常等新制度经济学大家为开创者的原典，是一种新的、不断加强其影响力的公共政策研究途径。在一个不确定的世界中，制度自身是人类设计的产物，一直被人类用来使其相互交往具有稳定性。制度之所以在社会中存在，是因为它们可以规定行为角色，约束行为和形成期望，克服社会组织中的信息障碍，减少交易成本。

制度是社会的博弈规则，并且能提供特定的激励框架，从而形成各种经济、政治、社会组织。制度由正式规则（法律、宪法、规则）、非正式规则（习惯、道德、行为准则）及其实施效果构成。实施可由第三方承担（法律执行、社会流放）、第二方承担（报复），或第一方承担（行为自律）。制度和所使用的技术通过决定构成生产总成本的交易和转换（生产）成本来影响经济绩效。由于在制度和其所用技术之间存在密切联系，所以市场的有效性直接决定于制度框架。

美国经济学家道格拉斯·诺斯认为，应制定提供框架，使人类得以在里面相互影响。制度是一整套规则、应遵循的要求和合乎伦理道德的行为规则、规范的合体。政策则包括规划、社会目标、议案、政府决策、计划和项目等，自然而然地不会脱离制度框架，而是从属于制度框架。制度对政策是制约关系，也是真包含关系。由于这些"确定生产、交换、分配的基础的一整套政治、社会和法律的基本规则"的指导性、宏观性以及缺乏可操作性，就需要政策来执行操作任务。各种政策把制度具体化，在执行中不断完善，逐渐上升为法律、规章，而各种政策在制定、执行时又有不可逾越的"基本规则"的限制，使它们在制度框架中"生根发芽"，用具体规则充实整个制度。政策是制度的"附生物"，随制度的产生而产生，随制度的消亡而消亡。政策从属于制度，在制度框架中生成与应用。但政策的特性决定了它并不是被动地适应制度，也不是仅仅有利于制度框架的完善，它会积极或消极地在制度框架内发生量变，积累到一定程度时会促使制度变迁，达到制度创新，即政策可以能动地反作用于制度。

政策源于人类自身的需要，它是在人类解决比较现实的问题时产生的，它是在制度逐渐形成中或者制度形成后的具体操作，政策比制度更具有行为特征。政策是计划和目标，不等同于价值分配，更不等同于政治行为，也不仅仅是操作和动态过程，应该是它们的综合体。政策是制度框架中的砖石，是灵活多变的广义的规划，具有很强的适应性。同时，其潜移默化的特征使它成为相对恒久的政府决策，这是政策的本质属性。政策是集体成员的契约，是在给定环境中可以预测其他成员的行为准则，但又不同于法律、法规。虽然法律、法规也近似于一种契约，也可以在给定环境下预测他人行为，但政策并没有明确规定违反契约将会受到多大程度的惩罚。当然，许多政策会逐渐上升为法律、法规，惩戒程度会被明确规定，在大多数情况下，政策与法律间并没有明确区分，甚至可以说法规、法律是政策的法律形态。政策具有目标特征、行为特征、灵活多变特征、实证特征以及法律特征等，也正是因为这些特征决定了政策可以能动地反作用于制度框架。

第三章　中国环境经济政策的历史演变

中国的环境经济政策演变起步于 20 世纪 70 年代初期，1972 年，联合国在斯德哥尔摩召开了人类环境会议（即斯德哥尔摩会议），随后，中国在 1973 年成立了国务院环保领导小组及其办公室和省市环保机构，标志着中国环境保护事业的开端。随着经济的改革开放和快速发展，20 世纪 80 年代，环境保护立法并形成基本框架，20 世纪 90 年代至 21 世纪初，出台了各种有针对性的环境经济政策、法律、法规，逐步形成了以命令—控制型标准为主，以越来越重视运用市场经济手段、自愿行动和公众参与手段为辅的政策实施体系。

第一节　中国环境经济政策的演变过程

一、环境经济政策的整体演变

中国环境经济政策的发展演变大体上可以分为四个阶段：

第一阶段是 20 世纪 70 年代初至 70 年代末。1971 年，原国家建设委员会下设了工业"三废"利用管理办公室，卫生部还组织了对各大水系、海域和城市的污染调查与监测，初步取得了我国环境污染状况的资料。1972 年，中国政府代表团参加了联合国第一次人类环境会议。1973 年，中国环境保护会议在北京召开，拟定并通过了《关于保护和改善环境的若干规定（试行草案）》，确定了环境保护的"32 字方针"。1974 年，国务院环境保护领导小组成立，中国的环境保护事业正式起步。20 世纪 70 年代，中国政府陆续制定和颁布了一系列环境治理和环境保护的政策规定和法律法规。比如，1974 年的《中华人民共和国沿海水域污染暂行规定》、1977 年的《关于治理工业"三废"开展综合利用的几项规定》、1978 年的《宪法》第 11 条规定"国家保护环境和自然资源，防治污染和其他公害"。

第二阶段是 20 世纪 70 年代末至 80 年代末期。1979 年,《中华人民共和国环境保护法(试行)》获得人大表决通过,这是中国第一部环保类法律,从法律上肯定了"32 字方针"和"谁污染,谁治理"的环境政策,标志着中国的环境保护和污染防治开始进入法制轨道。1982 年,《宪法》第 26 条规定"国家保护和改善生活环境和生态环境,防治污染和其他公害"。同年,我国组建城乡建设环保部,内设环境保护局,形成城乡建设与环保一体化的管理体系。1984 年,国务院做出了《关于环境保护工作的决定》,成立了国务院环境保护委员会,城乡建设环保部的环境保护局更名为国家环保局。从 1982 年开始,我国制订了一系列的环保法律法规,如《海洋环境保护法》(1982)、《船舶污染海域管理条例》(1982)、《征收排污费暂行办法》(1982)、《关于结合技术改造防治工业污染的几项规定》(1983)、《关于防治煤烟型污染技术政策的规定》(1984)、《水污染防治法》(1984)、《大气污染防治法》(1987)、《水污染排放许可证管理暂行办法》(1988)、《工业三废排放试行标准》、《食品卫生标准》、《生活饮用水卫生标准》等。

第三阶段是 20 世纪 80 年代末至 90 年代末。1988 年,国家环保局成为国务院直属机构,全国不同层级的政府部门也设立环境保护机构。1989 年,全国人大常委会通过了对《环境保护法》的修订。90 年代以来,随着经济增长和人民生活水平的提高,人们对环境质量提出了更高要求,生态环境保护成为人们关注的热门话题。1992 年,中共中央、国务院批准了《环境与发展十大对策》,明确了实施可持续发展战略。1993 年,全国人大设立了环境保护委员会。1994 年,国务院批准《中国 21 世纪议程》,把可持续发展原则贯穿到了中国环境与发展的各个领域。1996 年,《关于国民经济和社会发展"九五"计划和 2010 年远景目标纲要》提出了明确的环境保护目标。到 2000 年,力争使环境污染和生态破坏加剧的趋势得到基本控制,部分城市和地区的环境质量有所改善,到 2010 年,基本改变生态环境恶化的状况,城乡环境有比较明显的改善。1999 年,中美两国环保局签署合作协议,开展了"利用市场机制减少二氧化硫排放的可行性研究",标志着中国运用排污权交易解决环境污染问题的开端。这一时期,出台了水污染防治法实施细则(1989)、《放射环境管理办法》(1990)、《环保优质产品评选管理办法》(1990)、《超标环境噪声排污费征收标准》(1991)、《超标污水排污费征收标准》(1991)、《征收工业燃煤 SO_2 排污费试点方案》(1992)、《海河流域水污染防治条例》(1995)、《大气污染防治法》(1995 年第一次修订)、《固体废物污染环境防治法》(1995)、《水污染防治法》(1996 年第一次修订)、《环境噪声污染防治法》(1996)、《关于环境保护若干问题的决定》(1996)、《节约能源法》(1997)、《酸雨控制区和二氧化硫控制区划分办法》(1997)等。截至

1997 年，我国颁布环境法律 6 部，环境行政法规 28 件，部门环境规章 70 余件，资源法律 9 部，各类环境标准 390 项，有效推动了环境保护与经济社会的协调发展。

第四阶段是 20 世纪 90 年代末到 21 世纪。这一阶段，中国进入了新一轮的快速发展周期，中国的工业化和城镇化加速发展，粗放型的经济增长方式使得资源浪费和环境污染形势更加严峻，环境保护的压力日益增大。1998 年，国家环保局升格为正部级，新组建的国土资源部负责自然资源的规划保护工作，同年，《全国生态环境建设规划》《建设项目环境保护管理条例》出台。1999 年，《海洋环境法》进行第一次修订，2000 年，《大气污染防治法》（第二次修订）、《全国生态环境保护纲要》发布。2002 年，《清洁生产促进法》《燃煤二氧化硫污染防治技术》《排污费征收管理条例》《关于加快绿色食品发展的意见》出台。2003 年公布了《环境影响评价法》和《放射性污染防治法》，2005 年《可再生能源法》。2005 年 8 月 15 日，时任中共浙江省委书记的习近平同志在浙江省安吉县首次提出了"绿水青山就是金山银山"这一关系文明兴衰、人民福祉的发展理念。2006 年 4 月，温家宝在第六次全国环境保护大会上明确提出了环保工作要加快实现"三个转变"，转变发展观念，加大节能减排力度，建设资源节约型、环境友好型社会。2007 年，中共十七大提出了生态文明建设的新要求，发布了《国家环境保护"十一五"规划》。截至 2007 年，国家已颁布的环境法有 6 部，资源法有 9 部。国务院的行政法规（条例）共 29 件。国务院部门国家环保总局的规章（条例）有 70 多件，国家环境标准有 375 项，地方性法律有 900 多件，还同 24 个国家签订了 29 项环境合作协定或备忘录。2008 年组建了环境保护部，提高了环境监管权威，同年，《循环经济促进法》发布。此外，政府也更加关注市场机制在环境保护和治理中的作用，基于市场的激励政策不断完善，2012 年初，国家相关部委正式宣布京津沪渝等 7 省份开展碳排放权交易试点工作，建立国内碳排放交易市场。2014 年，国务院出台了《国务院办公厅关于进一步推进排污权有偿使用和交易试点工作的指导意见》，对建立排污权有偿使用制度、排污权交易的推进和相关制度保障进行了设计安排，进一步奠定了市场型环境政策工具的基础。2014 年，全国人大常委会还通过了修订后的《中华人民共和国环境保护法》（俗称"新环保法"），该法强化了企业污染防治责任，加大了对环境违法行为的法律制裁，系统规定了政府、企业环境信息公开，环境保护的公众参与、监督等。2015 年 11 月，《关于加强企业环境信用体系建设的指导意见》出台。2016 年 5 月，《水资源税改革试点暂行办法》《财政部、国家税务总局关于全面推进资源税改革的通知》发布，2016 年 12 月，全国人大常委会通过了《中华人民共和国环境保护税法》。2017 年 12 月，全国性碳排放权交易市场正式开启，国家发展改革委公布了《全国碳排放权交易市场建设方案（发电行业）》。2017 年 12 月 17 日，中办、国办正式印发《生态环境损害赔偿制度改革方案》决定，在全国试行生态环境损害赔偿制度。2018 年 3 月，中华人民共和国生态环境部正式成立。

第四阶段具有重要影响的是，2018 年 5 月，在全国生态环境保护大会上的最大亮点和取得的最重要理论成果——"习近平生态文明思想"，这是中共十八大以来我国召开的规格最高、规模最大、意义最深远的一次生态文明建设会议。"习近平生态文明思想"是对中共十八大以来习近平总书记围绕生态文明建设提出的一系列新理念、新思想、新战略的高度概括和科学总结，是新时代生态文明建设的根本遵循和行动指南，也是马克思主义关于人与自然关系理论的最新成果。其主要内涵体现在：以"人与自然和谐共生"为本质要求、以"绿水青山就是金山银山"为基本内核、以"良好生态环境是最普惠民生福祉"为宗旨精神、以"山水林田湖草是生命共同体"为系统思想、以"最严格制度最严密法治保护生态环境"为重要抓手、以"共谋全球生态文明建设"彰显大国担当。中共十八大以来，在以习近平同志为核心的党中央坚强领导下，中国政府将生态文明建设作为统筹推进"五位一体"总体布局和协调推进"四个全面"战略布局的重要内容，开展一系列根本性、开创性、长远性工作，提出一系列新理念新思想新战略，生态文明理念日益深入人心，污染治理力度之大、制度出台频度之密、监管执法尺度之严、环境质量改善速度之快前所未有，推动生态环境保护发生历史性、转折性、全局性变化。中共十八大以来，相继出台了《国家应对气候变化规划（2014~2020 年）》（2014 年）、《关于加快推进生态文明建设的意见》（2015 年）、《生态文明体制改革总体方案》（2015 年）、《中国落实 2030 年可持续发展议程国别方案》（2016 年）、《关于全面加强生态环境保护坚决打好污染防治攻坚战的意见》（2018 年），制定了 40 多项涉及生态文明建设的改革方案。从总体目标、基本理念、主要原则、重点任务、制度保障等方面对生态文明建设进行全面系统部署安排。2017 年，习近平总书记在中共十九大报告中首次将"树立和践行绿水青山就是金山银山的理念"写入了中国共产党的党代会报告。

二、不同类别环境经济政策的历史演变

1. 综合节能政策的演变历程

1980 年邓小平同志提出"能源是经济的首要问题"，确立了能源在国民经济中的战略地位。同年，国家计委制定《"六五"节能规划》，提出解决我国能源问题的总方针："开发与节约并重，近期把节约放在首位"。1982 年，中共十二

大把能源确定为社会经济发展的战略重点，进一步明确了能源在国民经济中的战略地位。1985 年，国家计委制定《"七五"节能规划》。1986 年 1 月 12 日，为贯彻国家对能源实行开发和节约并重的方针，合理利用能源，降低能源消耗，提高经济效益，保证国民经济持续、稳定、协调的发展，国务院颁布了《节约能源管理暂行条例》。1990 年国家计委制定《"八五"节能规划》。1991 年，国家计委发文《进一步加强节约能源工作的若干意见》，该政策加强了我国的能源管理，提高了能源利用效率和经济效益，减轻了环境污染。1995 年国家计委制定《"九五"节能规划》。1996 年 3 月通过的《中华人民共和国国民经济和社会发展"九五"计划和 2010 年远景目标纲要》中提出"坚持节约与开发并举，把节约放在首位；大力调整能源生产和消费结构；推广先进技术，提高能源生产效率；坚持能源开发与环境治理同步进行，继续理顺能源产品价格。能源建设以电力为中心，以煤炭为基础，加强石油天然气的资源勘探和开发，积极发展新能源"的能源发展方针。第一次明确、系统地提出我国能源发展战略。1997 年，人代会颁布了《中华人民共和国节约能源法》，即加强用能管理，采取技术上可行、经济上合理以及环境和社会可以承受的措施，减少从能源生产到消费各个环节中的损失和浪费，更加有效、合理地利用能源。2000 年国家经贸委同有关部门制定节约能源与资源综合利用"十五"规划。2004 年，为推动全社会开展节能降耗，缓解能源瓶颈制约，建设节能型社会，促进经济社会可持续发展，实现全面建设小康社会的宏伟目标，国家发展和改革委员会发出了《关于印发节能中长期专项规划的通知》。2006 年，国务院为深入贯彻科学发展观，落实节约资源基本国策，调动社会各方力量进一步加强节能工作，加快建设节约型社会，实现"十一五"规划纲要提出的节能目标，促进经济社会发展切实转入全面协调可持续发展的轨道，特做出了《国务院关于加强节能工作的决定》；同年 8 月，发改委发出《关于印发"十一五"十大重点节能工程实施意见的通知》。同年 9 月，国务院发布《国务院关于"十一五"期间各地区单位生产总值能源消耗降低指标计划的批复》。2007 年 6 月，发改委发出《关于印发节能减排综合性工作方案的通知》。

2. 资源节约政策的演变历程

1986 年，为了发展矿业，加强矿产资源的勘查、开发利用和保护工作，保障社会主义现代建设的当前和长远的需要，国家颁布了《中华人民共和国矿产资源法》，并于 1996 年和 2001 年分别进行了修订。1994 年 3 月，国家经贸委印发《关于加强资源节约综合利用工作的意见》的通知，指出我国要加快国民经济发展，必须高度重视节约能源和原材料，提高资源利用效率，改变以大量消耗资源为特征的粗放型经营方式，向节能降耗型、质量效益型的集约化经营转变。在建立社会主义市场经济体制，政府转变职能，转换企业经营机制的新形势下，要在总结以往经验的基础上，探索新思路、研究新方法，开创节能降耗和资源综合利用工作的新局面，保证国民经济持续、快速、健康发展。为了加强对矿产资源开采的管理，保护采矿权人的合法权益，维护矿产资源开采秩序，促进矿业发展，1996 年 11 月，为了加强资源节约综合利用技术改造项目（包括节能、农村能源、风机、水泵和环保等项目）管理，突出重点，更好地推进资源节约综合利用技术进步工作，根据现行技术改造管理办法，国家经贸委发布《资源节约综合利用技术改造项目管理办法（试行）》。1998 年 2 月 12 日，全国人代会通过《矿产资源勘察区块登记管理办法》《矿产资源开采登记管理办法》《探矿权、采矿权转让管理办法》。2004 年，国务院发出《关于开展资源节约活动的通知》，主要是为深入贯彻落实中共十六大和中共十六届三中全会精神，加快建设资源节约型社会，推动循环经济发展，解决全面建设小康社会面临的资源约束和环境压力问题，保障国民经济持续快速协调健康发展，经国务院同意，2004～2006 年在全国范围内组织开展资源节约活动，全面推进能源、原材料、水、土地等资源节约和综合利用工作。

3. 煤炭节约政策的演变历程

20 世纪 80 年代初，中国煤炭政策的主要目标是恢复"十年动乱"中遭到破坏的生产秩序和管理制度，加速煤炭工业的发展，满足急剧增长的煤炭需求，同时开始管理体制改革。1982 年 12 月，全国第五届人大五次会议通过的"六五"计划，提出建设以山西为中心包括内蒙古西部、山西北部、宁夏、豫西的煤炭重化工基地，同时国务院还成立了山西能源基地规划办公室以更好地建设山西能源基地。1983 年 4 月国务院发布《关于加快发展小煤矿八项措施》，同年 6 月 28 日，煤炭部发出《关于进一步放宽政策、放手发展地方煤矿的通知》；同年 11 月 6 日发出《关于积极支持群众办矿的通知》。提出大、中、小煤矿一起搞，国家、集体、个人一起上。这些政策的出台，极大地促进了小煤矿的发展，小煤矿产量急剧上升。20 世纪 90 年代，煤炭政策主要是体制改革和结构调整。1996 年 4 月，煤炭部发出《煤炭工业部节约能源监测管理办法》，同年 8 月，为了合理开发利用和保护煤炭资源，规范煤炭生产、经营活动，促进和保障煤炭行业的发展，全国人民代表大会通过了《中华人民共和国煤炭法》。1998 年，为合理开发利用煤炭资源、调整和优化煤炭工业结构、规范煤炭生产经营秩序、实现煤炭产需基本平衡、搞好安全生产、促进煤炭工业健康发展，国务院决定关闭非法和布局不合理煤矿、压减煤炭产量，并发布《国务院关于关闭非法和布局不合理煤矿有关问题的通知》。2005 年 8 月，安监总煤矿发布《国务院办公厅关于坚决整顿关闭不具备安全生产条件和非法煤矿的紧急通知》；同年 10 月，国家发展和改革委、建设部发布《关于建立煤热价格联动机制的指导意见》；同年 11 月，发改委发布《国家发改委就煤矿整顿关停工作发出特急通知》。2006 年 6 月，发改委发布《关于加强煤炭建设项目管理的通知》。2007 年 7 月，发改委发布《关于印发煤炭工业节能减排工作意见的通知》。

4. 油气节约政策的演变历程

1981 年 4 月，国务院发布《关于节约成品油的指令》；同年 6 月，国务院发布《国务院决定实行石油工业部 1 亿吨原油产量包干办法》；同年 12 月，发布《关于严格限制发展小炼油厂和取缔小土炼油炉的通令》。1982 年，国务院发布《中华人民共和国对外合作开采海洋石油资源条例》，主要是为促进国民经济的发展，扩大国际经济技术合作，在维护国家主权和经济利益的前提下允许外国企业参与合作开采中华人民共和国海洋石油资源。1987 年 12 月，国务院发布《石油及天然气勘察、开采登记管理暂行办法》。1990 年 1 月，国务院发布《中外合作开采陆上石油资源缴纳矿区使用费暂行规定》，同年 9 月，原能源部发布《石油及天然气勘察、开采管理暂行办法》。1993 年，为保障石油工业的发展，促进国际经济合作和技术交流，国务院颁布了《中华人民共和国对外合作开采陆上石油资源条例》。1994 年 4 月，国务院发布《国务院批转国家计委、国家经贸委关于改革原油、成品油流通体制意见的通知》。1998 年 6 月，国家计委发布《原油、成品油价格改革方案》。1999 年 5 月，国家经贸委等部门发布了《关于清理整顿小炼油厂和规范原油成品油流通秩序的意见》。

5. 电力节约政策的演变历程

1985 年，中央提出"能源工业发展以电力为中心"的能源发展方针，这促进了电力工业的发展，也带动了煤炭工业的发展。同年，国务院发布了《关于鼓励集资办电和实行多种电价的暂行规定》，把国家统一建设电力和统一电价的办法，改为鼓励地方、部门和企业投资建设电厂，并对部分电力实行多种电价的办法，以适应国民经济发展的需要。1987 年 3 月，国务院发布了《关于进一步加强节约用电的若干规定》，此规定加强了用电管理，采取了技术上可行、经济上合理的节电措施，减少了电能的直接和间接损耗，提高了能源效率和保护环境。1991 年 2 月，能源部发布《火力发电厂节约能源规定（试行）》。1996 年，国家经贸委为认真贯彻党的十四届五中全会和八届全国人大四次会议精神，促进经济增长方式由粗放型向集约型的转变，做好"九五"时期的节能工作，结合我国照明行业和电力工业发展现状，特制定了《中国绿色照明工程实施方案》。1998 年，为贯彻落实《中华人民共和国节约能源法》，实现两个根本性转变和实施可持续发展战略，推动热电联产事业的健康发展，国家计委、国家经贸委、电力部、建设部联合制定了《关于发展热电联产的若干规定》。2000 年，为了加强节能管理，提高能效，促进电能的合理利用，改善能源结构，保障经济持续发展，国家经贸委制定了《节约用电管理办法》。国家经贸委、建设部、国家技术质量监督局联合发布了《关于进一步推进中国绿色照明工程的意见》。

6. 有关环境的节能政策的演变历程

1982 年，国务院制定了《征收排污费暂行办法》，对超过标准排放污染物的企业、事业单位要征收排污费。对其他排污单位，要征收采暖锅炉烟尘排污费。排污单位缴纳排污费，并不免除其应承担的治理污染、赔偿损害的责任和法律规定的其他责任。1986 年，为了加强建设项目的环境保护管理，开始严格控制新的污染，加快治理原有的污染，保护和改善环境，为此国务院颁布了《建设项目环境保护管理办法》。1987 年，全国人代会通过《中华人民共和国大气污染防治法》，于 1995 年和 2000 年分别进行了修改。制定此法主要是为了防治大气污染，保护和改善生活环境和生态环境保障人体健康，促进社会主义现代化建设的发展。1996 年，为了防治固体废物污染环境，保障人体健康，促进社会主义现代化建设的发展，全国人代会又通过了《中华人民共和国固体废物污染环境防治法》。1998 年，在酸雨控制区和二氧化硫控制区实行污染物排放总量控制，国家环保总局发布《国务院关于酸雨控制区和二氧化硫污染控制区有关问题的批复》的行动方案。《建设项目环境保护管理条例》出台。2003 年，《中华人民共和国清洁生产促进法》由全国人民代表大会常务委员会颁布，主要是为了促进清洁生产，提高资源利用效率，减少和避免污染物的产生，保护和改善环境，保障人体健康，促进经济与社会可持续发展；人代会还颁布了《中华人民共和国环境影响评价法》，对于实施可持续发展战略，预防因规划和建设项目实施后对环境造成不良影响，对促进经济、社会和环境的协调发展起到了很好的作用。2006 年，为了促进可再生能源的开发利用，增加能源供应，改善能源结构，保障能源安全，保护环境，实现经济社会的可持续发展，全国人民代表大会常务委员会颁布了《中华人民共和国可再生能源法》。2007 年 1 月，发改委发布《关于公布国家重点支持水泥工业结构调整大型企业（集团）名单的通知》；同年 3 月，发改委发布《关于加强铜冶炼企业行业准入管理工作的通知》；同年 5 月，发改委发布《关于加快推进产业结构调整遏制高耗能行业再度盲目扩张的紧急通知》。

7. 重点领域的节能政策的演变历程

建筑领域：1992 年，为了加快墙体材料革新和节能建筑的发展，国家有关部门根据产业政策的要求，制定配套的政策法规，对发展新型墙体材料和节能建筑实行鼓励政策，对生产和应用实心黏土砖实行限制政策，为此，国务院转批了国家建材局等部门提出的《关于加快墙体材料革新和推广节能建筑的意见》。2005 年 6 月，为巩固取得的成果，进一步推进墙体材料革新和推广节能建筑，有效保护耕地和节约能源，国务院发布了《国务院办公厅关于进一步推进墙体材料革新和推广节能建筑的通知》。1997年2月，为了贯彻国家节约能源的政策，扭转我国严寒地区居住建筑采暖能耗大、热环境质量差的状况，通过在建筑设计和采暖设计中采用有效的技术措施，将采暖能耗控制在规定水平，建设部、国家计委、国家经贸委、国家税务总局建设科联合颁布《民用建筑节能设计标准（采暖居住建筑部分）》；2005年4月，为了贯彻落实科学发展观和2019年政府工作报告中提出的"鼓励发展节能省地型住宅和公共建筑"，切实抓好新建居住建筑严格执行建筑节能设计标准的工作，降低居住建筑能耗，建设部发布了《关于新建居住建筑严格执行节能设计标准的通知》。2000年2月，建设部颁布了《民用建筑节能管理规定》，主要是为了加强民用建筑节能管理，提高能源利用效率，改善室内热环境质量。2005年5月，为贯彻落实中央关于发展节能省地型住宅和公共建筑的要求，建设部还提出了《关于发展节能省地型住宅和公共建筑的指导意见》。同年10月，国家又颁布了《新〈民用建筑节能管理规定〉》。

重点企业：1981年5月，为提高工矿企业和城市能源利用效率，提高工矿企业的经济效益，减轻城市环境污染，国家经委、国家计委、国家能源委员会联合发布《对工矿企业和城市节约能源的若干具体要求（试行）》。1987年1月，国家经委发布《企业节约能源管理升级（定级）暂行规定》。1991年3月，国家计委在上述文件基础上又发布了《企业节约能源管理升级（定级）规定》。1999年5月，为加强重点用能单位的节能管理，提高能源利用效率和经济效益，保护环境，国家经济贸易委员会颁布了《重点用能单位节能管理办法》。2006年4月，发改委环资司发布《关于印发千家企业节能行动实施方案的通知》。2006年3月，国务院发布《国务院关于加快推进产能过剩行业结构调整的通知》；2006年5月，发改委发布《关于加快推进产业结构调整遏制高耗能行业再度盲目扩张的紧急通知》；2006年7月，发改委发布《关于防止高耗能行业重新盲目扩张的通知》。

第二节　环境经济政策的分类

环境经济政策的主要目的是改善环境质量和环境资源，进而提高人类的生存条件和生活水平，促进生产力发展，实现环境与经济的协调发展。环境经济政策是各种具体环境经济手段和措施的综合，通过改变经济约束和激励条件来调控经济主体的环境行为及相关政策。随着环境经济政策的演进、现实环境问题的发展，不同时期的不同国家会出现不同类型的环境经济政策。哈密尔顿按照环境经济政策实施的途径与方式将其分为四大类：①利用市场，有环境税等手段；②建立市场，有产权建立、排污权交易等手段；③利用环境法规和标准来管理环境；④通过宣传、公告等形式，动员和引导公众或组织自觉参与环境保护。OECD-Eurostat则将环境经济政策分为三类，即行政性管制政策、经济手段和相互沟通手段。

根据政策工具性质的不同，可以将环境经济政策分为命令—控制型、市场激励型和自愿性三类。命令—控制型环境经济政策是我国最早使用的政策工具，是国家对社会实施的有强制约束力的政策，按照控制阶段可以分为：事前控制、事中控制和事后控制。该类型政策以政府为主导，具有强制性和及时性的特点，作用对象主要是直接造成污染或环境损害的企业。主要包括环境影响评价（事前控制）、排污权交易许可、污染总量控制（事中控制），关停并转、限期整改、散乱污整治（事后控制）等。命令—控制型政策能够解决大部分"市场失灵"导致的环境问题，从理论和实践上都具有合理性和成本效益。但是该类型政策中，政府扮演了主要角色，市场作用的发挥空间十分有限，无法激励企业污染成本内部化，也无法促进企业环境研发创新。

从1982年我国开始实施排污收费制度开始，市场激励型政策工具的优势逐步显现，该类政策主要通过改变经济约束和激励条件来调控经济主体的环境行为，实现环境污染外部成本的内部化，从而实现环境保护的目的。市场激励型政策工具已经成为各国环境经济政策的重要组成部分，常见的有排污收费、排污权交易、生态环境补偿、补贴政策和补偿费等。该类型政策工具可以对命令—控制型工具形成重要补充。一方面，可以通过市场手段促进资源的合理分配，降低污染治理成本，减轻政府管理成本，提高企业环境决策行为的自觉性。另一方面，可以对企业形成持久的行为激励，调动企业环境决策行为的积极性，增加环保投入，提升企业产品结构，促进企业技术创新，从而推动产业结构优化调整升级。

自愿性政策工具包括信息公开、公众参与监督和宣传教育等，是政府部门开展与环境信息披露有关的项目，向社会公众发布企业有关的环境治理信息，综合政府、企业和社会等各方面因素，增加企业环保压力，从而影响企业的环境决策行为。随着社会的进步和发展，社会公众的环保意识不断增强，企业环境行为的社会舆论压力直接影响企业的社会形象，进而影响企业在资本市场的市值，因而越来越多的企业主动采取积极的环境治理，自行披露环境信息。因此，自愿性政策工具通过非传统政策渠道实现了环境保护，是一种政策工具的创新，但自愿性工具要发挥有效激励企业环境治理作用，必须具备完善的商品市场、资本市场体制、完善的价格信息传导机制，才可以保障企业的任何环境行为都可以敏捷地反映在产品市场和资本市场中。

第三节　环境经济政策的发展趋势

1. 市场激励型政策工具主导性作用日益明显

命令—控制型政策工具在中国环境保护和污染治理过程中起到了关键性的作用，取得了阶段性的效果，这类型政策工具具有强制性的显著特点，可以对污染企业的环境决策提出针对性的规定和要求，能够有效控制企业的污染活动，实现特定的环境保护目标。但它也有明显的弊端，比如环境污染治理手段不灵活，效率较低而且治理效果不尽理想，统一的环境治理目标设置没有根据企业的环境治理现实状况设置，不仅有失公平，而且不能对企业形成针对性的激励。而且，政府在处置环境污染问题时，往往存在"寻租"行为和"规制捕获"，导致环境标准和法规无法落地，或者选择性实施，进一步降低了政策的实施效果。因此，市场激励型政策工具应运而生，并在灵活解决环境污染问题上的作用日益明显，比如，中国的碳排放权交易市场就是典型的市场激励型政策工具，通过对企业的碳排放权进行市场交易，借助市场机制对资源进行合理分配，激励企业将环境污染成本内部化，有效地实现了企业自身污染成本的下降和全社会环境污染治理综合成本的降低。

2. 环境经济政策工具逐步突出事前防范

在中国工业化发展的初级阶段，由于人们的环保意识淡薄，对环境污染也缺乏应有的认识，导致环境污染问题日益积累，环境污染事件频发。为了解决已存在的环境污染问题，政府部门开始对企业生产的末端污染物进行整治，这种事后处理的方法也称为"先污染后处理"。显然，"先污染后处理"的治理手段存在明显的局限性。一方面，后治理对技术要求较高，脱离生产过程来治污的成本一般也较高，可能会增加企业负担、影响企业经营业绩，对经济发展也会产生一定的反向冲击，继而影响实际的污染治理效果；另一方面，事后处理时，企业存在规避污染责任的空间，高企的治污成本也会让企业随意处置污染，有可能造成二次污染。因此，事后治理无法从根本上解决环境污染问题，无法有效控制企业的治理行为，也无法从根本上改善环境质量。事前防范的作用主要体现在全过程控制、全流程防范，将环境治理目标内嵌于企业生产的每一个环节，从污染的源头上进行有效防范和控制。事前防范会促使企业在生产过程中就实现资源的有效利用和污染排放的控制，较之事后处理，事前防范的治理手段有更明显的优势。

3. 环境经济政策工具逐步转变为一体化的发展态势

由于管理部门职能和权利划分交错，我国环境经济政策较为杂乱，政策目标和手段重叠，缺乏系统性和整体性，离散化的政策工具会导致环境经济政策的执行效率较低，作用效果不明显。首先，多部门之间重复交替，会导致污染责任的部门间转移，不利于环境质量的整体改善；其次，由于不同部门之间专业化的局限，环境治理技术革新缺乏通盘考虑，仅仅考虑本部门的发展；再次，有些环境经济政策需要和其他部门的政策兼容发展，才能发挥整体作用效果，比如治理企业污染的绿色信贷政策，就需要环保部门和金融部门的信息沟通、共享，需要跨部门的政策整合创新；最后，多部门政策之间会出现政策冲突、行政许可繁杂、企业惰性执行低效等问题。以渤海污染治理为例，有媒体曾报道①，从1996年制定《中国海洋21世纪议程》算起，我国着手治理渤海污染已有20年的时间，这期间法律法规不断增多，达到70多部，但依然治不住渤海污染，其中最根本的原因之一就是环渤海8省市各自为政、相互推诿，8省市的环保部门、水利部门、海洋部门等部门割据、功能交错、政策重叠，权利和责任分割，海洋部门不上岸、环保部门不下海，管排污的不管治理、管治理的管不了排污等。因此，一体化的治理思路迫在眉睫，庆幸的是，2018年11月，生态环境部会同国家发展改革委和自然资源部，经报国务院批准，印发了《渤海综合治理攻坚战行动计划》。该行动计划已经明确了任务书、时间表、路线图，甚至是施工图。其总体思路和举措围绕"一个目标"，实施"三管齐下"。"一个目标"是以建设"清洁、健康、安全渤海"作为战略目标，坚持以改善渤海生态环境质量为核心，以解决现在存在的突出环境问题为主攻方向，综合施策，确保渤海生态环境不再恶化，3年综合治理能见到实效。"三管齐下"是"减排污、扩容量、防风险"，即是要将污染防治、生态保护、风险防范"三位一体"一并推进、协同推进、协同增效。

环境经济政策的一体化是一个过程，包括制定、管理和实施，该过程是对多部门、多层级的挑战，但坚持的是可持续发展原则，目的是为了保持经济、社会和环境三者之间的均衡发展。环境经济政策的制定与实施是摒除政府多余部门、提高政策制定和实施效率的主要途径。

4. 更加重视社会公众环境意识和行为的转变

企业的生产过程是产生污染排放和环境破坏的主要原因，现有的环境经济政策通过制定各类型的环境标准和激励型政策工具，从源头上降低了企业的污染排放。然而，已有的政策工具忽略了社会公众的环境意识和行为对环境治理效率的

① 《为何70余部法律法规难治渤海污染？部门地方各自为政是关键》，澎湃新闻，2016年8月13日。

影响。随着人们生活水平的提高，社会公众的环保意识不断增强，他们对"低污染"产品的偏好会影响企业的环境决策行为，因此，适当的环境经济政策可以通过社会公众的消费行为倒逼企业自觉改进生产工艺，进行绿色技术创新，从而减少污染排放。同时，社会公众的自身环境行为也会加剧环境污染。比如，社会公众日常的餐厨垃圾处理、固体废弃物处置和生活污水排放等。社会公众对环境的损害行为需要相应的环境经济政策进行引导和管理，逐步改善以生产者为导向的政策，合理设计和制定社会公众行为导向的环境经济政策，增强社会公众注重对垃圾和污水等的处理意识，倡导环境友好型消费和可持续消费。

第四章　基于灰色系统理论的
环境经济政策评价

第一节　灰色系统理论概念与原理

一、灰色系统理论与不确定性系统

灰色系统理论是一种研究少数据、贫信息不确定性问题的新方法，最早是由中国学者邓聚龙于 1982 年创立。灰色系统理论以"部分信息一致、部分信息未知"的"小样本""贫信息"不确定性系统为研究对象，主要通过对"部分"已知信息的生成、开发，提取有价值的信息，实现对系统运行行为、演化规律的正确描述和有效监控。现实世界中，由于内外扰动的存在和人们认识水平的局限，人们得到的信息往往带有某种不确定性，"小样本""贫信息"不确定性系统的普遍存在决定了灰色系统理论具有十分广阔的应用领域。信息不完全、不准确是不确定性系统的基本特征。系统演化的动态特性、人类认知能力的局限性和经济、技术条件的制约，导致不确定性系统普遍存在。

信息不完全是不确定性系统的基本特征之一。信息不完全是绝对的，信息完全则是相对的。人们以其有限的认知能力观测无限的时空，不可能得到所谓的"完全信息"。概率统计中的"大样本"实际上表达了人们对信息不完全的容忍程度，通常情况下，样本容量超过 30 就可被认为"大样本"，但有时候即使收集到数千甚至几万个样本也未必能找到潜在的统计规律。

不确定性系统的另一个基本特征是数据不准确。不准确与不精确的含义基本相同，表达的都是与实际数值存在误差或偏误。从不准确产生的本质来划分，又可以分为概念型、层次型和预测型三类：概念型不准确源于人们对某种事物、观念和意愿的表达；层次型是由研究或观测的层次改变形成的数据不准确，有的数据从系统的高层次，即宏观层次、整体层次上看是准确的，而到了更低的层次上，即系统的微观层次、分部层次看就不准确了；预测型，也称作估计型，是由于难以完全把握系统的演化规律导致的对未来的预测不准确。事实上，无论采取何种方法，人们总是很难获得绝对准确的预测或者估计，定计划、做决策往往要参考不完全准确的预测数据。

在信息不完全、数据不准确的情况下追求精确的模型是行不通的。模糊数学创始人扎德说过："当系统的复杂性日益增长时，我们做出系统特性的精确而有意义的描述能力将相应降低，直至达到这样一个阈值，一旦超过它，精确性与有意义性将变成两个互相排斥的特性。"因此，追求精确化并不是处理复杂事物的有效手段。

概率统计、模糊数学和灰色系统理论是三种常见的不确定性系统研究方法，其研究对象都具有某种不确定性，但是概率统计研究的是"随机不确定"现象，着重于考察"随机不确定"现象的统计规律，模糊数学则主要研究"认知不确定"问题，研究对象具有"内涵明确、外延不明确"的特点，而灰色系统理论着重研究概率统计、模糊数学所难以解决的"小样本""贫信息"不确定性问题，并依据信息覆盖，通过序列算子的作用探索事物运动的现实规律，其特点是"少数据建模"。这三者的区别如表4-1所示。

表4-1　灰色系统理论、概率统计和模糊数学的区别

项目	灰色系统理论	概率统计	模糊数学
研究对象	贫信息不确定	随机不确定	认知不确定
基础集合	灰色朦胧集	康托尔集	模糊集
方法依据	信息覆盖	映射	映射
途径手段	灰序列算子	频率统计	截集
数据要求	任意分布	典型分布	隶属度可知
侧重	内涵	内涵	外延
目标	现实规律	统计规律	认知表达
特色	小样本	大样本	凭经验

二、灰色系统的基本原理

社会、经济、农业、工业等系统是根据研究对象所属的领域和范围命名的，

而灰色系统却是按颜色命名的。在控制论中，人们常用颜色的深浅表示信息的明确程度，用"黑"表示信息未知，用"白"表示信息完全明确，用"灰"表示信息部分明确，部分不明确。相应地，信息完全明确的系统称为白色系统，信息未知的系统称为黑色系统，部分信息明确，部分信息不明确的系统称为灰色系统。

　　人们在社会、经济活动或科研活动中，经常会遇到的信息不完全情况一般可分为4种：参数（元素）信息不完全、结构信息不完全、边界信息不完全和运行行为信息不完全。信息不完全是"灰"的基本含义，从不同场合、不同角度看，还可以将"灰"的定义加以引申，如表4-2所示。

表4-2　灰的引申定义

概念 场合	黑	灰	白
从信息上看	未知	不完全	完全
从表象上看	暗	若明若暗	明朗
在过程上	新	新旧交替	旧
在性质上	混沌	多种成分	纯
在方法上	否定	扬弃	肯定
在态度上	放纵	宽容	严厉
从结果看	无解	非唯一解	唯一解

　　在灰色系统理论创立和发展过程中，邓聚龙发现并提炼出灰色系统的基本原理。主要包括：①差异信息原理。"差异"是信息，凡信息必有差异。②解的非唯一性原理。信息不完全、不确定的解是非唯一的。③最少信息原理。灰色系统理论的特点是充分开发利用已占有的"最少信息"。④认知根据原理。信息是认知的根据。⑤新信息优先原理。新信息对认知的作用大于老信息。⑥灰性不灭原理。"信息不完全"（灰）是绝对的。

三、灰色系统的主要内容

　　灰色系统理论的研究对象是"部分信息已知、部分信息未知"的"小样本""贫信息"不确定性系统，它通过对"部分"已知信息的生成、开发和实现来对现实世界进行确切的描述和认识。灰色系统理论经过二十多年的发展，已经基本建立起集系统分析、评估、建模、预测、决策、控制和优化技术于一体的一门新兴学科结构体系。其主要内容包括以灰色代数系统、灰色方程、灰色矩阵等为基础的理论体系；以序列算子和灰色序列生成为基础的方法体系；以灰关联空间和灰色聚类评估为依托的分析、评价模型体系；以 GM（1，1）为核心的预测模型体系；以多目标智能灰靶决策为标志的决策模型体系；以多方法融合创新为特色的灰色组合模型体系和以灰色规划、灰色投入产出、灰色博弈、灰色控制为主体的优化模型体系。

灰色预测模型通过灰色生成或序列算子的作用弱化随机性，挖掘潜在的规律，经过差分方程与微分方程之间的互换实现了利用离散数据序列建立连续的动态微分方程的新飞跃，其中 GM（1，1）模型是得到最普遍应用的核心模型，灰色预测是基于 GM 模型做出的定量预测。

第二节　基于新陈代谢 GM（1，1）模型的高耗能行业节能政策贡献率研究

一、研究背景

近年来，我国高耗能行业在结构调整和节能减排上取得了初步成效，但还存在能源消耗高、淘汰落后产能进展慢等问题，特别是 2019 年以来部分高耗能行业生产过快增长，产品出口大幅增加，投资有所反弹，需要引起高度重视，并采取有力措施加以解决。

自 20 世纪 80 年代起，我国就陆续制定了一系列的节能减排的政策、法规和标准，这些政策、法规和标准的贯彻执行对合理引导企业加快淘汰落后产能，促进产业转型，减缓温室气体排放，转变经济发展方式发挥了重要作用。

节能减排政策主要是源于解决资源、能源消费的环境外部性及稀缺性问题。虽然我国产业在结构调整和经济增长方式的转变上取得了初步成效，但不可忽视的是我国经济发展依然存在投资驱动、工业主导、能源消耗量大的问题。1995～2010 年我国钢铁、有色、电力、石化化工等高耗能行业工业总产值逐年增加，特别是进入 21 世纪以来，高耗能行业的工业总产值增速明显（见图 4-1），能源消费总量齐驱并进。如图 4-2 所示，1995 年高耗能行业的能源消费量为 55929.6

万吨标准煤，单位总产值能耗为 2.97 吨标准煤/万元。随着我国经济的发展，高耗能行业的工业总产值和能源消费量逐年上升，单位总产值能耗逐年下降，2000年，高耗能行业的能源消费量为 57488.03 万吨标准煤，而单位总产值能耗为1.93 吨标准煤/万元。2001~2010 年，整体来看，随着我国节能减排政策的实施，单位总产值能耗明显降低，但我国基础工业的飞速发展导致的高耗能行业能源消费总量急剧攀升问题仍不可小觑。

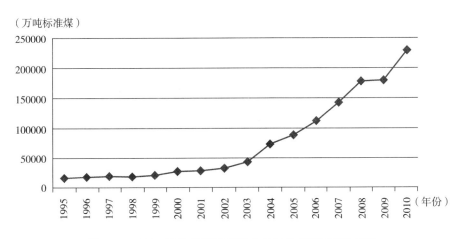

图 4-1 1995~2010 年高耗能行业的工业总产值变化情况

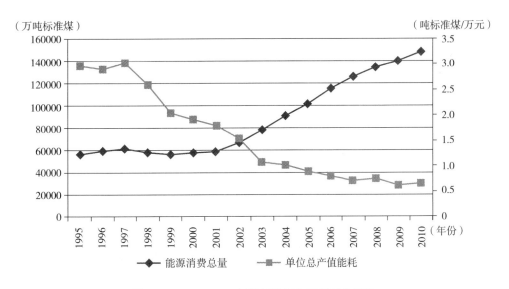

图 4-2 1995~2010 年高耗能行业能耗变化情况

2010 年，电力、钢铁、建材、有色、化工和石化六大高耗能行业的能源消耗量为 149744.38 万吨标准煤，占能源消费总量的 46%。2012 年，我国能源消耗量为 36.2 亿吨标准煤，2013 年能源消耗总量为 37.5 亿吨标准煤，占全球消费量的 22.4% 及全球净增长的 49%。要实现"十二五"规划纲要提出的单位 GDP 能耗降低 16% 的约束性指标，各项节能政策的制定和推行依然十分必要。如何客观、系统地对节能政策的贡献率进行分析与评价，是我国节能减排政策体系中的一个重要环节，可以及时发现节能减排政策执行过程中存在的问题，对今后我国节能减排相关政策的制定和完善具有重要意义。

有关节能政策的评价，国内外学者已经取得了许多研究成果。Schiegelinilch 和 Jorgen 采用一般线性模型分析了政府征收能源税对不同能源价格及对节能投资的影响，并深入到各个行业展开细化研究；Jeffrey A. Drezner（1999）选择部分实施了能源政策的国家进行系统的研究后认为：与直接管制相比，经济激励等政策措施的实施取得了较好的效果，税收优惠应该是未来能源政策的发展方向；国际能源署基于"世界能源模型"，模拟了不同情境下的政策方案来研究政策行为和技术进步的影响，从能源需求、供应、贸易、投资和碳排放四个方面预测出改进能源政策可能带来的成效；D'Artis Kancs 和 Norbert Wohlgemuth（2008）从社会经济影响角度定量分析了可再生能源政策，并运用一般均衡模型对波兰可再生能源政策的社会经济影响进行了系统评价和仿真模拟；Wei Ming Huang 和 Grace W. M. Lee（2009）以台湾数据为样本，采用联合国能源环境评价中心提出的 GACMO 模型，评价了不同节能政策的减排成本和减排绩效问题；何建武等（2009）研究了能源和环境的税收政策问题，他们提出如果仅仅依靠能源税和环境税来完成减排目标必将影响宏观经济的健康发展，并且对能源消费征税带来的负面影响会大于对污染物征税，因此在征收能源税（环境税）的同时，一定要实施相应的配套政策；曾凡银（2010）认为我国节能政策工具可以分为一般性政策工具、特殊性政策工具和间接引导性工具三类，他阐述了我国节能政策的传导机制并指出我国节能政策应该从完善有效的公众参与制度、明晰环境资源的产权等方面进行优化和改进。周波研究了我国节能的财税政策，认为政府投资政策应重在支持高新技术产业研发应用，经由产业结构调整促进节能，税收政策应立足于综合采取增设环境污染税，低技术污染税以及税收优惠和减免等激励和惩罚并重措施。Li Li 等（2011）选择能源强度、传输和配电损失、可再生发电装机容量等 5 个指标对我国电力行业节能政策效果进行研究后发现，尽管我国节能取得了很大成效，但与发达国家相比仍然存在较大差距。曾琳等（2012）分析了节能政策对我国环境压力的影响，研究发现节能政策因素对环境压力表现出抑制效应，政策因素对环境压力的减缓程度视不同类型污染而有所差异；朱迎春（2012）采用 Engle-Granger 协整检验方法，研究了我国节能税收政策，发现从长期看，节能税收收入与我国单位 GDP 能耗之间存在协整关系，但各个税种的节能效应差异较大。Dorothe'e Charlier 和 Anna Risch（2012）评价了减免所得税、补助、红利三种环境公共政策对法国房地产市场的影响，提出现行政策虽然有效但不足以实现既定目标。

上述文献主要是评价各项节能财税政策、能源政策及这些政策对社会经济发展的影响，但对我国近年来颁布的各项节能具体政策法规的贡献率进行的详细研究尚不多见，而且许多文献都是通过构建评价指标体系，借助因子分析法、密切值法、节能绩效指数法、变异系数法、模糊评价法、多目标决策综合评价法等对节能政策及实施效果进行分析和模拟，但是对我国节能减排各项具体政策法规的效率进行研究，涉及的年限较短，统计数据比较有限，而且灰度较大，因此，本书的研究基于效率视角，选取了我国 21 世纪以来若干节能减排重要政策，采用灰色建模技术进行分析和评价。

本书选取 21 世纪以来国家颁布的四个重要节能减排政策进行研究，具体包括 2000 年《中华人民共和国大气污染防治法》、2004 年《节能中长期专项规划》、2007 年《能源发展"十一五"规划》、2009 年《中华人民共和国循环经济促进法》。

为保护和改善环境，防治大气污染，保障公众健康，推进生态文明建设，促进经济社会可持续发展制定，《中华人民共和国大气污染防治法》于 1987 年 9 月 5 日被发布，1988 年 6 月 1 日起实施，2000 年 4 月 29 日修订。为推动全社会开展节能降耗，缓解能源瓶颈制约，建设节能型社会，促进经济社会可持续发展，实现全面建设小康社会的宏伟目标，《节能中长期专项规划》于 2004 年 11 月 25 日被发布。为阐明国家能源战略，明确能源发展目标、开发布局、改革方向和节能环保重点，规划未来五年我国能源发展的总体蓝图和行动纲领，《能源发展"十一五"规划》于 2007 年 4 月 11 日被发布。为了促进循环经济发展，提高资源利用效率，保护和改善环境，实现可持续发展，《中华人民共和国循环经济促进法》于 2009 年 1 月 1 日正式发布实施。

二、数据来源和研究方法

由于可获得的数据有限，在进行上述政策效率评价时，本书选取钢铁、有色、电力、石化化工等高耗能行业规模以上企业的各项指标，所有数据均来自 1996~2012 年的《中国统计年鉴》《中国工业统计年鉴》。其中，钢铁行业包括黑色金属矿采选业、黑色金属冶炼及压延加工业，有色工业包含有色金属矿采选业、有色金属冶炼及压延加工业；电力行业是指电力、热力的生产和供应业；石化化工行业包括石油和天然气开采业、非金属矿采选业、石油加工、炼焦及核燃料加工业、化学原料及化学制品制造业、化学纤维制造业、橡胶制品业。

为了从效率视角对节能减排政策进行定量评价，本书采用了新陈代谢GM（1，1）模型进行测算，对高耗能行业节能减排政策颁布后单位总产值能耗的实测值和预测值进行比较，计算出节省的能源量，从而量化高耗能行业节能减排政策颁布后的效果。

新陈代谢GM（1，1）模型的特点是用新信息取代旧信息，是数据不多的情况下最理想的预测模型。考虑到原始数据有限，而且高耗能行业的工业总产值、能源消费总量等统计数据会不断更新，同时历史数据的意义将不断降低。因此，本书利用新陈代谢GM（1，1）模型在不断补充最新统计数据的同时及时更替老数据，进而可以更加准确地预测这些数据的未来发展状况。新陈代谢GM（1，1）模型建模过程为：①由原始数据序列 $X^{(0)}$ 计算一次累加序列 $X^{(1)}$；②建立矩阵 B 和数据向量 Y_n；③求逆矩阵 $(B^TB)^{-1}$；④根据 $U=(B^TB)^{-1}B^TY_n$ 求估计值 α，μ。具体而言：若灰色微分方程 $x^{(0)}(k)+az^{(1)}(k)=b$，其中，$z^{(1)}(k)=0.5x^{(1)}(k)+0.5x^{(1)}(k-1)$，则称 $x^{(0)}(k)+az^{(1)}(k)=b$ 为GM（1，1）模型。用最新信息 $x^{(0)}(k+1)$ 来代替最老信息 $x^{(0)}(1)$，则用 $X^{(0)}=(x^{(0)}(2),x^{(0)}(3),\cdots,x^{(0)}(n)$，$x^{(0)}(n+1))$ 建立的模型为新陈代谢GM（1，1）模型。其中，$X^{(0)}=(x^{(0)}(1)$，$x^{(0)}(2),\cdots,x^{(0)}(n))$ 为非负序列，$x^{(0)}(k)\geqslant0$，$k=1$，2，$\cdots$，n；$X^{(1)}$ 为 $X^{(0)}$ 的一次累加生成序列即 1-AGO 序列：$X^{(1)}=(x^{(1)}(1),x^{(1)}(2),\cdots,x^{(1)}(n))$，其中，$x^{(1)}(k)=\sum_{i=1}^{k}x^{(0)}(i)$，$k=1$，2，$\cdots$，$n$；$Z^{(1)}$ 为 $X^{(1)}$ 的紧邻均值生成序列：$Z^{(1)}=(z^{(1)}(2),z^{(1)}(3),\cdots,z^{(1)}(n))$。其中，$z^{(1)}(k)=0.5x^{(1)}(k)+0.5x^{(1)}(k-1)$，$k=2$，3，$\cdots$，$n$。

本书采用灰色关联分析法检验上述灰色预测模型的精度。灰色关联法是根据因素之间发展趋势的相似或者相异程度，即灰色关联度作为衡量因素之间关联程度的一种方法，用关联度检验灰色系统预测的精度，判定模型预测数据的准确程度，对于动态历程分析相当有利。具体计算步骤如下：①确定反映系统行为特征的参考数列和影响系统行为的比较数列；②对参考数列和比较数列进行无量纲化的数据处理；③求参考数列与比较数列的灰色关联系数 ξ（X_i）；④将各个时刻关联系数求平均即可得到关联度 r_i。

三、具体节能政策贡献率实证分析

接下来基于新陈代谢 GM（1，1）模型分别测算四个重要的节能减排政策的效率。

（1）为了测算 2000 年《中华人民共和国大气污染防治法》颁布后的节能减排效率，本书选取 1995~1999 年高耗能行业单位总产值的原始数据，利用新陈代谢 GM（1，1）模型预测了 2000~2003 年的数值。如表 4-3 所示，1999 年高耗能行业的单位总产值能耗为 2.045 吨标准煤/万元，2003 年为 1.069 吨标准煤/万元，4 年间共节约 2212.637 吨标准煤。

表 4-3　1995~2003 年高耗能行业的实际单位工业总产值能耗与模型预测值

年份	实际值（吨标准煤/万元）	模型预测值（吨标准煤/万元）	单位工业总产值能耗下降值（吨标准煤/万元）	节能减排政策效率（吨标准煤）
1995	2.974	2.974		
1996	2.896	2.896		
1997	3.035	3.035		
1998	2.591	2.591		
1999	2.045	2.045		
2000	1.933	2.005	0.072	1994.317
2001	1.792	1.616	-0.176	-5246.17
2002	1.525	1.414	-0.111	-3661.15
2003	1.069	1.278	0.209	9125.644
合计				2212.637

（2）选取 1997~2003 年的原始数据，利用新陈代谢 GM（1，1）模型可以预测 2004~2006 年高耗能行业单位总产值能耗的数值，从而得到了 2004 年《节能中长期专项规划》颁布后高耗能行业的节能减排效果。如表 4-4 所示，2004 年后，高耗能行业的单位总产值能耗明显降低，政策效果初步显现，我国高耗能行业 2003 年的单位工业总产值能耗为 1.069 吨标准煤/万元，2006 年为 0.795 吨标准煤/万元，单位工业总产值能耗下降 25.6%，4 年共节约 5398.984 万吨

标准煤。

表 4-4　1997~2006 年高耗能行业的实际单位工业总产值能耗与模型预测值

年份	实际值 （吨标准煤/万元）	模型预测值 （吨标准煤/万元）	单位工业总产值 能耗下降值 （吨标准煤/万元）	节能减排政策效率 （吨标准煤）
1997	3.035	3.035		
1998	2.591	2.591		
1999	2.045	2.045		
2000	1.933	1.933		
2001	1.792	1.792		
2002	1.525	1.525		
2003	1.069	1.069		
2004	1.019	1.07	0.051	3774.366
2005	0.901	0.95	0.049	4397.161
2006	0.795	0.771	-0.024	-2772.54
合计				5398.984

（3）选取 2001~2006 年的原始数据，利用新陈代谢 GM（1，1）模型预测 2007~2010 年的数值，从而可以进一步测出有关高耗能行业的节能减排政策在 2007~2010 年共同作用的效果。

表 4-5　2001~2010 年高耗能行业的实际单位工业总产值能耗与模型预测值

年份	实际值 （吨标准煤/万元）	模型预测值 （吨标准煤/万元）	单位工业总产值 能耗下降值 （吨标准煤/万元）	节能减排政策效率 （吨标准煤）
2001	1.792	1.792		
2002	1.525	1.525		
2003	1.069	1.069		
2004	1.019	1.019		

续表

年份	实际值 （吨标准煤/万元）	模型预测值 （吨标准煤/万元）	单位工业总产值 能耗下降值 （吨标准煤/万元）	节能减排政策效率 （吨标准煤）
2005	0.901	0.901		
2006	0.795	0.795		
2007	0.707	0.734	0.027	3880.433
2008	0.749	0.701	-0.048	-8570.67
2009	0.611	0.677	0.066	11715.49
2010	0.647	0.632	-0.015	-3541.91
合计				3483.34

由表 4-5 可知，进入 21 世纪以来，我国高耗能行业单位工业总产值能耗基本呈现逐步下降趋势，但 2008 年和 2010 年出现反弹，超出了预测值。这表明尽管我国在 2007 年和 2009 年分别颁布了《能源发展"十一五"规划》和《中华人民共和国循环经济促进法》，但在经济发展上，特别是基础工业的进一步发展导致的单位工业总产值能耗的飙升依然不可避免，这也从另一个角度说明我国高耗能行业的节能减排政策发挥着极其重要的作用，并正在努力地遏制单位工业总产值能耗的上升，促进我国节能减排宏伟目标的实现。2006 年单位工业增加值能耗为 0.795 吨标准煤/万元，2010 年为 0.647 吨标准煤/万元，5 年节约 3483.34 万吨标准煤，总体趋势良好。

四、高耗能行业节能政策实证分析

我国目前六大主要的高耗能行业有化工行业、电力行业、黑色及有色金属行业、炼焦行业、钢铁行业和建材。我国的高耗能行业长期存在着粗放增长、结构不合理的现象，特别是近几年固定资产投产增长迅猛，部分地区又在盲目追求GDP。因此，在未来一段时间内高耗能行业的单位 GDP 能耗可能居高不下，相关节能政策的效果会暂时被掩盖，但长期来看，政策贡献率依然会比较明显。接下来，本书结合具体高耗能行业来测算节能减排政策的效率，选择钢铁行业介绍节能减排政策效率的测算过程。中国钢铁行业的产业集中度低，产品结构不合理，企业技术创新能力不足，高附加值产品比重小，全行业的发展还没有从根本上改变依靠能源、资源消耗增加支撑钢铁工业发展的模式。有数据显示，2010年，钢铁行业能源消耗量已经占全社会总消耗量的 13.9%，而钢铁行业二氧化碳排放量约占全国总排放量的 12%，因此，钢铁行业的节能减排效率直接关系到我国节能减排整体目标的实现。

根据《中国统计年鉴》《中国工业统计年鉴》得出 1995~2010 年钢铁行业工业总产值、能源消费量和单位工业总产值能耗数据，如表 4-6 所示。

表 4-6　1995~2010 年钢铁行业能耗变化情况

年份	工业总产值 （亿元）	能源消费量 （万吨标准煤）	单位工业总产值能耗 （吨标准煤/万元）
1995	3772.15	18801	4.984
1996	3891.62	18535.96	4.763
1997	4021.7	18505	4.601
1998	4034.08	17376.7	4.307
1999	4244.49	17288.41	4.073
2000	4897.76	17125.38	3.497
2001	5898.34	17487.49	2.965
2002	6717.82	19727.25	2.937
2003	10358.3	24623.81	2.377
2004	18290.74	30394.57	1.662
2005	22460.57	36934.32	1.644
2006	26792.07	43924.27	1.639
2007	35833.62	49088.21	1.370
2008	48488.61	53270.95	1.099
2009	46438.6	57655.27	1.242
2010	57832.91	59107.06	1.022

从表 4-6 可以看出，我国钢铁行业节能减排政策的实施效果。1995 年，钢铁行业能源消费量为 18801 万吨标准煤，而工业总产值只有 3772.15 亿元，故单位工业总产值能耗为 4.984 吨标准煤/万元。随着我国经济的发展，特别是基础设施投资的拉动，钢铁行业工业总产值和能源消费量逐年上升，单位工业总产值

能耗逐年下降，到 2010 年，单位工业总产值能耗为 1.022 吨标准煤/万元，下降幅度达 79%，如果 2010 年以 1995 年的单位工业总产值能耗 4.984 吨标准煤/万元来计算的话，创造同样多的工业总产值需要 288239.22 万吨标准煤，16 年间，我国钢铁行业共节约 229132.16 万吨标准煤。

接下来测算我国钢铁行业节能减排具体政策的效率。

（1）选取 1995~1999 年的原始数据，利用新陈代谢 GM（1，1）模型预测 2000~2003 年的数值，进而得到 2000 年《中华人民共和国大气污染防治法》颁布后对钢铁行业的政策效果。如表 4-7 所示，2000~2003 年各年减少的单位工业总产值能耗及节约的标准煤数量。

表 4-7　1995~2003 年钢铁行业实际单位工业总产值能耗与模型预测值

年份	实际值 （吨标准煤/万元）	模型预测值 （吨标准煤/万元）	单位工业总产值 能耗下降值 （吨标准煤/万元）	节能减排政策效率 （万吨标准煤）
1995	4.984	4.984		
1996	4.763	4.763		
1997	4.601	4.601		
1998	4.307	4.307		
1999	4.073	4.073		
2000	3.497	3.877	0.38	1861.149
2001	2.965	3.644	0.679	4004.973
2002	2.937	3.458	0.521	3499.984
2003	2.377	3.27	0.893	9249.962
合计				18616.07

（2）选取 1997~2003 年的原始数据，利用新陈代谢 GM（1，1）模型预测 2004~2006 年的数值（见表 4-8）。2004 年《节能中长期专项规划》颁布以来，钢铁企业加快淘汰落后工艺和设备，实现技术装备大型化、生产流程连续化、紧凑化、高效化，最大限度综合利用各种能源和资源，节能减排效果明显，2004~2006 年共节约 27734.8 万吨标准煤。

表 4-8　1997～2006 年钢铁行业实际单位工业总产值能耗与模型预测值

年份	实际值 （吨标准煤/万元）	模型预测值 （吨标准煤/万元）	单位工业总产值 能耗下降值 （吨标准煤/万元）	节约标准煤数量 （万吨标准煤）
1997	4.601	4.601		
1998	4.307	4.307		
1999	4.073	4.073		
2000	3.497	3.497		
2001	2.965	2.965		
2002	2.937	2.937		
2003	2.377	2.377		
2004	1.662	2.371	0.709	12968.13
2005	1.644	2.076	0.432	9702.966
2006	1.639	1.828	0.189	5063.701
合计				27734.8

（3）选取 2001～2006 年原始数据，利用新陈代谢 GM（1，1）模型预测 2007～2010 年的数值，从而进一步测算节能减排相关政策在这几年共同作用的效果。如表 4-9 所示，钢铁行业单位工业总产值能耗整体呈现下降趋势。2007 年《能源发展"十一五"规划》颁布后，钢铁行业单位工业总产值能耗继续下降至 2008 年的 1.099 吨标准煤/万元。除了政策作用外，2008 年钢铁行业经历了内需不振、外需疲软的严峻考验，生产运行演绎了历史上最为惨烈的大起大落，供需两衰对能耗的降低也起到了一定的贡献。2009 年钢铁行业逐步走出低谷，生产消费创历史新高，因此，2008～2009 年单位工业总产值能耗出现小幅反弹，但随着《中华人民共和国循环经济促进法》的颁布，淘汰落后产能取得了初步进展，2010 年单位工业总产值能耗为 1.022 吨标准煤/万元，4 年节约 5725.676 万吨标准煤。

表 4-9　2001～2010 年钢铁行业实际单位工业总产值能耗与模型预测值

年份	实际值 （吨标准煤/万元）	模型预测值 （吨标准煤/万元）	单位工业总产值 能耗下降值 （吨标准煤/万元）	节能减排政策效率 （万吨标准煤）
2001	2.965			
2002	2.937			

续表

年份	实际值 （吨标准煤/万元）	模型预测值 （吨标准煤/万元）	单位工业总产值 能耗下降值 （吨标准煤/万元）	节能减排政策效率 （万吨标准煤）
2003	2.377			
2004	1.662			
2005	1.644			
2006	1.639			
2007	1.37	1.516	0.146	5231.709
2008	1.099	1.272	0.173	8388.53
2009	1.242	1.072	-0.17	-7894.56
2010	1.022	0.91	-0.112	-6477.29
合计				5725.676

五、研究结论

本书选取 21 世纪以来国家颁布的四个重要节能减排政策为研究对象，从效率视角评价了政策对高耗能行业的节能减排效果，并重点测算了钢铁行业政策贡献度，得到了如下结论：

首先，高耗能行业的节能减排政策成效明显，对我国整体减排目标的贡献度巨大。应该充分发挥节能减排政策对高耗能行业的正向促进作用，确保实现"十二五"规划纲要提出的到 2015 年单位 GDP 能耗降低 16% 的约束性目标。

其次，要注重节能减排政策的长期效果。由于经济发展周期性导致的工业总产值和能源消费量的波动，短期内节能减排政策的效率可能会出现反复，但不能因此否认节能减排的政策效率，上述研究显示，长期来看，节能减排政策作用巨大，影响深远。

最后，高耗能行业特别是钢铁行业节能减排任务依然比较繁重。应该在已有的节能减排政策基础上，构建具有行业针对性的相关政策，将宏观政策进行细化，这将极大地提高我国现行节能减排政策的效率。

第三节 基于新陈代谢 GM (1，1) 模型的
重点区域节能政策贡献率研究

为了推进全社会节约能源，提高能源利用效率和企业经济效益，保护环境，促进国民经济持续、快速、健康的发展，不断满足人民生活水平提高的需要，《中华人民共和国节约能源法》于 1997 年 11 月 1 日公布，1998 年 1 月 1 日起施行。

本节采用新陈代谢 GM (1，1) 模型测算，对 1997 年《中华人民共和国节约能源法》颁布后单位总产值能耗的实际值和预测值进行比较，计算出节省的能源量，从而量化节能政策颁布后的效果。基于灰色模型预测 1997~2006 年的单位能耗，预测结果如表 4-10 所示。

表 4-10 1997~2006 年单位 GDP 能耗实际值和预测值对照

年份	实际值 （吨标准煤/万元）	预测值 （吨标准煤/万元）	预测值和实际值差
1997	1.75	1.48	-0.27
1998	1.57	1.21	-0.35
1999	1.36	1	-0.36
2000	1.47	0.82	-0.65
2001	1.37	0.67	-0.7
2002	1.32	0.55	-0.78
2003	1.35	0.45	-0.9
2004	1.34	0.37	-0.97
2005	1.28	0.3	-0.97
2006	1.2	0.25	-0.95

如图 4-3 所示，自 1997 年《中华人民共和国节约能源法》颁布之后，我国单位 GDP 能耗量明显降低，实际值与预测值差距明显拉大。单位 GDP 能耗得到有效控制，使 1997 年后单位能源利用率趋近于 1，提高了能源利用率，实际值与预测值之间的差值就是节能法带来的贡献率。

（万吨标准煤/亿元）

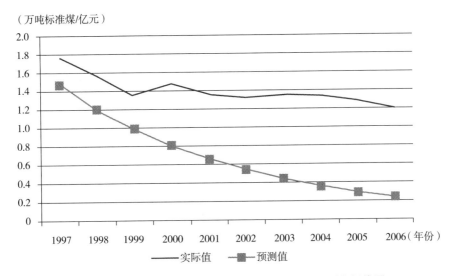

图 4-3　1997~2006 年单位 GDP 能耗实际值和预测值折线图

一、长三角地区节能政策贡献率研究

长三角地区的节能降耗工作对全国而言意义重大。一方面，长三角地区是我国经济最发达的地区之一，该地区以全国约 2% 的陆地面积和约 10% 的人口，创造了全国 22% 的 GDP，工业产值更是占到了全国的 26%，能源消费量是全国的 16% 左右。长三角地区在全国的经济和能源总量上占有如此大的比重，如果该地区的能源居高不下，全国的节能目标也将难以完成。因此长三角地区的节能工作对全国而言举足轻重。另一方面，从长三角地区自身来讲，能源资源十分缺乏，一次能源的自给率很低，绝大部分能源资源依靠区外调入或进口：上海市的一次能源全部需要调入，浙江省的一次能源 95% 以上靠外调，江苏省略有能源资源，但煤炭的自给率仅有 25%，油气的自给率只有 10%。在此条件下，2020 年，长三角的 GDP 要想在 2000 年的基础上翻两番，能源的需求量必将大幅度增加。因此要实现 2020 年单位 GDP 能耗比 2015 年下降 20% 的目标，任务相当艰巨，必须加大节能力度。

长三角地区经济社会的快速发展带动能源消费量的逐渐增加，虽然长三角地区经济增长速度高于国内其他地区，但能源消费量增幅却低于全国水平。"九五"期间长三角能耗年均增速 5.8%，"十五"期间增速已达 12.4%，分别低于全国同期能源增长速度 7.5 个百分点和 3.5 个百分点。2005 年，长三角地区能源消耗总量接近 3.7 亿吨标准煤当量，其中电力消耗 4758 亿千瓦时，分别占全国的 16.6% 和 19.2%。该地区人均能源消耗量为 2615 千克标准煤当量，人均用电量 3360 千瓦时，人均生活用电量 340 千瓦时，分别为全国平均水平的 1.5 倍、1.8 倍和 1.6 倍，说明长三角地区的人均能源消耗量高于全国平均水平。

单位 GDP 能耗和电耗水平是综合反映能源经济效益和社会发展的主要指标。2005 年，长三角地区万元 GDP 综合能耗为 0.9 吨标准煤当量，比全国平均水平低 26%，其中上海、浙江和江苏的能耗强度分别为 0.88 吨标准煤当量/万元 GDP、0.9 吨标准煤当量/万元 GDP 和 0.92 吨标准煤当量/万元 GDP，在全国排名为第三、第四和第六位。长三角地区国民经济电耗强度为 1160 千瓦时/万元，比全国平均水平低 15%，上海、浙江和江苏在全国排名分别为第四、第二十三和第二十五位。长三角地区单位工业增加值能耗为 1.45 吨标准煤当量，低于全国平均水平 37%，上海、浙江和江苏在全国的排名分别为第二、第四和第六位。相对而言，上海在长三角地区能耗水平最低。

长三角地区主要发展指标超过全国平均水平。从发展趋势看，在未来可预测的时间内，长三角地区经济仍将保持高于全国的增长态势。根据长三角两省一市"十一五"发展规划纲要，上海和浙江的地区生产总值年均增长超过 9%，江苏超过 10%，均高于全国目标值 7.5%。根据两省一市的战略定位，国际化水平的提高，特别是重化工业和交通运输的快速发展，能源需求总量仍呈持续增长态势。经济发展面临的能源约束问题更加突出。在经济总量较大和增速较快的情况下持续降低能耗水平，任务相当艰巨。

长三角地区单位 GDP 能耗虽低于全国平均水平，但与发达国家相比还有较大差距，这主要是由经济结构造成的。长三角地区的 GDP 构成中，第二产业比例高于全国平均水平约 6 个百分点，而能耗较低的第三产业比重却与全国平均水平持平，"十五"期间第三产业平均比重甚至比全国低 0.1 个百分点。从工业内部结构看，高耗能行业比重依然偏大，且增速偏快。长三角地区高耗能行业的过快增长使长三角节能降耗工作面临的形式更加严峻。因此，要取得节能的明显成效，首先要调整产业结构，降低高耗能产业比重，提高第三产业以及高技术产业比重。然而，产业结构的调整不是短期内就能见效的。

面对"十一五"期间艰巨的节能降耗任务，为确保"十一五"节能目标的完成，长三角地区纷纷出台了加强节能工作的文件，并实施十大节能工程。两省一市共同的节能工程包括燃煤工业锅炉改造、余热余压利用、节约和替代石油、建筑节能、能量系统优化工程，在此基础上，上海和江苏提出政府机构节能工程，江苏和浙江提出热电联产工程、电机系统工程、节能检测和技术服务体系建设工程，上海提出工业用电设备节电、空调和家用电器、分布式功能工程，浙江提出可再生能源的开发与利用。浙江省政府日前出台《关于进一步加强节能工作的实施意见》提出 20 项节能减排措施。由此可见，两省一市对节能降耗工作已全面部署并重拳出击，已取得一定成效，但离节能目标还有一定差距。关键还是在于建立长效机制，狠抓落实。

本节测算长三角地区实施该政策的节能效果时，采用 1995～2005 年数据作为 t=0，p=0 时数据，1995～2005 年数据作为 t=1，p=1 时数据。对节能政策的能源节约贡献度的主要测量指标是单位实际 GDP 所消耗的标准煤，如表 4-11 所示。[①]

表 4-11　1995～2005 年长三角地区两省一市能源消耗总量及 GDP 总量

年份	上海 GDP （亿元）	江苏 GDP （亿元）	浙江 GDP （亿元）	上海能源消耗量 （万吨标准煤）	江苏能源消耗量 （万吨标准煤）	浙江能源消耗量 （万吨标准煤）
1995	3050. 069	5870. 215	4325. 489	4466	8047	4580
1996	3446. 578	6586. 381	4874. 826	4782	8111	4853
1997	3884. 293	7376. 747	5415. 932	4759	7991	5069
1998	4276. 607	8188. 189	5962. 941	4874	8118	5222
1999	4712. 821	9015. 196	6559. 235	5208	8164	5457
2000	5221. 805	9970. 807	7280. 751	5492	8612	5967
2001	5770. 146	10982. 98	8055. 878	5818	8881	6530
2002	6424. 616	12264. 07	9074. 064	6119	9609	7386
2003	7212. 182	13934. 8	10407. 85	6698	11060	8525
2004	8239. 6	15990. 24	11914. 61			
2005	9154. 18	18305. 66	13437. 85	8055	16841. 21	12094. 07

各省份各年度 GDP 数值由《中国统计年鉴》中 GDP 指数和 2005 年当年价格计算的 GDP 计算而得，为以 2005 年不变价格的 GDP。1995～2004 年各省份能源消耗量来自当年《中国能源统计年鉴》。2005 年各省份能源消费总量等于各省份 GDP 乘以《2005 年各省、自治区、直辖市单位 GDP 能耗等指标公报》中各省市单位 GDP 能耗。其中能源消耗量的单位为万吨标准煤，GDP 单位为亿元。由以上数据可以得出 1995～2005 年长三角地区单位 GDP 能耗量，如图 4-4 所示。

利用 GM（1，1）模型，可由 1995～1999 年数据倒推出 1992～1994 年单位

---

①　资料来源：1992～2004 年长三角地区两省一市能源消耗总量、以 2005 年为基年的 1992～2004 年各省份 GDP 指数，按当年价格计算 2005 年的 GDP。

GDP 能耗，1992 年单位 GDP 能耗为 1.6967 万吨标准煤，1993 年单位 GDP 能耗为 1.5495 万吨标准煤，1994 年单位 GDP 能耗为 1.4150 万吨标准煤，节能贡献率如表 4-12 所示。

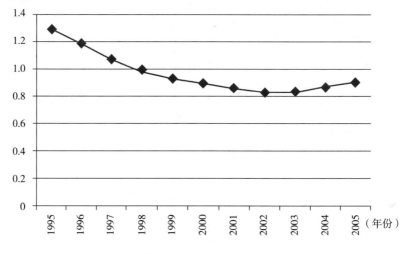

（万吨标准煤/亿元）

图 4-4　长三角地区单位 GDP 能耗

表 4-12　1998~2004 年灰色预测长三角地区节能贡献率

单位：万吨标准煤

年份	万元 GDP 实际能耗量	万元 GDP 预测能耗量	万元 GDP 节能	年度总节能
1998	0.9884	1.076307	0.087906	1619.9
1999	0.9281	1.030372	0.102252	2074.418
2000	0.8931	0.989855	0.096753	2174.365
2001	0.8557	0.953611	0.097913	2429.133
2002	0.8326	0.920824	0.08827	2450.61
2003	0.8329	0.890892	0.057961	1828.951
2004	0.8687	0.863357	-0.00534	-192.924

《中华人民共和国节约能源法》实施以来，历年的节能量分别为 1619.9 万吨标准煤、2074.4 万吨标准煤、2174.4 万吨标准煤、2429.1 万吨标准煤、2450.61 万吨标准煤、1829.0 万吨标准煤和 -192.9 万吨标准煤。1998~2003 年，长三角地区实施《中华人民共和国节约能源法》共带来 12577 万吨标准煤的节能效果。

二、东北三省节能政策贡献率研究

"东北三省"狭义概念指辽宁省、吉林省和黑龙江省三省区域,东北地区总人口约 1.1 亿,约占全国人口的 8%;其中辽宁省人口 4203 万,吉林省人口 2703.7 万,黑龙江省人口 3811 万。2002 年举行的中共十六大,首次提出了振兴东北老工业基地的方略。为了这一国策的出台,2003 年温家宝总理三次赴东北考察,提出了振兴东北老工业基地的问题,并把它和西部大开发相提并论。东北振兴作为一项新的国策,已经开始让人憧憬东北将成为继珠江三角洲、长江三角洲和京津唐地区之后中国经济发展的"第四极"。

2005 年,东北三省的 GDP 为 17140 亿元,占全国总 GDP 的 9.3%,能源消耗量为 28676 万吨标准煤,占全国总消耗量的 12.7%,单位 GDP 能耗为 1.6730 万吨标准煤/亿元,高于全国平均水平 1.22 万吨标准煤/亿元。其中,黑龙江 2005 年 GDP 为 5511.50 亿元,能源消耗量为 8046 万吨标准煤,亿元 GDP 能耗量为 1.46 万吨标准煤,高于全国平均水平;吉林 2005 年 GDP 为 3620.27 亿元,总能耗为 5973 万吨标准煤,亿元 GDP 能耗为 1.65 万吨标准煤,高于全国平均水平;辽宁 2005 年 GDP 为 8009.01 亿元,总能耗为 14656 万吨标准煤,亿元 GDP 能耗是 1.83 万吨标准煤,高于全国平均水平 50%,是单位 GDP 能耗较大的省份之一。

本节采用灰色预测模型测算政策的能源节约贡献度,其思想为采用纵向数据评估政策实施的效果,以政策实施前东北三省单位 GDP 能源消耗量的数据,预测若无该政策时的单位 GDP 能源消耗量,其与在政策实施后的实际单位 GDP 能耗量之间的差值即为政策的节能贡献度。

评价东北三省实施《中华人民共和国节约能源法》的节能效果时,采用 1995~2005 年数据作为 t=0,p=0 时数据。1995~2005 年数据作为 t=1,p=1 时数据。

表 4-13 1995~2005 年东北三省能源消耗总量及 GDP 总量

年份	黑龙江 GDP (亿元)	吉林 GDP (亿元)	辽宁 GDP (亿元)	黑龙江能源消耗量 (万吨标准煤)	吉林能源消耗量 (万吨标准煤)	辽宁能源消耗量 (万吨标准煤)
1995	2175.00	1366.06	3126.62	5935	4109	9671
1996	2403.37	1553.20	3395.50	5869	4175	9738
1997	2643.71	1696.10	3697.70	6435	4333	9474
1998	2863.14	1848.75	4004.61	5975	3751	9106
1999	3077.87	1998.50	4332.99	6058	3693	9384

续表

年份	黑龙江 GDP （亿元）	吉林 GDP （亿元）	辽宁 GDP （亿元）	黑龙江能源消耗量 （万吨标准煤）	吉林能源消耗量 （万吨标准煤）	辽宁能源消耗量 （万吨标准煤）
2000	3330.26	2182.36	4718.63	6166	3655	10766
2001	3639.97	2385.32	5142.48	6037	3863	10656
2002	4012.60	2611.92	5669.58	6004	4353	10599
2003	4421.69	2878.35	6321.58	6714	4991	11449
2004	4938.29	3229.50	7130.74			
2005	5511.50	3620.27	8009.01	8046	5973	14656

本书对节能政策的能源节约贡献度的主要测量指标是单位实际 GDP 所消耗的标准煤，所以采用的数据有：1992~2004 年东北三省能源消耗总量、以 2005 为基年的 1992~2004 年各省份 GDP 指数，按当年价格计算 2005 年的 GDP。具体数据如表 4-13 所示。各省份各年度 GDP 数值由当年的《中国统计年鉴》中 GDP 指数和 2005 年当年价格计算的 GDP 计算而得，为以 2005 年不变价格的 GDP。1995~2004 年各省份能源消耗量来自当年《中国能源统计年鉴》。2005 年各省份能源消费总量等于各省份 GDP 乘以《2005 年各省、自治区、直辖市单位 GDP 能耗等指标公报》中各省市单位 GDP 能耗。其中能源消耗量的单位为万吨标准煤，GDP 单位为亿元。由以上数据可以得出 1995~2005 年东北三省地区单位 GDP 能耗量，如图 4-5 所示。

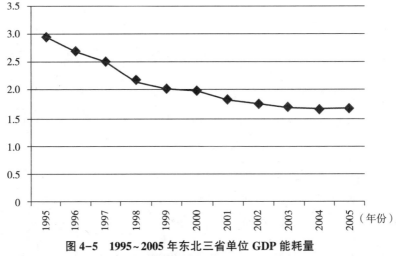

（万吨标准煤/亿元）

图 4-5　1995~2005 年东北三省单位 GDP 能耗量

利用 GM（1，1）模型，可由 1995~1999 年数据倒推出 1992~1994 年单位
GDP 能耗，1992 年单位 GDP 能耗为 3.9911 万吨标准煤，1993 年单位 GDP 能耗
为 3.6173 万吨标准煤，1994 年单位 GDP 能耗为 3.2785 万吨标准煤，节能贡献
率如表 4-14 所示。

表 4-14　1998~2004 年灰色预测东北三省节能贡献率

单位：万吨标准煤

年份	万元 GDP 实际能耗量	万元 GDP 预测能耗量	万元 GDP 节能	年度总节能
1998	2.1605	2.4632	0.3027	2638
1999	2.0336	2.3512	0.3176	2988
2000	2.0122	2.2524	0.2402	2458
2001	1.8407	2.1641	0.3234	3612
2002	1.7046	2.0841	0.3796	4666
2003	1.6998	2.0112	0.3114	4241
2004	1.6864	1.9440	0.2576	3941

《中华人民共和国节约能源法》实施以来历年的节能量分别为 2638 万吨标准
煤、2988 万吨标准煤、2458 万吨标准煤、3612 万吨标准煤、4666 万吨标准煤、
4241 万吨标准煤和 3941 万吨标准煤。1998~2004 年，东北三省实施《中华人民
共和国节约能源法》共带来 24545 万吨标准煤的节能效果。

第四节　基于灰色区间预测模型的碳税与能源补贴对农村能源消费的影响研究

改革开放以来，我国经济发展速度举世瞩目。近二十年来，国内生产总值以
10%左右的速度持续增长，超过发达国家和世界的平均增速，在发展中国家中也
位居首位。在 2008 年金融危机的情况下也同样实现了稳步增长，创造了世界奇
迹。与我国粗放式的经济发展休戚相关的是能源消费总量激增，2011 年能源消
费总量达 34.8 亿吨标准煤，其中仅煤炭一项就占世界消费总量的 49.4%。高能
耗伴随着高污染，我国二氧化碳排放量已经位居世界第二，转变经济增长方式、

发展低碳经济已经成为我国目前的主要任务。为了实现该目标，不少学者、专家从科技创新、产业转型、新能源开发、经济手段干预等方面提出对策建议，其中碳税是受关注比较高的经济手段之一。碳税是以减少二氧化碳的排放为目的，对化石燃料（如煤炭、天然气、汽油和柴油等）按照其碳含量或碳排放量征收的一种税。不论在理论层面还是实践层面，碳税都被认为是较有效的减排手段。我国是人口和农业大国，2012 年，最新的统计资料显示，农村生活能源消费只占终端消费总量的 4%左右，但是农村人口却占据了 49%，征收碳税必然会引起终端产品价格上升，必然会对农村居民生活产生影响，为了保持均衡、稳定的社会发展，因此，不能忽视税收转移给农村居民生活带来的影响。

　　爱尔兰农村协会曾专门针对碳税给政府写了一份报告，认为碳税对农村居民来说是极其重要的内容，会影响交通和生活成本，在社会收入不均衡的情况下，不能忽视碳税对低收入阶层带来的重要影响。本书认为这种影响主要分为两部分：一是对生活的影响；二是对生产的影响。魏涛远等（2002）认为征收碳税会使得能源部门的增加值下降很多，但是"农业对能源的使用量很少，因而其生产活动几乎不受征税的影响"。朱永彬等（2010）指出当征收碳税后，居民劳动收入、可支配收入、消费水平、储蓄水平都受到了不同程度的影响，而且城镇居民比农村居民受到的经济影响更为显著，农村居民对能源的依赖度低于城镇居民。杨超等（2011）认为不论执行何种碳税税率都会导致农、林、牧、渔业的价格水平上涨，同时也会导致其产出下降，税率越高、下降越多。在减少碳税对农村居民不利影响方面，Ekins（2004）建议通过给予低收入阶层燃油补贴或者取消汽车消费税来弥补。可见，国内外学者普遍认为农村居民是低收入阶层，碳税对农村居民影响的主要途径是能源产品价格上升，因此本书在此基础上，重点分析不同碳税税率下，直接货币补贴和能源价格补贴对农村能源消费与经济发展的影响。

一、我国农村能源消费的影响因素分析与制约条件

1. 农村居民总收入与支出

　　农村居民收入是衡量农村经济发展的重要指标之一。2011 年农村居民家庭人均年总收入已经达到 9833.14 元，是 1978 年的 64.8 倍。较高的收入增长给居民多元化的消费提供了保障，2011 年农村家庭人均年消费性支出为 5221.13 元，是 1978 年的 45 倍，而该支出占人均年总收入的比重却从 1978 年的 76.5%下降到 2011 年的 53.1%，充分说明了农村居民的收入已经基本保障了其日常生活和生产活动，可能还存在部分储蓄剩余。因此，在考虑农村居民收入与支出这两个

因素时，会认为他们所追求的应该是总收入（Y_T）最大化，总支出（C_T）最小化，目标是家庭剩余最大化，即 $\max\pi = \max$（$Y_T - C_T$）。具体来看，我国农村居民取得收入的方式主要有两种，出卖劳动力获得的工资性收入（Y_L）和从事农、林、牧、副、渔业获得的经营性收入（Y_H）。假设在完全理想状态下，农村居民为了满足最低生活保障要求，其不可能完全脱离农、林、牧、副、渔业，农民的劳动产出起码应当能够维持家庭生活消费支出。在不考虑税费、转移性支付、偶然性事件等因素的情况下，农村家庭支出也不能超过家庭收入。

当对能源征收碳税时，为避免能源消费成本上升而给农村居民带来的负担，假定给予农村家庭每人每年一定货币能源补贴 e 元（$e \geq 0$），假定总人数为（T_P），则增加了家庭总收入 $T_P \times e$ 元，得到 $Y_T = Y_L + Y_H + T_P \times e$。

2. 生产消费支出与生活消费支出

在农村居民支出方面主要考虑了满足居民基本生活的三个因素，即经营费用支出（C_E）、购置生产性固定资产支出（C_F）和生活消费支出（C_C）。

一般来说，当机械价格低廉、能源消耗较低时，农村居民家庭会选择机械化生产工具。当收入足够高、利润足够大或者能在很大程度上解放劳动力时，哪怕机械价格、能源消耗都较高，他们也会倾向于选择机械化生产工具。因此，生产性固定资产的购买意愿主要受到农村家庭收入、机械价格（P_F）、机械数量（Q_F）以及单位能源价格（P_E）和能源消耗量（Q_E）的共同影响。

生活中，关注比较多的是"吃住行"，在生活消费支出中，扣除粮食、住房和交通设备支出这三项支出（C_H）以后，最关键的则是与家庭生活休戚相关的能源支出，家庭生活中采光、做饭、取暖、交通等样样都离不开它。我国农村生活能源消费有其自身独有的特征，大部分居民在生活能源上会选择薪柴、秸秆等可免费获取的能源。当家庭收入比较高时，有可能会选择燃气、电等商品化生活能源，商品化能源消费得越多，则反映出居民现金支付能力越强。同时能够影响商品化能源支出的主要因素是能源价格（P_E）和能源消费量（Q_C），如果能源价格较高，则农户可能就会选择非商品化能源。非商品化能源主要的特点就是免费，那么在考虑该能源消费支出的时候，只需要考虑非商品化能源消耗量（Q_J）即可。

如果开征碳税，假设每一单位消耗量税率为 t（$t \geq 0$），根据污染者付费原则，假定全部由最终使用者来承担，则能源消费成本上升，如果给予的是能源价格补贴，每一单位能源单价直接下降 w 元（$w \geq 0$），则单位能源价格变化为（$P_E - w$）。因此，当加入碳税和能源补贴要素后，生产性固定资产支出如式（4-1）所示：

$$C_F = a (P_F \times Q_F)^\beta [(P_E - w) \times Q_E (1+t)]^\gamma, \beta, \gamma < 1, \beta + \gamma = 1 \qquad (4-1)$$

生活消费支出如式（4-2）所示：

$$C_C = b C_H^\varepsilon [(P_E - w) \times Q_C (1+t)]^\phi Q_J^\rho, \quad \varepsilon, \phi, \rho < 1, \quad \varepsilon + \phi + \rho = 1 \qquad (4-2)$$

3. 农村能源消费结构

在对农村能源消费结构进行分析后，发现农村非商品能源是生活能源消费的主体，主要包括了薪柴、秸秆、沼气三种。根据相关统计资料，2007年农村生活用能中非商品能源占据了76.8%，其中秸秆和薪柴对非商品能源的贡献分别达到了60%和35%（林而达，2011）。

由于近年来非商品能源数据缺失，而这部分能源消耗又对商品能源消费量起着至关重要的影响作用。因此本书结合灰色理论中的"小样本""贫数据"特征，利用GM（1，1）模型对2008~2011年的非商品能源消费量进行了预测。在家庭非商品能源消费中，家庭会因不增加家用电器（如电磁炉、空调、燃气灶等）而有一个最低的能源需求，由于能源价格上升使得做饭和取暖转向非商品能源，假设最多可使得非商品能源增加 e^+；相反，如果能源价格、电器价格下降，或者家庭收入增加，会使得农村家庭增加能耗产品使用量和持有量，这样非商品能源会下降 e^-。则非商品能源的消费量会在 $[Q_J - e^-, Q_J + e^+]$ 区间内。由于非商品能源的免费性，农村居民从个人经济效益最大化的角度考虑，会希望 $Q_J + e^+$ 越大越好，社会则会由于非商品能源的污染性希望 $Q_J - e^-$ 越小越好。因此，笔者采用灰色系统区间预测模型，分别对上限函数和下限函数预测，预测结果呈喇叭状，在取值时，综合考虑居民和社会的意愿，使用基本预测值。

二、征收碳税对农村能源消费的影响分析

由于我国农村能源数据统计不够完整，各地、市、县统计口径也存在差异，因此本书主要采用2000~2010年《中国能源统计年鉴》和《中国统计年鉴》中的相关数据。其中以乡村终端生活消费能量作为农村生活商品能源消费数据，以农村居民水电燃料消费价格指数来反映能源价格变化情况。

1. 征收碳税抑制了生产和生活费用支出

在征收碳税方面，不少学者倾向于按照碳排放量来征收碳税，但在实际操作中，由于能源的含碳量、燃烧充分度等因素的差异，使得碳排放量的数据难以被获得。IPCC（联合国政府间气候变化专门委员会）认为二氧化碳排放量=化石燃料消耗量×低位发热量×碳排放因子×碳氧化率×碳转换系数，那么应当征收的碳税=碳税税率×二氧化碳排放量，而这里面每一种能源的低位发热量、碳氧化率

等都不好确定。因此建议按照能源的使用量采用从量计征的方式。为了研究不同碳税税率对能源消费产生的影响，从低到高共设定了六种碳税方案，每吨标准煤计征 0.5 元、1 元、5 元、10 元、20 元、100 元，分别代入前述方程进行检验，通过检验结果发现，影响最为显著的是家庭经营费用支出、生产性能源消费和生活性非商品能源消费。

农村家庭经营费用支出的核心是第一产业的生产费用支出，一旦征收碳税，这项支出将大幅下降，但是生产性能源消费却没有呈现预期的下降趋势，反而平缓上升。这说明征收碳税后，农村居民并未增加更多的耗能产品，而是维持了现有的生产能耗水平。进一步分析发现，碳税税率越高，农村居民购置生产性固定资产支出下降得越多。

从生活能源消费上来看，碳税对商品能源消费没有显著影响，随着碳税税率的增加，呈现平缓的上升趋势，与生产性能源消费变化特征相同，既保持了基本的生活需求，也没有出现大幅增加能耗用品的情况，而农村非商品能源消费的变化却比较显著。随着经济的发展，非商品能源的消费应该呈现的是逐渐下降的趋势，碳税征收后，下降的趋势明显减缓，税率越高，非商品能源消费量下降得越少，说明非商品能源还是替代了商品能源消费。

2. 货币化直接补贴未能有效刺激农村居民使用清洁能源

从上述分析中可以看出，只要征收碳税，不管是在生产上还是在生活上对农村居民都会带来负面的影响，为了鼓励农村居民使用清洁能源，假定直接按照家庭人数给予货币补贴，从低到高共设定了五种方案，每人每年直接补贴 10 元、20 元、50 元、100 元、200 元。下面分析货币补贴给农村能源消费带来的影响。

对六种碳税税率下的五种补贴方案进行计算，发现直接补贴政策对生产性能源消耗以及农村居民购置生产性固定资产支出影响效果不显著。对于农村居民家庭经营费用支出来说，不管是哪种税率，补贴得越多，支出也就越多，说明货币补贴并不能弥补碳税对生产能源消费带来的影响，居民也并未把补贴款全部用于生产能源消费方面。

在对生活性商品能源进行分析时发现，在不同税率下，随着补贴额度的提升，商品能源消费量也呈现上升趋势，不过，补贴越高能源消费增加量却越低，说明当农村居民拿到能源补贴款后，只是略增了正常的生活消费，并未把这部分钱全都用在生活能源上。进一步对农村家庭年消费性支出的变化情况进行分析，发现在同一补贴额度下，税率的增加对消费总额的影响不是很大，变化比较平缓。但是在同一税率下，随着补贴额度的加大，消费总额却呈现下降的趋势。结合这一特征，对生活性非商品能源消费情况分析时，发现只有当补贴额度超过50 元时，才出现显著性结果，而当补贴款达到 100 元以上时，其结果又失去了显著性。综合上述分析，表明农村居民拿到补贴款后一小部分用在能源消费方面，却有一大部分可能以储蓄的形式而保留了下来。

3. 能源价格补贴未能刺激农村居民加大生产性固定资产支出

通过前文分析可以看出，直接补贴政策对农村居民的生产和生活能源消费并未带来什么影响，反而使得居民把这部分钱储存了起来，可见直接补贴政策并非良策。那么，在征收碳税后，如果把能源价格下调，会弥补碳税对居民生活带来的损失吗？由于能源价格波动性较大，本书主要采用农村居民水电燃料消费价格指数来反映价格情况，分别选取了价格指数下降 1%、2%、5%、10%、20% 和 50% 这六种情况。

运行结果显示，当价格指数不断下降，受影响最小的是生活性非商品能源消耗总量，就算在价格指数下降 50% 这个高水平时，较之无税收和无补贴的情况，非商品能源消耗量仅变化了约 4‰，可以认为能源价格下降并未引起非商品能源消费的急剧下降。进一步观察生活性商品能源消耗总量和家庭年消费性支出，二者均呈现显著上升趋势，说明能源价格下降会刺激商品能源消耗量，而且会抵消单纯征收碳税所带来的负面影响。但是农村居民购置生产性固定资产支出却随着价格指数的下降而下降。在同一价格指数下，税率越高，下降得越多，只比价格没有下降时略有上升，并没有预期的因价格大幅下降而引起的生产性固定资产的大幅增加。这可能就暗示着在碳税政策执行时，农村居民可能只关注自身利益这一部分，只要能源价格下降，就会增加消费量，但是这种价格下降还未能刺激他们去购置更多的固定资产，顶多也就是加大现有能耗产品的使用频率。

4. 碳税、能源价格与农村能源消费间的关系分析

综合以上分析，笔者得到如下结论，如果执行碳税，若想尽量避免因碳税而给农村居民带来的不利影响，可以针对农村居民采取清洁能源价格下降的措施。由于可获得的农村数据不够充分，笔者主要考虑农村收入和支出的局部均衡，来分析农村能源消费、碳税、能源价格之间的关系。根据影响农村收入和支出的主要因素，这里采用扩展的柯布—道格拉斯生产函数模型，认为农村居民家庭的收入和支出不仅受到资本和劳动力的影响，同时还受到能源消耗量、能源价格水平与碳税税率的影响。利用 Eviews 6.0 进行回归分析，根据检验结果，能源价格指数每上升 1%，农村居民经营性收入就下降 0.194%，工资性收入就下降 0.429%；每吨标准煤多征收一元的碳税，农村居民经营性收入就下降 0.726%，工资性收入就下降 1.24%。可见，相对于单纯的能源价格上升，征收碳税会对农村居民家庭收入带来更大的负面影响，若想化解这种负面影响，必须控制因碳税而导致的能源价格上升，对农村能源实施单独定价措施。

三、结论与建议

1. 提升农村收入水平，推进新能源使用

我国经济发展具有典型的区域非均衡性，不同省份的农村经济发展水平差异显著，如果通过税收工具来减少碳排放，就必须充分考虑到政策对农村居民生活带来的影响。从上述分析可以看出，碳税会促进能源消耗量的减少，但是短期来看，其对我国经济增长还是起到消极作用，对农村居民经营性和工资性收入都会产生不利的影响。而且无论是能源价格指数上升还是碳税税率上升，都会给本不富裕的农村居民带来直接的利益损失，特别是对农业大省，有必要从其他方面促进农村经济发展，切实提升农村收入水平，鼓励使用太阳能、沼气等设施和生物质燃料，加大农村新能源的使用。

2. 结合区域经济发展特征，制定因地制宜的碳税政策

在维持收入水平不变的前提下，随着碳税税率的不断上升，会带来能源价格的上涨，以及资本和劳动效率的提升逐渐代替能源的使用，生活中非商品能源使用量也有增加的趋势，此时给予农村居民一定的直接生活补贴，也不会增加能源使用，进而实现减少能源碳排放的目标。尽管减排目标可能会实现，而且能源消费总量中农村只占据了很小份额，但是征收碳税依然抑制了农村能源消费，对农村经济增长带来较大影响。因此，在发展低碳经济时，必须重视宏观经济政策的协调性，把农村能源问题作为一项独立的调控对象，以低税率为起点，各省份结合自身农村经济特征，制定本区域效用最大化的碳税政策，进而实现低碳与农村经济的协调发展。

3. 执行碳税的农村地区，实行差别化能源价格补贴

碳税给农村居民带来的影响主要是能源价格上升，直接给予农村居民货币补贴可能只有一小部分用于消费，并没有促进清洁能源的使用，但对能源产品实行价格补贴则可适当刺激清洁能源消费，维持当前经济发展水平。值得注意的是，价格补贴不可能无限度，而且要避免因价格补贴差价而出现的"投机倒把"行为，因此需要根据农村居民能源消费特征设定能源消费量的合理范围，在生产用能源上执行较低的价格补贴，鼓励使用新能源的生产工具。在生活能源上执行累退式的价格补贴，消费量越大价格补贴越少，从而实现低碳减排的目标。

第五章 基于成本效率的 环境经济政策评价

为应对气候变化，无论哪种减排措施，一方面会对经济发展造成一定的影响，付出一定的代价；另一方面又会带来经济的长远可持续发展，这就涉及碳减排的成本和收益问题。

第一节　成本效率分析框架

环境政策的成本效率分析是指环境政策制定或实施后对经济社会发展和生态环境等方面所产生的成本及效率进行科学评判的一种研究方法，是政策评估工作的一项重要内容。

一、基本原理和原则

成本效率分析通常是一个最优化的过程，以新古典经济学为基础，以最大化社会经济福利为目的，其目标是改善资源分配的经济效果，追求社会经济效益的最大化。其基本思路是，在分析某个环境经济政策的经济效益、环境效益基础上，通过选用适当的研究方法，评价一个环境目标实现的最小成本途径。成本效率分析强调的是社会福利的改进，其基本原理包括帕累托效率和边际效用，社会福利与环境污染的最优水平。

帕累托效率认为，一个人获取收益而不造成其他人损失时的资源分配，在经济上是最优效率。根据这个效率准则，社会净福利和净效益最大时，社会资源的分配利用效率最高。但在现实生活中，任何一种变革，部分人受益难免会使其他人受损，希克斯·卡尔多认为，如果在补偿损失之后，受益者仍比过去福利好，对社会就是有益的。边际效用是指消费者新增一单位商品时所带来的效用增加。个人总效用和边际效用函数的信息资料必须从个人偏好中获取，从个人消费或者获取特定物品和劳务的支付愿望中获取可靠的信息资料，从而求出个人需求和社会需求曲线。人们对环境物品（环境质量）的消费也满足边际效用递减的规律，环境质量需求曲线也是一条从左到右向下倾斜的曲线。

根据科斯定理和经济学中公共物品的供求规律，由于环境质量供给在很大程度上与污染消除量是等同的，可以把消除污染（环境质量）看作是一种可供消费的物品，得到消除污染和成本的关系（见图5-1）。从图5-1中可以看出，随着污染消除量的增加，总成本和总收益也会相应地增加，当污染消除量超过某一点 X_0 后，总成本的增加更为明显。从污染消除量的边际效应来看，边际消除成本曲线呈现不断上升趋势，边际消除收益曲线呈下降趋势。在给定的污染消除量条件下，对应的净收益为总收益与总成本之差，当净收益取得最大值时，相应的点即为经济最优的污染消除量 X_0，该点也是边际消除收益与边际消除成本的交点。因此，当边际消除收益与边际消除成本相等时，达到最优的污染消除量水平，社会净收益最大。当然，污染消除量并不是越大越好，需要以社会净收益最大化为基准来决定实际的污染消除水平，做到技术上可行，经济上合理。

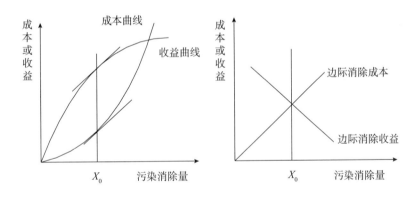

图5-1　污染消除量与成本（收益）的关系

运用成本效率分析评价环境经济政策时通常要遵循以下原则：①整体性原则。对环境经济政策要从社会经济的整体角度和全局发展去考察，需要考虑该政策实施所引起的整个社会影响，而不是单纯的盈利分析。②两重性原则。环境经济政策一般具有公益性与企业性，有些政策的实施会降低部分企业的经济效益，但是社会效益和环境影响很好，这样的政策应该被采用。由于两重性的存在，环境经济政策实施的成本识别需要研究那些不具有市场价格的费用，同时，对被市场价格歪曲的成本进行还原。③持续性原则。环境经济政策实施往往需要一个持续的阶段才能发挥作用，对政策效应的评估也应该持续跟进，保持较长的时间跨度，科学地评价政策效果。④数据可获得性原则。政策评价必须兼顾各项污染物数据、经济发展数据、环境影响数据等必备数据的可得性，从而确保成本效率分析过程和分析结果的科学性、规范性和合理性。

二、国内外案例

1. 美国《州际清洁空气条例》

2005 年，美国环保局（EPA）确定了《州际清洁空气条例》，是旨在降低美国东部 28 个州和哥伦比亚特区空气污染的一项污染交易计划，其目的是解决美国当时面临的颗粒物和臭氧不达标问题。从成本来看，如果该条例的第一阶段计划于 2020 年结束，按照目前在污染控制上投入的成本计算，约为 168 亿美元；第二阶段实施始于 2015 年，每年的成本约为 36 亿美元。《州际清洁空气条例》的大部分成本都转移到终端消费者身上，在受此条例影响的区域，EPA 预计电力的零售价格将增长 1.8%~2.7%，但该条例对美国 GDP 的影响不会超过 0.04%。

2. 欧盟欧洲清洁空气项目

欧盟在 2001 年 5 月启动了欧洲清洁空气（CAFE）项目，旨在收集、整理并验证有关室外空气污染、空气质量评估、污染物排放与空气质量预测等领域的科学数据，提出长期性、战略性的综合政策建议，以改善欧洲空气质量。从成本效率来看，2000~2020 年，实施欧洲清洁空气相关立法措施将产生巨大收益，每年因空气污染造成的各类损失将减少 890 亿~1830 亿欧元，平均至欧盟 25 国，人均收益预计为 195~401 欧元。尽管如此，到 2020 年，大气污染仍将造成重大损失，估算损失值为每年 1910 亿~6110 亿欧元。

3. 荷兰水资源管理政策

荷兰公共事务与水管理总司和区域水务局为落实欧盟水框架指令提出的国别和区域水体管理目标，于 2007 年制订了一系列政策，计划于 2007~2027 年实施。成本效率分析表明，为执行公共事务与水管理总司和区域水务局政策方案，2007~2027 年需投资 71 亿欧元，其中 2/3 的投资基于现有的管理政策，欧盟水框架指令执行的额外成本估算为 29 亿欧元。若 71 亿欧元投资全部到位，预计在 2007~2027 年产生的社会成本为每年 3.9 亿欧元，其中，水委员会、市政和公共事务与水管理总司负担的份额分别为 60%、15%、15%。同时，2007~2027 年每个家庭额外支付年增长率为 0.7%，其中 1/3 的额外支付为执行欧盟水框架指令所产生的成本。不过，通过执行欧盟水框架指令可以改善水文气象条件，使荷兰地表水生态环境质量显著提高。

4. 以色列机动车加速淘汰计划

2008年，以色列机动车加速淘汰计划的成本效率分析表明，对于私家车而言，机动车加速淘汰计划的净收益较高，在最严格的假设条件下，投入6309NIS（以色列货币）的激励支付将有助于淘汰98000辆私家车，在计划实施周期的5年内将获得2.38亿NIS的净收益。从减排效益看，相比未实施该计划的情景，5年内将减少17%的污染排放物。对于卡车和巴士而言，机动车加速淘汰计划的成本要高于效益，这主要是由于不同类型机动车淘汰的污染排放量不同（私家车的淘汰减少88%的污染排放，卡车和巴士的淘汰减少最多50%的污染排放）、机动车年度自然淘汰率不同（私家车10%、卡车和巴士33%）和机动车回收利用率的差异。

5. 中国台湾土壤及地下水管理制度

2012年，中国台湾"中华经济研究院"对台湾的土壤及地下水管理制度进行成本效率分析，将污染场地按照原先的利用类型分为农地、工厂非法弃置场、加油站、储槽等，将成本分为事前规划及设计成本、整治工程成本和事后监测及成效检验成本，结果发现无论是哪种类型的污染场地，其整治收益都要高于整治成本，执行整治行动的总成本为176亿~268亿新台币，总收益为278亿~468亿新台币，净收益区间为102亿~200亿新台币。

三、基本分析流程

对环境经济政策的成本效率分析是一种有计划、按步骤进行的评价活动，一般包括评价准备阶段、评价实施阶段和结论分析阶段。

1. 评价准备阶段

需要根据不同类别的环境经济政策，制定相应的方案，广泛收集环境经济政策实施的相关信息，包括政策涉及的各种社会、经济、环境和企业等的要素信息、人口、环境污染量、行业发展情况、企业治污排污基本信息等。可以根据实际情况，通过查阅资料、实地考察、问卷调查等方法获取数据，确保获取信息的广泛性、系统性和准确性。接下来对收集到的企业、行业和宏观数据进行系统分类和整理，为后续研究做好数据准备。根据环境政策实施前的相关政策、环境质量状况、污染排放水平等，选择合适的政策评价方法。

2. 评价实施阶段

根据政策评价方法，估算环境政策实施后产生的各类型成本，包括企业技术改造成本、企业环保支出成本、企业生产成本和企业社会声誉成本等，也可以包括政策实施后对地方政府增加的考核成本、额外的减排成本等。环境经济政策的实施对相关行业、产业的结构调整，宏观经济的各个部门以及地方政府，都会产生一定的影响。根据环境经济政策的不同类型，可选用一般均衡模型、期权定价模型、投入产出模型等不同评价方法，从成本角度对政策实施后产业结构、行业竞争力等的经济影响进行复杂的定量测算。

3. 结论分析阶段

根据环境政策实施后社会经济成本的影响程度，对环境政策的效应做出可行性的评价结论，并据此提出改进建议和措施。

第二节　基于成本效率的"十二五"规划纲要碳减排约束目标分析

一、国际碳减排成本问题相关研究

W. Kim 等研究了碳成本对批发电价的影响，发现不同的减排情境下，电力企业潜在调度能力的差异性会导致碳成本的传递千差万别。D. A. Castelo Branco 等的研究发现巴西炼油行业二氧化碳边际减排成本很高，在 15% 的折现率下每吨二氧化碳成本达 100 美元。S. De Cara 和 P. -A. Jayet 研究了欧洲农业温室气体排放的边际减排成本后认为，实现农业排放降低 10% 的目标，总量控制和交易系统可以减少总成本。M. G. J. den Elzen 等研究了哥本哈根协议导致的全球减排成本问题，他们发现，到 2020 年，若 2/3 的附件一国家完成减排目标，全球减排成本为 600 亿~1000 亿美元，若取消 2/3 的减排目标，则国际碳价将翻倍，同时减排成本会下降大约 25%。杨来科、张云发现能源价格与碳减排边际成本之间存在的内在互动机制是影响全球能源消耗、碳交易价格形成以及减排政策选择的重要因素，有助于对能源要素市场变化引起的全球减排结果做出预判。T. Xu 等估计了美国纸浆和造纸业利用能源效率技术后的节能减排成本，得到有效的成本选择可以使得最终能源消费每年节约 15%~25%，每年碳排放减少 14%~20%。P. Wächter 从家庭、服务、交通和能源四个方面分析了澳大利亚的边际减排成本曲线后发现，澳大利亚的减排潜力为 45.4 百万吨二氧化碳当量。D. K. Foley 等从福利经济学角度研究了碳交易的社会成本问题，认为成本估计问题取决于具体的政策情境，只有当政策清晰时这样的估计才有意义。C. -C. Chao 运用模型估计了民航货物运输的碳排放成本，认为碳交易价格会影响碳排放成本。R. F. Calili

等也提出巴西能源效率的适度改善（每年小于 1%）保守估计会节约 237 百万巴西雷塞尔的边际成本，乐观情境下节约 268 百万巴西雷塞尔。E. P. Johnson 在研究区域温室气体减排计划中可再生能源配额制的减排成本时提到总量交易计划二氧化碳的边际减排成本为每吨 3 美元。

二、中国碳减排成本问题相关研究

韩一杰、刘秀丽（2010）测算了我国实现二氧化碳减排目标所需的增量成本，要实现 2020 年单位 GDP 碳密度比 2005 年降低 40% 的减排目标，到 2020 年，每年所需的增量成本约为 104 亿美元；而当减排目标提高到 45% 时，到 2020 年每年所需的增量成本迅速增加到 318 亿美元左右。范英、张晓兵、朱磊（2010）基于投入产出的多目标规划对中国二氧化碳减排的宏观经济成本进行了估算，我国 2010 年二氧化碳减排的宏观经济成本为 3100~4024 元/吨二氧化碳，减排的力度越大，相应的单位减排的宏观经济成本越高。B. Zhang 等（2011）提出交易成本非常重要，他们实证研究，江苏省二氧化硫交易市场后，发现交易成本对价格的影响不容忽视，它会影响市场交易数量和效率。夏炎、范英（2012）通过建立减排成本评估的投入产出—计量优化组合模型，研究了我国减排成本曲线的动态变化，在国际比较的基础上，得到的结论是发展中国家减排的宏观经济损失更大，提出了实现我国碳强度减排目标的非等量递增减排路径。Y. Choi 等（2012）基于松弛因子的 DEA 模型研究了中国与能源相关的碳排放效率和边际减排成本，得到估算后的碳排放平均影子价格为 7.2 美元。L. Ko 等运用多目标规划方法从台湾电力行业供给政策视角研究了碳减排成本，发现核能可以降低电力企业发电和碳排放成本，太阳能技术可以提升其成本竞争力。K. Wang 和 Y.-M. Wei（2014）研究了中国 30 个主要城市的工业能源效率和碳减排成本发现，2006~2010 年中国主要城市的平均工业碳减排成本为 45 美元，不同城市间影子价格的巨大差异为中国区域碳交易市场的建立提供了可行性。L.-B. Cui 等（2014）提出中国统一的碳交易市场会降低 23.67% 的碳减排成本。Y. Li 和 L. Zhu（2014）估算了中国钢铁行业的节能成本曲线，常用的 41 种节能技术每吨可以减排二氧化碳 443.21 千克。X. Zhou 等（2015）利用距离函数估计了上海制造业的碳排放影子价格后发现，不同的模型选择对影子价格的影响很大，影子价格和碳强度之间存在负相关关系，他们建议上海市政府采取相应措施来改善碳交易市场状况，比如在初始配额分配时考虑交易企业的边际减排成本等。魏楚（2014）发现中国的不同城市在二氧化碳减排边际成本上存在巨大的差异，识别出了导致城市边际减排成本差异的可能原因。D. Wu 等（2015）的实证研究表明，京津冀区域联合污染控制有利于降低碳减排成本。

三、研究背景及研究思路

随着国际社会对温室气体排放的日益关注，减少二氧化碳排放已经成为世界各国共同面对的问题。中国虽然没有承担约束性减排指标的义务，但作为负责任的大国，在 2009 年哥本哈根会议召开前夕，也明确提出了到 2020 年单位 GDP 的二氧化碳排放比 2005 年下降 40%~45% 的碳减排目标。然而，伴随着中国经济的飞速增长，能源消耗和二氧化碳排放急剧增加，中国已经成为仅次于美国的全球第二大能源消耗国和二氧化碳排放国。同时，中国经济的不断增长仍将不可避免地带来能源消费和碳排放的持续增加。

中国不同地区之间的经济总量、产业结构层次、能源结构、人口数量及自然环境状况等存在着较大差异，中国的二氧化碳排放不仅表现为排放总量的增长，还表现在区域排放的差异性，这种巨大的差异性主要来源于经济增长方式和经济发展水平的不平衡，如表 5-1 所示，相关指标的地区差异很大，因此，实现约束性减排目标需要付出的碳减排成本也不一样。

表 5-1 不同省份相关指标的差异性

	平均值	标准差	最大值	最小值
单位地区生产总值（亿元）	10251.07	8206.968	33869.08	906.58
单位地区生产总值能耗（千克标准煤/万元）	1.532	0.767	3.867	0.709
人均地区生产总值（万元/人）	2.292	1.405	6.607	0.779
第三产业总值占比（%）	39.653	7.425	72.16	29.56

有关中国省域碳排放差异性的研究已经有不少学者进行了深入分析。张彬等（2011）认为在实施低碳发展时，必须考虑影响区域，有针对性地制定减排策略，他们从环境经济学角度出发，利用 Kaya 模型研究分析中国不同区域碳排放驱动因素的差异性，将中国按碳排放驱动因素分为四大区域，并针对各区域提出实现低碳发展的相关政策建议。宋帮英、苏方林（2010）采用地理加权回归（GWR）技术引入空间效应研究省域碳排放量，研究发现省域碳排放量与经济发展水平、产业结构、人口、外商直接投资和能源价格之前存在内生经济关系，影响碳排放量的各因素在省域空间上存在明显差异。许广月、宋德勇（2010）选用 1990~2007 年中国省域面板数据，运用面板单位根和协整检验方法，研究了中国碳排

放环境库兹涅茨曲线的存在性，对中国及其东部和中部地区各省域达到人均碳排放拐点的时间进行了情景分析，并刻画出具体的时间路径。肖黎姗等（2011）运用基尼系数和空间自相关的方法，刻画了1990~2007年中国省际碳排放时空分布格局和聚集程度，提出碳强度的极化现象比碳总量的极化现象更加严重，必须根据区域经济发展、资源禀赋、碳排放聚集等，因地制宜地提出碳排放区划方案。刘明磊等（2011）利用非参数距离函数方法研究了能源消费结构约束下的我国省级地区碳排放绩效水平和二氧化碳边际减排成本，认为各省区二氧化碳边际减排成本差异较大，一般碳强度越低的地区所要付出的宏观经济成本越高，减排难度也更大。H. Li等（2012）根据碳排放水平的不同，将中国30个省份划分为5个区域，利用STIRPAT模型分析了中国不同区域的碳排放问题，结果发现人均GDP、工业结构、人口、城镇化和技术水平是影响排放量的主要因素。大部分区域里，人均GDP和城镇化的影响较大，提升技术水平带来的减排效果虽然并不显著，但依然是基本的减排路径。特别是在高排放区域，工业结构不是主要诱因，而且提高技术水平会增加碳排放。S. Yu等（2012）利用基于粒子群算法的模糊聚类方法分析了中国省际碳排放的区域特点，认为在聚类分析时影响碳排放最主要的因素是碳强度和人均碳排放，而单位能耗并不明显，应根据不同区域内碳排放特点设定减排目标。C. Zhang等（2012）从城镇化角度研究了区域碳排放的问题，他们利用各省区的面板数据进行实证分析后提出，城镇化对西部地区碳排放的影响大于东部地区。F. Wu等（2012）利用与碳排放相关的环境DEA模型分析了中国不同省区的工业能源效率，与以往的模型相比，他们引进了非期望产出作为模型参数，认为中国工业能源效率的提升主要驱动力是技术改进。

随着《中华人民共和国国民经济和社会发展第十二个五年（2011~2015年）规划纲要》（以下简称"十二五"规划纲要）的颁布，单位国内生产总值二氧化碳排放降低17%的约束性要求已经成为各个省份下一阶段减排工作的重要目标，中国各省份在"十二五"末实现上述刚性目标的减排成本巨大，从已有文献综述来看，尽管有学者开始关注中国不同省份的减排成本，但尚未有学者研究"十二五"规划纲要给各省份带来的政策性支出的增加。因此，本书尝试从减排成本的角度，运用碳排放期权分析各省份由于约束性目标可能产生的碳减排成本问题。接下来，介绍碳排放期权模型的构建过程并求解，然后利用面板数据对有关模型进行实证分析，最后是研究结论。

本书在E. Zagheni和F. C. Billari（2007）提出的模型基础上，首先介绍了改进的STIRPAT模型，将GDP总量引入模型，其次考虑了人口阻滞增长模型，在此基础上得到了关于二氧化碳排放量的随机过程，建立了以二氧化碳排放权为标的的资产的期权模型。

P. R. Ehrlich 和 J. P. Holdren（1971）首先提出"$I=PAT$"方程来反映人口对环境压力的影响，该模型是一个被广泛认可的分析人口对环境影响的公式，主要作用在于探求环境变化的幕后驱动因素，但也存在一些局限性：分析问题时，仅改变一个因素，而保持其他因素固定不变，得出的结果即为该因素对因变量的等比例影响。为了修正上述模型的不足，R. York 等（2003）在此模型基础上建立了 STIRPAT（Stochastic Impact by Regression on PAT）模型，即 $I_i=aP_i^bA_i^cT_i^de_i$，其对数形式为 $\ln I_i=a+b\ln P_i+c\ln A_i+d\ln T_i+e_i$，其中，$I$ 表示二氧化碳排放量，P 表示人口（Population），A 表示富裕程度（Affluence），T 表示科技发展水平（Technology）。E. Zagheni 和 F. C. Billari（2007）从 STIRPAT 方程对数形式出发，将 T 与其他影响因素一并归入误差项，用 GDP 总量 $Y=PA$ 代替 A，建立了其对数简化形式：

$$\ln I=a+b\ln P+c\ln Y+e$$

对上式两端求导，得：

$$\frac{I'}{I}=b\frac{P'}{P}+c\frac{Y'}{Y}$$

考虑到人口增长和自然资源、环境因素等对人口增长的阻滞作用，Logistics 人口阻滞增长模型被建立：

$$\begin{cases}\dfrac{dP}{dt}=\rho P\left(1-\dfrac{P}{P_m}\right)\\ P(0)=P_0\end{cases}$$

其中，$P=P(t)$ 表示某地区人口总数，P_m 表示自然资源和环境条件所能容纳的最大人口数量，ρ 是人口固有增长率，$\rho(P)=\rho\left(1-\dfrac{P}{P_m}\right)$ 表示实际人口增长率。求解上式得到：

$$P(t)=\frac{P_m}{1+\left(\dfrac{P_m}{P_0}-1\right)e^{-\rho t}},\frac{dP}{P}=\frac{\rho\left(\dfrac{P_m}{P_0}-1\right)e^{-\rho t}}{1+\left(\dfrac{P_m}{P_0}-1\right)e^{-\rho t}}dt$$

若中国的国内生产总值总量 Y 的增长率符合几何布朗运动：

$$\frac{dY}{Y}=\mu dt+\sigma dW_t$$

其中，W_t 是一个标准的布朗运动，$E(dW_t)=0$，$\text{Var}(dW_t)=dt$。从而，二氧化碳

排放量 I 满足下列方程：

$$\frac{dI}{I}=f(t)\,dt+\hat{\sigma}dW_t$$

其中，$f(t)=\dfrac{q\mu+(b\rho+q\mu)\left(\dfrac{P_m}{P_0}-1\right)e^{-\rho t}}{1+\left(\dfrac{P_m}{P_0}-1\right)e^{-\rho t}}dt$，$\hat{\sigma}=c\sigma$。

按照约束性目标，各省市在到期日 T 前，应将二氧化碳排放量降至指定阈值 $\bar{I}$，超过此指定值必须到碳排放交易市场购买碳排放权。假设碳排放权价格为 a 元/吨，各省市由于该购买产生的潜在支出为 $C(I,T)=a(I_T-\bar{I})^+$ 元，本书将此潜在支出看作一个以碳排放量为标的资产的欧式期权。

若无风险利率为 r，则在 t 时刻潜在支出的条件期望为：

$$C(I,t)=E(a(I_T-\bar{I})^+e^{-r(T-t)}|I_{t_0}=I_0)$$

由 Feynman-Kac 公式得，$C(I,t)$ 适合非齐次倒向抛物型方程的 Cauchy 问题：

$$\begin{cases}\dfrac{\partial C}{\partial t}+\dfrac{q\mu+(b\rho+q\mu)\left(\dfrac{P_m}{P_0}-1\right)e^{-\rho t}}{1+\left(\dfrac{P_m}{P_0}-1\right)e^{-\rho t}}I\dfrac{\partial C}{\partial I}+\dfrac{I^2}{2}c^2\sigma^2\dfrac{\partial^2 C}{\partial I^2}-rC=0\\ C(I,T)=a(I_T-\bar{I})^+\end{cases}$$

由 Black-Scholes 公式得：

$$C(I,t)=aI\left(\frac{1+\left(\dfrac{P_m}{P_0}-1\right)e^{-\rho t}}{1+\left(\dfrac{P_m}{P_0}-1\right)e^{-\rho T}}\right)^b e^{(q\mu-r)(T-t)}\Phi(d_1(t))-a\bar{I}e^{-r(T-t)}\Phi(d_2(t))$$

其中，$\Phi(x)$ 是标准正态分布的分布函数，$d_2(t)=d_1(t)-c\sigma\sqrt{T-t}$，

$$d_1(t)=\frac{\ln I-\ln\bar{I}+b\left(\ln(1+\left(\dfrac{P_m}{P_0}-1\right)e^{-\rho t})-\ln(1+\left(\dfrac{P_m}{P_0}-1\right)e^{-\rho T})\right)+q\mu(T-t)+\dfrac{1}{2}c^2\sigma^2(T-t)}{c\sigma\sqrt{T-t}}$$

四、实证分析

选取我国 30 个省份（西藏数据缺失）的面板数据为样本。能源数据以各省份消耗的能源为基础数据，按照煤炭 0.713 千克标准煤/千克，原油 1.4286 千克标准煤/千克，天然气 1.33 千克标准煤/立方米的能源折算标准煤系数统一换算为标准煤计算；二氧化碳排放量是根据 2006 年 IPCC 为《联合国气候变化框架公约》及《京都议定书》所制定的国家温室气体（主要构成物是二氧化碳）清单指南第二卷（能源）第六章提供的参考方法计算得到。二氧化碳排放总量是根据三种消耗量较大的一次能源所导致的二氧化碳排放估算量相加得到，具体公式为：

$$CO_2 = \sum_{i=1}^{3} CO_{2,i} = \sum_{i=1}^{3} E_i \times NCV_i \times CEF_i \times COF_i \times (44/12)$$

其中，$CO_{2,i}$ 代表估算的二氧化碳排放量，$i=1$，2，3 分别代表三种一次能源（煤炭、原油、天然气），E_i 代表它们的消耗量，NCV_i 是《中国能源统计年鉴》提供的三种一次能源的平均低位发热量，CEF_i 是 IPCC（2006）提供的碳排放系数，COF_i 是碳氧化因子（根据 IPCC，该值通常取 1），44 和 12 分别为二氧化碳和碳的分子量，这些指标取值如表 5-2 所示；其他所有数据均来自 1999~2013 年《中国统计年鉴》和 2013 年《中国能源统计年鉴》。

表 5-2　不同指标对应取值

	煤炭	石油	天然气
NCV_i（千焦/千克）	20908	41816	38931
CEF_i（千克/万亿焦耳）	95333	73300	56100

下面运用上述数据分别估算模型中的参数。

（1）人口阻滞增长模型中的参数估计。

由 $\begin{cases} \dfrac{dP}{dt} = \rho P \left(1 - \dfrac{P}{P_m}\right) \\ P(0) = P_0 \end{cases}$，可得 $\dfrac{\dot{P}}{P} = \rho - \dfrac{\rho}{P_m} P$

选取各省份 1998~2012 年的人口数据，计算中心差分，根据灰色最小二乘法，采用 Matlab 软件进行线性拟合得到每个省份的人口增长率 ρ 和最大人口数量

P_m 的值（见表 5-3），按照此方法估计中国 30 个省份的平均人口增长率是 4.36%，最大人口数量是 12.94 亿，基本符合国家统计局发布的数据。

表 5-3　中国 30 个省份的人口增长率、最大人口数量及回归参数

省份	ρ	P_m	a	b	c
北京	0.062665	3044.789	14.825	−3.061	0.856
天津	−0.18566	927.9477	10.667	−3.185	1.367
河北	0.026589	8864.465	75.333	−9.003	0.621
山西	0.157908	3479.116	9.227	−1.564	0.537
内蒙古	0.048064	2519.845	57.321	−8.353	1.027
辽宁	−0.04546	3922.477	124.815	−15.947	1.029
吉林	0.284956	2739.896	497.518	−64.173	1.229
黑龙江	−0.00269	2677.583	2.749	−0.725	0.424
上海	0.160653	2049.661	151.897	−24.514	3.507
江苏	−0.05923	6664.233	3.183	−0.665	0.4218
浙江	−0.052296	3702	125.123	−21.723	6.149
安徽	−0.055621	6504	245.343	−28.75	0.680
福建	0.203468	3657	23.791	−3.316	0.405
江西	−0.1272	4120	168.445	−21.349	1.235
山东	0.065688	10159	58.171	−6.938	0.705
河南	0.035938	9785	96.265	−10.990	0.593
湖北	−0.06697	6206	165.673	−19.536	0.457
湖南	0.01921	2842.005	66.835	−8.989	1.356
广东	0.116731	11307.22	17.632	−2.641	0.766
广西	−0.01007	3666.765	77.908	−10.425	1.228
海南	0.110302	918.7383	225.065	−36.859	3.109
重庆	−0.05108	3495.364	81.149	−11.677	1.450
四川	−0.06234	9053.611	10.302	−1.056	0.029
贵州	0.037094	4098.203	2.036	−0.201	0.014
云南	0.104035	4799.715	29.432	−4.091	0.654

续表

省份	ρ	P_m	a	b	c
陕西	0.035143	4211.713	121.721	−15.564	0.782
甘肃	0.196563	2646.413	15.008	−2.572	0.662
青海	0.11453	581.9075	68.422	−12.733	1.614
宁夏	0.071413	725.4846	2.634	−1.067	0.553
新疆	0.097067	2468.986	14.977	−2.499	0.529

（2）对数线性回归模型中的参数估计。

在简化的 STIRPAT 模型 $\ln I = a + b\ln P + c\ln Y$ 中，考虑到二氧化碳排放量计算的可得性，本书选取了中国 2005~2012 年各省份的能源、总人口和地区生产总值数据，利用 EViews 软件对上述参数进行对数线性拟合，得到模型中参数的值（见表 5-4）。

表 5-4　中国 30 个省份 GDP 平均增长率、标准差及潜在支出

省份	μ	σ	C	省份	μ	σ	C
北京	0.14830	0.03142	213.7	河南	0.15734	0.05129	5854.097
天津	0.17075	0.04657	288.8	湖北	0.15075	0.03677	7763.856
河北	0.14239	0.04079	4132.766	湖南	0.15327	0.04223	6181.981
山西	0.16100	0.06580	4679	广东	0.14846	0.03553	908.163
内蒙古	0.21719	0.05373	6514.955	广西	0.15312	0.04087	1833.221
辽宁	0.13826	0.04427	6059.586	海南	0.13575	0.03163	796.434
吉林	0.15417	0.03478	8478.733	重庆	0.16348	0.04692	949.819
黑龙江	0.11617	0.04186	5952.1	四川	0.14909	0.03299	321.263
上海	0.13257	0.03600	874.526	贵州	0.15489	0.04274	407.54
江苏	0.16162	0.03402	2041.11	云南	0.13246	0.04202	687.975
浙江	0.15047	0.03634	2707.9	陕西	0.17525	0.04510	2927.875
安徽	0.1414	0.03891	2530.076	甘肃	0.13775	0.03868	2789.7
福建	0.13751	0.03031	372.323	青海	0.16020	0.05219	860.701
江西	0.15726	0.03583	3988.078	宁夏	0.17361	0.05280	3088.8
山东	0.16308	0.04006	5560.749	新疆	0.13168	0.04960	2135.94

（3）几何布朗运动中的参数计算。

为了得到几何布朗运动$\frac{dY}{Y}=\mu dt+\sigma dW_t$中的参数，本书对每一个省份，利用2001~2012年的GDP数据，取对数以后进行差分，计算它们的平均值μ和标准差σ，计算结果见表5-4。

接下来，计算"十二五"规划纲要减排约束目标增加的成本。依据"十二五"规划纲要，以单位GDP二氧化碳排放降低17%的刚性要求，设立各省二氧化碳排放的阈值，以2010年为起点，计算初始碳排放量，以2015年为到期日，计算碳排放阈值。以当前一年期存款利率3.25%作为无风险利率，碳排放价格选取欧盟碳排放交易体系第二阶段，2012年8月期货EUA Dec 2012的价格为7.08欧元，约等于55.88元人民币。

以北京为例，具体计算过程如下：

以2010年为起点，2015年为到期日，$T=15$，2010年北京碳排放量$I=1.04$亿吨=104百万吨，2015年的阈值I为104×0.83=86.32百万吨，$P_m=3044.789$万，$P_0=1538$万，$\rho=0.062665$，$\mu=0.148301$，$\sigma=0.03142$，$r=3.25\%$，$\alpha=55.88$元/吨，$a=14.825$，$b=-3.061$，$c=0.856$，将上述数据代入$C(I, t)$表达式，利用Matlab软件计算可得，"十二五"期末北京为实现单位GDP二氧化碳排放降低17%的目标产生的可能支出$C(I, 15)=213.7$（百万元）。同样的方法可以计算出中国30个省份的潜在支出（见表5-4）。

五、研究结论及政策建议

对中国30个省份的潜在支出结果进行简单统计分析发现，到"十二五"期末，中国为实现既定目标所需的平均支出为3063.392百万元，标准差为2485.952，显示了不同省份间减排成本的巨大差异，如图5-2所示，从2005~2012年的样本数据可以看出，潜在支出最大的吉林省，人均地区生产总值与人均碳排放之间呈现出先上升后下降再继续上升的折线形状，经济增长伴随着碳排放的不断增加，达到减排目标任务艰巨，成本最高，而潜在支出最小的北京市，人均地区生产总值与人均碳排放之间表现出显著的倒U形曲线，实现了经济的"脱碳"发展，减排成本最小。

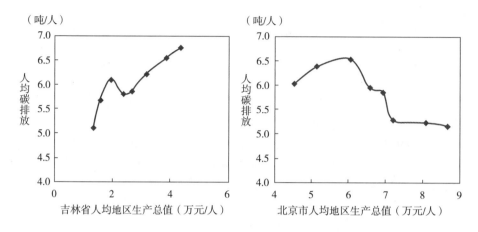

图5-2 人均 GDP 与人均碳排放的关系

由于东部地区[①]国内生产总值大于中部地区，中部地区大于西部地区（见图5-3），不少文献的研究结论都认为，中国的二氧化碳排放量由东向西基本也呈现出逐渐递减的趋势，但从未来的减排成本看，中部地区平均支出最高，其次是东部地区，再是西部地区（见图5-4）。与西部地区相比，我国实施了多年的"中部崛起"战略，中部地区工业化进程显著加快，在有效促进当地经济发展的同时，2002～2008年碳排放总量高达12%，碳排放的累积效应导致中部地区的减排成本巨大，中部8省份平均潜在支出为5678.49百万元，接近全国平均水平的两倍。

从开展低碳城市试点的5省2市[②]的潜在支出来看（见图5-5），到"十二五"期末，湖北省和辽宁省的潜在支出分列第一和第二位，均大大超过全国平均水平，这两个省份的共同特点是增长方式粗放、碳生产力水平低。巨大的减排成本将会使它们的低碳城市建设面临诸多的困难与挑战；天津市的潜在支出最低，这主要得益于2008年天津就成立了排放权交易所（TCX），二氧化硫、化学需氧量等主要污染物的交易有效促进了环渤海湾地区经济的可持续发展。因此，虽然

---

① 根据国家统计局资料，我国东部地区包括辽宁、河北、北京、天津、山东、江苏、上海、浙江、福建、广东、海南11个省份，中部地区包括黑龙江、吉林、山西、安徽、江西、河南、湖南、湖北8个省份，西部地区包括内蒙古、广西、青海、宁夏、新疆、甘肃、贵州、云南、陕西、四川、重庆11个省份。

② 2010年8月国家发改委启动了低碳省和低碳城市试点工作，主要包括：广东、辽宁、湖北、陕西、云南5省和天津、重庆、深圳、厦门、杭州、南昌、贵阳、保定8市，本文是从省域角度进行的研究，故选择了5省2市。

（百万元）

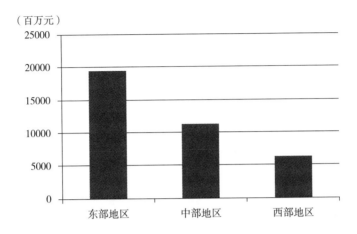

图 5-3 东部、中部、西部地区的国内生产总值

（百万元）

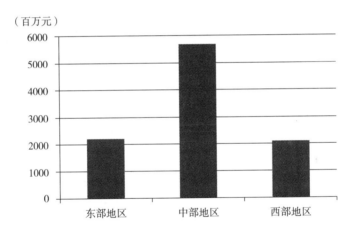

图 5-4 东部、中部、西部地区的平均潜在支出

天津人均碳排放和能源消费的碳排放强度比较高，但是天津的低碳城市建设减排成本较低。

2012 年初，国家发展改革委批准北京、上海、天津、湖北、广东、深圳、重庆 7 个地方开展碳排放权交易试点工作，除深圳市外，其余 6 个省份的潜在支出如图 5-6 所示。湖北省的潜在支出显著高于其他省份，作为碳交易试点中唯一的中西部省份，湖北省已经计划于 2013 年上半年碳交易所挂牌成立，下半年启动碳交易，而且根据最新的《湖北省碳排放权交易管理办法》，初步被纳入碳排放权交易的主要涉及钢铁、化工、水泥、汽车制造、电力、有色、玻璃、造纸等高能耗、高排放行业，这将会有效降低湖北省的减排成本，顺利实现碳排放约束

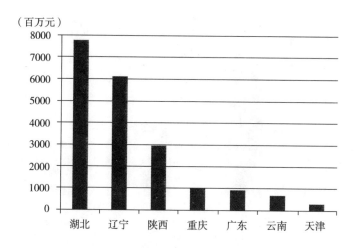

图 5-5　七个低碳城市试点省份的潜在支出

目标。其余 5 个省份的平均潜在支出远低于全国平均水平，体现了这些试点省份的巨大减排成本优势，有利于这些省份从容有序地开展碳交易试点，为全国性碳交易市场的建立积累丰富的经验。

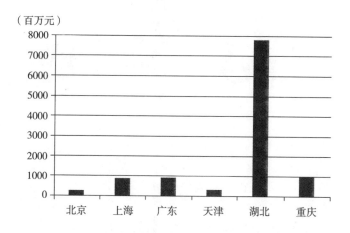

图 5-6　六个碳排放权交易试点省份的潜在支出

本章研究了中国 30 个省份（西藏数据缺失，不含港澳台）因为减排约束目标导致的减排成本支出，运用期权定价方法构建碳排放期权模型，选择统计数据，做了实证分析，得到了 30 个省份的减排成本。以二氧化碳排放权为标的资产，建立期权定价模型，以"十二五"规划纲要提出的单位国内生产总值二氧化碳排放降低 17%的约束性目标为阈值，研究 30 个省份为完成减排目标而可能产生的潜在减排成本数值。首先，根据人口阻滞增长模型，利用人口统计数据，借助 Matlab 软件对参数进行模拟估计。其次，利用 IPCC 提供的方法计算各省份碳排放量，借助 EViews 软件模拟简化 STIRPAT 模型的参数。最后，应用 Matlab 软件计算模型提供的减排成本支出值，本书清晰勾勒出各省份完成减排任务所面对的可能成本值。基于上述研究结论，笔者认为：

政府相关部门在制定和分解节能减排目标时，应根据各省份产业结构、经济发展水平和自然环境状况合理制定和分解节能减排指标。上述研究表明，为实现约束性目标，中国各省份将为之付出较高的减排成本，同时，省份间的潜在支出存在巨大的差异性。因此，政府相关部门要科学合理地根据各地资源禀赋、发展水平和技术上的能力完善指标分配体系，防止"鞭打快牛"的现象①。经济发展水平较高、减排潜在成本较低的省份可以适当提高约束性目标，存在经济增速压力的省份可以合理降低减排目标，这样就可以在控制总量的基础上，均衡考虑各省份的潜在支出，避免出现类似"十一五"期间地方政府为完成减排目标做出拉闸限电等损害地方经济发展的事情。

要以发展的眼光看待东、中、西部的地区差异，建立动态的约束性指标分配机制。统一的减排目标设置会给中、西部地区部分省份带来巨大的潜在成本增加，这对于迫切需要经济发展，基础尚待完善的省份来说无疑是很大的负担。事实上，中部地区、东部地区、西部地区的减排成本支出逐渐递减，而且中部地区的成本支出明显高于东部、西部地区，这改变了传统的"东部大于中部大于西部"观念。中、西部地区进一步加快经济发展还将不可避免地导致减排压力的剧增。因此，动态化的目标分解和考核机制对我国碳强度目标的完成非常关键，约束性目标的分配应该动态衡量，对于目前减排成本最高的中部地区可以暂时性地降低指标。

要综合考量纳入试点的低碳城市、碳交易试点城市的约束性指标，避免刚性目标影响试点工作。潜在支出较大的试点城市主要集中在中西部地区和东北老工业基地，结合这些城市的特点，科学合理地制定约束性目标能够保证试点工作的顺利推进，给试点工作的进一步开展留足空间。

---

① 解振华."十二五"节能指标不"鞭打快牛"［N］.新华日报，2010-09-30.

第三节 基于成本效率的碳排放交易机制减排成本理论模型分析

一、碳排放交易机制简介

1. 碳排放交易机制的基本原理

从成本角度来分析，碳排放交易机制的基本原理非常直观。不同企业由于所在的行业、地区和技术、管理方法不同，它们实现碳减排的成本也会有差异。碳减排成本较低的企业会通过超额减排，获得多余的减排配额，进而可以借助碳排放交易机制将该配额出售给减排成本高、配额不够的企业，帮助减排成本高的企业实现减排目标，降低整个社会完成约束性目标的减排成本。

2. 碳排放交易机制分类

根据不同的标准，碳排放配额交易一般可以分为以下四类：

（1）根据是否强制减排分类。一种是强制性碳交易市场，另一种是自愿性碳交易市场。强制减排市场是国际上最为普遍，也是发展最为迅速的市场，比较有影响力的是欧盟碳交易体系、美国区域温室气体减排计划等，而自愿减排计划，由于其基本前提是自愿加入，近年来有逐渐减少萎缩的趋势。

（2）根据是否跨行业分类。可分为单行业碳排放交易体系和多行业碳排放交易体系。相比较而言，只在一个行业执行的碳交易市场面对的问题压力相对较小，开展交易相对容易。

（3）根据覆盖的区域分类。可分为区域内碳排放交易体系和区域外（全国性）碳排放交易体系。当然这个"区域"是一个相对的概念，既可以是一个国家的不同省份，也可以是一个国家，比如欧盟。区域内碳交易体系是指所有交易集中在一个范围内部进行，不出现相互之间的交易。我国目前在5省2市试点的碳交易就属于区域内碳交易市场。

（4）根据交易地点分类。可分为场内交易和场外交易。和传统的商品交易市场一样，碳交易市场也可以分为场内碳交易市场和场外碳交易市场。场内交易是指在集中的交易场所里进行的交易，场内交易和场外交易基本功能一致，但在交易场所、交易标的、交易价格、交易风险及交易时间间隔等方面有所区别。我国目前的碳交易市场都属于场内交易。

3. 碳交易市场的构成要件

任何一个市场，不管其具有怎样的表现形式，它都应该包含一些基本要素。一个完整的碳排放配额交易体系一般应该包括总量控制、配额分配、交易制度、监管制度、风险控制。

（1）总量控制。总量控制通常是由政府或监管者设置一个总的减排目标，不管参与者具体减排量的多少，只要完成总量控制目标就可以，这样的设置可以让所有参与者根据自身的实际情况来决定市场行为，从而既实现了社会总环境资源的有效利用，又保证了每个参与者效用的最大化。具体到我国而言，可以根据"十二五"规划纲要提出的单位 GDP 碳排放降低 17% 作为基准减排线设定目标，各省份可按照现实情况上下浮动。

（2）配额分配。确定总量控制目标后，配额如何分配将会影响监管者、参与交易企业和其他利益相关者的积极性，决定它们的成本和收益，干扰它们的市场行为，进而降低市场机制的效率。因此，在总量控制市场机制下，配额分配非常关键，任何一个不合理或者不恰当的分配方式都有可能破坏整个市场体系。

配额分配主要分为免费分配、公开拍卖的方式，免费分配（或者部分免费分配）一般包括基于历史排放水平的分配和基于产出的分配。在不同的碳排放交易体系中，有时候会采用免费分配和拍卖相结合的分配方式。

（3）交易制度。碳排放权交易和一般金融商品交易的基本流程并没有本质区别，交易制度包含交易场所、交易品种规格方式的设定，注册登记、开设账户和交易程序，交易结算等。

（4）监管制度。监管制度是保证碳交易市场体系正常运转的基本保障，主要包含资金监管、价格监管、日常交易监管、交易纠纷处理等。

（5）风险控制。碳排放交易市场作为一个新兴的市场，有很多不确定性因素会危及市场的健康运行，因此，建立职责明确、权责统一、制衡高效的系统风险控制管理体系非常关键。

4. 碳交易市场的主要参与者

研究碳交易市场还需要进一步厘清该市场的所有相关者。自国际碳排放配额交易市场建立以来，碳市场的参与主体呈现出多元化的发展趋势，不但参与者的身份多元化，比如政府、企业、个人、中介等，而且参与者的目标也是多元化。一般来说，碳排放配额交易市场的主要参与者有：

（1）遵约参与者。遵约参与者是指所有参与碳排放配额交易市场的企业，它们是市场主体，包含碳排放配额的供给方和需求方，在总量控制和交易机制下，供给方通过技术改造等方式达到减排目标，出售多余配额。需求方实际排放超过了许可目标，需要购买配额，这些企业不管是看多或者看空市场，也不管是想追求内部减排策略的优化，或者是利用市场交易来完成自己的减排约束目标，每一个参与者的市场地位都会或多或少地影响这个市场。

（2）政府监管部门。政府监管部门一直都是碳市场的主角，它们发挥着计划、组织、领导和控制的职能，是碳市场构建的主要倡导者和建设者，也是碳市场平稳运营和发展壮大的主要力量。碳市场的各项政策法规，各种规章制度的起草、发布和督促执行都离不开政府部门的参与。

（3）商业银行。由于碳市场发展比其他金融市场晚，规模较小也不太成熟，商业银行介入碳市场的动作也较慢。随着碳市场发展日趋成熟，越来越多的商业银行开始发现这一新的利润增长点，参与的积极性也越来越高。

国内的兴业银行是中国首家采纳赤道原则的银行，较早进入涉碳市场，为国内多个 CDM 项目提供融资服务，碳资产抵押信贷等。兴业银行可持续金融中心碳金融处研究员何鑫提出，兴业银行除了将提供交易结算服务、减排融资安排外，还将陆续开发多元化的碳排放权交易金融产品，争取成为碳交易场内交易的经纪商、做市商。该行已与 7 个国家级碳交易试点地区中的 6 个签署全面合作协议，提供包括交易架构及制度设计、资金存管、清算在内的"一揽子"金融服务，推动国内碳交易市场的建设。

（4）碳经纪商和投机商。任何新兴市场都会吸引经纪商，风险资本和投机商、经纪商专注于碳市场的研究，获取各类极其重要的市场信息，为卖方和买方提供专业化的中介服务。各类风险资本也会敏锐地察觉到碳市场的机会，纷至沓来，活跃于不同碳交易市场中。

（5）会计和法律服务。碳市场中，会计和税务处理是一项重要的专业技能，充满了不确定性，很多问题并未获得解答。随着碳交易市场的日趋成熟，会计服务将会越来越受到重视。不同于一般的法律服务提供者，碳交易市场的法律服务要求从业者专精于碳交易，熟悉市场的各项政策法规、法律条文等。

因此，一个完整的碳排放配额交易体系一般应该包括总量控制、配额分配、交易制度、监管制度、风险控制等，遵约参与的企业是碳交易市场的主体，政府部门是碳交易市场主要监管者，所有这些利益相关者，有效协作共同推动碳交易市场的顺利运作。

二、国际碳排放交易机制政策与实践

全球碳排放配额交易模式包括《京都议定书》下的国际排放交易机制（AAUs）、欧盟碳排放配额交易计划（EUETS）、澳大利亚新南威尔士减排计划（NSW）、美国区域温室气体行动计划（RGGI）和芝加哥气候交易所（CCX）

等。近年来，全球主要配额交易市场的交易量和交易额对比如表 5-5 所示，整个配额市场无论是交易量还是交易额都出现了大幅的增长，2008~2009 年交易量翻倍，其增长趋势如图 5-7 所示。

表 5-5　全球配额市场交易量和交易额

年份	交易量（亿吨二氧化碳当量）					交易额（百万美元）				
	EUETS	NSW	CCX	RGGI	AAUs	EUETS	NSW	CCX	RGGI	AAUs
2005	321	6	1	—	—	7908	59	3	—	—
2006	1104	20	10	—	—	24436	225	38	—	—
2007	2060	25	23	—	—	49065	224	72	—	—
2008	3093	31	69	62	23	100526	183	309	198	276
2009	6326	34	41	805	155	118474	117	50	2179	2003

资料来源：世界银行。

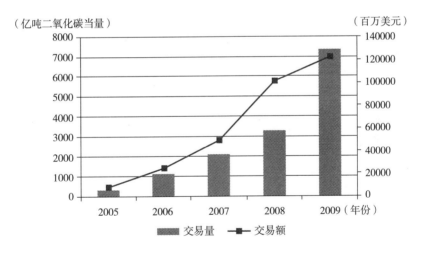

图 5-7　全球配额市场交易量和交易额趋势

接下来，本书分别介绍四个主要的配额交易市场的发展情况和启示。

1. 欧盟碳排放配额交易计划

2005 年 1 月，欧盟建立了世界上第一个跨国排放权交易机制，经过几年的迅速发展，现已成为全球最大的碳排放交易市场（见图 5-8、图 5-9）。欧盟范围内开展的碳排放权交易被认为是最具有影响力和深远意义的政策之一，对国际碳排放权交易的发展提供了很多重要参考。

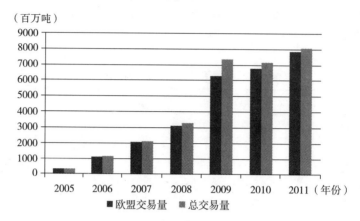

（百万吨）

图5-8 欧盟配额交易量和全球交易量对比

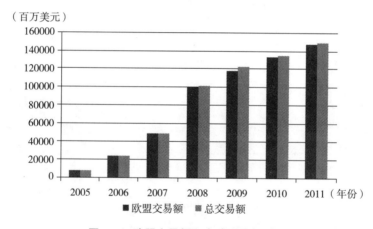

（百万美元）

图5-9 欧盟交易额和全球交易额对比

　　EUETS设定了三个实施阶段。第一阶段为2005~2007年，属于实验性阶段，市场规模定为欧盟国家，碳排放配额有95%免费分配给各企业，减排目标是要完成《京都议定书》所承诺目标的45%。参加交易的主要是能源生产行业和能源密集型行业。第二阶段为2008~2012年，市场规模扩展到欧盟外国家，90%的碳排放配额免费分配，减排目标是在2005年排放水平上平均减排6.5%，还首次将航空业纳入减排管制中。第三阶段为2013~2020年，配额拍卖的分配方式将逐步提高至50%，到2020年预计将达到75%，大部分国家电力行业配额拍卖比例在2020年都将达到100%，减排目标为到2020年在2005年的基础上减排14%。

EUETS 的成功实施，不但促进了整个欧洲地区的温室气体减排和相关产业低碳化变革，而且对全球气候变化统一行动做出了贡献，在关键时刻促使各国摒弃政治利益共同面对气候变化的挑战，这不但提供了通过市场机制进行有效减排的成功案例，而且补充和完善了碳交易的理论体系。欧洲作为先行者，在《京都议定书》即将失败的关键时刻，把握了气候问题的政治话语权和道德制高点，获得了先动优势，产生了一个时间表效应，对美国等发达国家形成了巨大的压力，促进了全球碳交易市场的蓬勃发展。

EUETS 的实施过程中，也存在几个重要的争议。第一，第一阶段是否存在碳排放配额过度分配（over-allocation）的问题，围绕这一问题，许多学者展开了研究，欧盟认为由于缺乏足够的数据，一些成员国分配配额时采用了预测的方法，这会夸大实际需求[1]。第二，是否存在暴利（windfall profits）问题，这在第一阶段中饱受诟病，主要原因在于祖父制的分配方式导致发电企业无偿拥有了大量配额，随着拍卖制度的逐步推行，暴利会逐渐消失。第三，价格波动（price fluctuate）问题，特别是在 2006~2007 年价格波动异常剧烈，人们担心这样的价格信息是否能够给企业提供明确可靠的信号。事实上，碳交易市场和其他能源商品交易市场的波动性基本一致，价格波动过大时还可以采取允许跨期存储，设定价格下限等手段来避免。虽然 EUETS 在实施过程中出现了不少问题，但 EUETS 在碳排放交易领域的理论和实践贡献是不可磨灭的，EUETS 组织架构、制度建设和经验教训为很多后继者提供了极其重要的借鉴。

2. 澳大利亚新南威尔士减排计划

新南威尔士温室气体减排计划（NSW GGAS）是全球最早实施的强制减排交易体系，启动于 2003 年 1 月 1 日，涵盖了 6 种温室气体，期限为 10 年，参加该计划的公司仅限于电力零售商和大型电力企业，目的是为了减少和使用电力有关的温室气体排放，发展鼓励补偿温室气体排放的生产，使温室气体排放总量达到强制性的基准目标水平。

GGAS 是世界上唯一的基线信用（baseline and credit）强制减排体系，2003 年初始基准为 8.65 吨/人，2007 年逐渐下降至 7.27 吨/人，维持标准不变至 2021 年。基准参与者必须减少温室气体排放至它们的基准值，企业的二氧化碳排放量每超标一个碳信用配额将被处以 11.5 澳元的罚款。基准信用交易体系是以人均消费碳排放为基准的，在实际操作中相对简单，交易成本相对较低，适合人口相对稳定、人均收入较高的国家或地区。

---

① Tamra Gilbertson, Oscar Reyes. Carbon Trading: How it works and why it fails [J]. Critical Currents, 2009 (7).

GGAS 的基准是人均消费二氧化碳当量，集中在电力消费侧，相对简单，避免了 EUETS 在实践基准时遇到的问题，但在交易活跃度和流动性上，基准信用减排体系不如限量减排计划。另外，需求端基准体系，强调人口相对稳定，人均收入已达到发达国家水平，在我国依然不具有适用性。

3. 美国区域温室气体行动计划

区域温室气体行动计划（RGGI）由美国东北部和大西洋沿岸中部地区的 10 个州组成，是美国第一个以市场为基础的强制性总量控制交易减排计划，也是全球第一个拍卖几乎全部配额的市场体系，RGGI 各州通过拍卖配额获得资金用于支持各种低碳解决方案，并投资于节能技术、可再生能源和清洁能源技术。

RGGI 管制单一的电力行业，控制电厂的排放总量，实现 2008~2018 年 11 年内 11 年内减排 10%的目标，其中 2009~2014 年维持现有排放总量不变，2014~2018 年比现有排放水准降低 2.5%，总计 10%。

RGGI 交易所是非营利性机构，开创了美国区域碳排放交易体系的先河，它建立了一个规则范例，各州参照规则范例的要求和精神进行各自的减排行动立法，形成协调一致的立法过程，为美国碳排放交易体系的发展提供了借鉴，它采用完全拍卖的方式，极大地促进了配额拍卖的理论和实践的发展。但 RGGI 也同样面临着非议，一个很重要的原因就是其规定的年排放限额过高，形同虚设，不会对减排二氧化碳有任何贡献。

4. 芝加哥气候交易所

芝加哥气候交易所（CCX）是全球第一个规范的、气候性质的气候交易机构，也是第一个实施自愿参与且具有法律约束力的总量限制减排计划。CCX 的目标分为两个阶段，第一阶段是在 2003~2006 年，将六种温室气体在 1998~2001 年的水平上每年降低 1%，以 1998~2001 的年平均排放为基期；第二阶段延续到 2010 年，第一阶段加入的成员承诺再额外减少 2%，第二阶段新加入的成员承诺到 2010 年，将六种温室气体减排 6%。

CCX 交易系统由三部分构成，包括及时提供注册以支持交易，帮助成员管理排放基准，帮助成员达到履约目标。由于 CCX 是一个自愿交易体系，因此没有强制覆盖的行业或者范围，它鼓励企业自愿开展减排活动，自 2003 年以来，CCX 体系实现自愿减排量近 7 亿吨二氧化碳当量，涵盖了美国 50 个州，加拿大 8 个省以及 16 个国家，对利用市场机制减排温室气体做了一个有益的尝试。CCX 创办 8 年后最终停止，一种可能的原因是在全球碳市场的发展中，自愿减排交易的市场份额将会越来越小，提前履约买家和投机买家都将逐渐转移阵地。

由上文分析可以发现，这四个主要的配额交易市场的减排目标、分配方式、覆盖范围、政策启示的具体内容如表 5-6 所示。

表 5-6　四个配额交易市场比较

	EUETS	NSW	RGGI	CCX
减排目标	2013~2020 年在 1990 年的基础上减排 20%	到 2021 年保持 7.27 吨/人的基准	2015~2018 年每年减排 2.5%	到 2010 年比 2000 年减排 6%
分配方式	逐步 "100%" 拍卖	—	拍卖	—
覆盖范围	覆盖全球 31 个国家，电力、钢铁、化工、航空等多个领域	与电力生产和使用相关的行业、消费者	所有用化石燃料发电且大于等于 25 兆瓦的电厂	覆盖六种气体，不同国家、不同行业自愿加入
政策启示	①碳市场需要分段快速建设；②碳交易需要与其他相关政策结合	①电力行业可以首先纳入统一碳交易体系；②碳交易市场建设应稳步推进	①尽快建立统一碳交易市场，避免排放跨区域转移；②根据国情制定和完善相关法规；③提供配套金融服务	①区域试点先行，适度发展自愿减排市场；②根据国情设立减排目标和控排行业

5. 对全球碳交易市场的思考

随着中国碳排放配额交易市场的试点，以及越来越多的国家和地区采用碳交易市场机制解决环境问题，全球碳排放配额交易市场规模不断扩大，碳交易机制在解决全球气候变化问题中的作用已经得到认同。但是，全球碳排放配额交易市场的发展前景依然存在一些不确定性，不同国家的政治力量基于自身利益考虑，围绕减排目标问题依然无法达成有效共识，部分国家蕴藏着碳交易机制停止的风险，如 2014 年澳大利亚宣布取消碳税，原定于 2015 年开始的全国碳交易市场存在变数。全球碳排放配额交易市场及相关配套机制的运行和完善需要经历很长时间，不同国家和地区的碳交易市场发展不平衡性依然存在，尤其是发展中国家和发达国家的发展差距短时间内无法逾越。

三、中国碳交易市场国内现状

2012 年初，国家发展改革委批准北京、上海、天津、湖北、广东、深圳、重庆 7 个区域地方开展碳排放权交易试点工作，中国碳排放权交易市场的构建迈出了实质性的一步，但与国际碳市场的蓬勃发展相比，我国的碳排放交易市场的发展依然落后很多。

1.7 个试点区域碳交易市场发展现状

2013 年 6 月，深圳碳交易所鸣锣后，上海、北京、广东、天津四个碳交易所都先后运行上线，2014 年上半年，湖北碳交易所和重庆碳交易所也挂牌成立。至此，首次参与试点的 7 个区域的碳交易平台已全部运行。

不少人担心相互割据的七个试点区域，会不会演变成开始一拥而上争取先动优势，接着相应政策法规滞后，管理混乱，然后再出拳治理整顿的黯然局面？截至 2015 年 6 月 26 日，7 个试点碳交易平台的排放企业和单位共有 1900 多家，分配的碳排放配额总量合计约 12 亿吨，累计成交二氧化碳约 2509 万吨，总金额约 8.3 亿元，从目前的数据来看，可以认定碳排放权交易试点进展顺利，成绩显著。试点区域的三产国内生产总值比例（以 2010 年计算，单位:%），单位 GDP 能耗（以 2010 年计算，单位：吨标准煤/万元），各自的减排目标（以 2010 年为基年），配额分配方式，控排企业标准（单位：万吨）等如表 5-7 所示。

这 7 个试点区域也存在以下一些问题。

第一，各地碳交易试点进度不一，交易冷热不均，经济发达地区交易比较频繁，交易量较大，深圳最先开展交易，截至 2016 年 8 月中旬，总成交额为 1.13 亿元，占总成交额的 25% 左右，而湖北和重庆的交易量则相对较少，有时甚至会零交易。2014 年 6 月 16 日至 9 月 15 日，七个试点区域的平均成交价和总成交量如图 5-10 所示。

第二，市场信息很不透明，参与企业无法做出合理决策，无论是从基本面还是从技术面来看，都缺乏完善的信息披露机制，影响企业的参与积极性。

第三，首个履约期内，只有上海和深圳在法定期限内完成履约，延迟履约反映企业参与交易的积极性不够，市场流动性较差。

第四，七个区域的减排任务不尽相同，控排行业和标准也不一样，这些详略不同、侧重点不一样的规章细则都不利于我国统一碳市场的建立，因此，要尽快出台全国统一的法律规则和标准。为建立更大范围的跨区域交易市场，国家将会加快完善碳排放交易的顶层设计，加强法律及相关配套政策的支持，《中国碳排放权交易管理办法》已经明确了国家层面的碳排放配额分配方法，自上而下进行分配，确定统一标准，建立跨区域的市场。

表 5-7　七个试点区域碳交易概况

试点区域	北京	上海	天津	广东	深圳	湖北	重庆
三产 GDP 比例	0.9/24.0/75.1	0.7/42.1/57.2	1.6/52.4/46.0	5.0/50.0/45.0	0.1/47.5/52.4	13.4/48.7/37.9	8.6/55.0/36.4

续表

试点区域	北京	上海	天津	广东	深圳	湖北	重庆
单位 GDP 能耗（吨标准煤/万元）	0.4927	0.6525	0.7391	0.5848	0.5817	0.9480	0.9911
减排目标	碳强度降低18%	碳强度降低19%	碳强度降低19%	碳强度降低19%	碳强度降低25%	碳强度降低17%	能耗强度降低16%
配额分配方式	基于历史排放总量和历史排放强度	免费，后期基准线法和历史排放法	免费发放	免费发放为主，少许拍卖	免费发放为主，少许拍卖	免费，基准线法和历史排放法结合	基于历史排放水平确定
控排企业标准	2009~2011年均碳排放大于1万吨	工业企业大于2万吨/年，其他大于1万吨/年	2009年以来碳排放2万吨以上	年均碳排放大于2万吨	四个渠道交叉对比选企业①	2010~2011年任一年综合能耗在6万吨以上	2008~2012年任一年碳排放量超过2万吨
控排行业	制造业、其他工业和服务业，供热和火力发电	钢铁、化工、电力、宾馆、商场、港口、机场、航空等	钢铁、化工、电力、热力、石化、油气开采、民用建筑	电力、钢铁、石化和水泥四个行业	能源行业（发电）、供水行业、大型公共建筑和制造业	电力、钢铁、水泥、化工等	满足标准的所有工业企业，不包括建筑和交通
控排企业数量（家）	490	197	130	230	635/197②	138	240

资料来源：《中国统计年鉴》，7 个碳交易所网站资料。

第五，从七个试点区域的碳交易现状来看，这些市场都是区域性的碳市场，不存在跨区交易和配额互抵，处于相对封闭的市场体系中。同时，从控排行业来看，主要集中在高耗能行业，如钢铁、化工石化和电力等。

从目前试点区域的情况来看，普遍存在以下几个问题。首先，初始配额该如何分配？各个试点区域的主流方法依然是免费的，未来全国性的碳交易市场的配

---

① 从深圳市统计局获得按生产法和支出法分别计算的工业增加值前800家企业名单，从供电局获得用电量前4000家企业名单，从中石油、中石化和中海油分别获得油耗量大的企业名单，从深圳市市场监督局获得有锅炉企业的名单。

② 635 家工业企业和197 栋大型公共建筑。

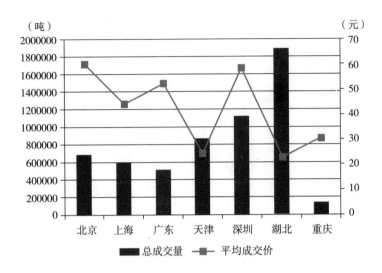

图 5-10　七个试点区域近三个月总成交量和平均成交价对比

额分配也是国家统一分配（孙翠华，2014），比较切合实际的分配制度非常重要。其次，要建立规范的信息披露机制。目前的碳交易市场，市场的价格、交易量和买方卖方等交易信息尚不完全，这直接导致交易市场相关者徘徊在市场之外。潜在参与企业无法根据已有信息决策，可能的投机者也无法判断市场走向，市场的流动性受到影响，不光是他们的积极性受挫，已有的交易企业在最大化自身利益时也会存在抉择困难，这些都迫切需要透明的市场信息披露。最后，建立严格的奖惩体系。从试点情况来看，首个履约期就出现大量延迟，这与缺乏有效的惩罚机制不无关联。一个严格的奖惩体系，是保证碳交易市场健康运行的基础，它能够让合规的市场参与者获得合理的企业利润，同时，也能惩罚市场中存在的违规违法情况，增加企业的违法成本，保障碳交易市场有序推进。碳交易市场的构建需要进一步完善各项规章制度。

2. 我国碳交易市场的约束条件

（1）缺乏微观制度保障。

虽然我国碳交易市场的建立已经具备了国家层面上的政策保障，但涉及碳市场微观层面的制度保障尚不健全，目前仅有各个排放权交易所自行制定的交易规则，政策零散且滞后于市场的发展。涉及市场交易透明性公开性的制度更是寥寥，很多市场参与者不知道配额卖给谁，找谁买。有些部门对于出台什么制度，何时出台制度尚未有清晰的认识，和碳交易相关的财税支持政策、监管政策和规则制度也比较缺乏，这会对我国碳排放配额交易市场的发展产生束缚。

（2）总量控制和碳强度分裂。

中国虽然不承担减排义务，但提出了单位 GDP 二氧化碳排放强度下降的目标，碳强度是一个相对概念，是在不断变化的，而碳交易市场是一个总量控制的市场，要求的是绝对控制，是一个绝对指标。如何将目前分裂的"相对指标"和"绝对指标"有效结合起来，是我国碳交易市场发展面临的困难，世界上也没有先例。

（3）缺乏有效率的初始配额分配。

配额分配是碳交易的基础。如何公平和有效率地分配初始配额，对我国碳排放配额交易市场来说，依然存在很大困难。从试点情况来看，免费分配是可以采用的主要方式，但怎样免费分配，是全部免费还是部分免费？是全国设置总量自上而下分配，还是分省确定限额自下而上完成？免费分配时，是根据人均 GDP、能耗强度还是碳生产力（单位二氧化碳排放产出的 GDP）？这些问题在我国碳市场发展过程中都需要逐一明确。

（4）减排行业单一。

碳排放配额交易涉及一系列合约的执行和监督，遵约成本较高，因此我国的碳交易市场涉及的减排行业主要是高耗能行业，这些行业有两个显著特点：一是行业的市场化程度不高，普遍存在垄断的企业，他们参与碳交易的积极性不高，某些行业还存在政府干预；二是行业的整体技术水平偏低，能源消耗强度，碳排放强度依然较高。当然，其减排的潜力也比较大，碳交易机制可以倒逼企业提升产业技术水平，增加技术储备，推进节能减排工作。单一的减排行业最终会导致碎片化、零散的交易，无法形成统一和活跃的碳排放交易市场体系。

（5）相关配套服务匮乏。

我国目前开始的碳排放配额交易机制尚在起步阶段，完整碳交易市场所必需的配套金融服务、人才储备匮乏。银行、证券、保险、基金、信用评级和中介等组织服务机构尚未形成，另外，既熟悉碳交易基本操作流程，又熟悉国家环境能源政策和法规的碳交易专业人才异常缺乏，这是我国碳交易市场发展的一大瓶颈。

四、碳排放交易机制减排成本理论模型分析

碳排放配额交易是一种以市场为基础的环境经济政策手段，能够促使企业根据市场信息做出有效决策，激励减排成本较低的企业进行较大数量的减排，实现碳排放配额的高效配置和调节，从而降低全社会的二氧化碳减排成本。要保证企业积极参与碳排放配额交易，确保稳定的市场规模，就要求市场参与者的实际收

益和可预期的潜在收益大于相应的成本。若企业减排成本过高，影响企业利润，动摇企业参与交易的信心，造成社会收益降低，就无法实现减少排放和经济增长的双赢。而且，参与交易的企业在碳排放配额交易中的可能收益不仅取决于企业自身的边际减排成本，也受到其他参与交易企业边际减排成本的影响。因此，本节将从碳交易机制给企业带来的减排成本视角进行研究。

为研究方便，笔者提出以下基本假定。假定 1：碳排放配额交易市场总量控制，碳排放仅来自本区域。假定 2：政府监管机构知道总减排成本，但不清楚每个市场参与者的减排成本。假定 3：市场中的交易费用可以忽略不计；假定 4：碳排放配额交易前后资源都得到最优利用。

假设碳排放配额交易市场上有 n 个参与企业，第 i 个企业的碳排放量为 E_i，减排成本为 $C_i(i=1, 2, \cdots, n)$，成本函数满足 $\dfrac{\partial^2 C_i}{\partial E_i^2}<0$，碳排放配额总量为 $\overline{X}$，政府的目标函数和约束条件是：

$$\min_{E_i} \sum_{i=1}^{n} C_i(E_i)$$

$$\text{s.t.} \sum_{i=1}^{n} E_i \leqslant \overline{E}$$

若碳排放配额市场价格为 p，每个企业的初始配额为 E_i^0，则第 i 个市场参与企业在最小化减排成本函数 $C_i(E_i)$ 时，可以从其他 $n-1$ 个企业中购买配额 E_{si}，或者向其他企业出售多余配额 E_{it}，从而得到参与交易企业的最优化问题：

$$\min_{E_i, E_{si}, E_{it}} C_i(E_i) + p(E_{si} - E_{it})$$

$$\text{s.t.} \ E_i \leqslant E_i^0 + E_{si} - E_{it}$$

$$E_i, E_{si}, E_{it} \geqslant 0$$

该最小化问题的拉格朗日函数为 $L = C_i(E_i) + p(E_{si} - E_{it}) + \beta(E_i - E_i^0 - E_{si} + E_{it})$，很显然，若 $-\dfrac{\partial C_i(E_i^0)}{\partial E_i}<p$，则企业会出售其配额，反之则购买。因为碳排放交易是总量控制的，所以任何一个参与交易的企业都会选择成本最低的途径实现自身的减排目标，边际减排成本较高的企业可以通过购买碳排放配额的方式达到降低碳排放的目的，边际减排成本较低的企业努力降低排放，将多余的配额放在市场出售以获取收益，最终碳交易市场上所有企业都将以最低成本实现有效减排，环境

资源得到高效配置。

下文进行多方交易减排成本研究时，仅选择三家企业进行代表性的分析，不影响一般结论。

1. 多方交易时减排成本分析

本节将以三家参与碳交易的电力行业为例进行详细的减排成本分析。我国的电力行业中不同发电企业存在着显著的规模、技术和成本差异，假设碳排放配额交易仅在这三家企业之间发生，三家企业根据总量控制要求削减二氧化碳排放总额为 $3E$，三家企业在降低排放量 E 的边际减排成本分别为 C_1，C_2，C_3，且 $C_1 > C_2 > C_3$。企业是理性的参与人，企业策略选择的依据是能否最大化自身利益，即取决于企业减排成本。

（1）企业减排成本核算。

若第 i 个企业在参与交易前后的减排成本为 TC_i^0 和 TC_i，则降低等量二氧化碳企业减排成本差异是 $S_i = TC_i^0 - TC_i(i = 1,2,3)$，而 $TC_i^0 = \int_0^E MC_i dq = \frac{1}{2}C_i E$ 是企业参与交易前为减排 E 所支付的减排成本，这里 MC_i 是企业的边际减排成本，记 q_i 为企业在碳排放配额交易市场上购买或出售的配额数量，则 $TC_i = \int_0^{E-q_i} MC_i dq + pq_i = \frac{1}{2}C_i(E - q_i) + pq_i$，即企业参与碳交易后所付出的总成本包括购买的成本（或出售的收益），及自身减排的成本。

（2）三方交易时的减排成本。

若三家企业同时参与碳市场交易，由于企业 1 的边际减排成本最高，在市场达到均衡时，碳交易市场达到出清价格 p，企业 1 买入配额 q_1，企业 2 和企业 3 分别出售配额 q_2 和 q_3，且满足 $q_1 = q_2 + q_3$。只要保证足够小的碳排放配额交易成本 σ，在达到市场出清条件时，参与交易的每家企业将具有相同的边际减排成本，且都等于出清价格，所以，上述参与碳排放配额交易的三家企业的边际减排成本为 $C^* = p$。

企业 1、企业 2、企业 3 节约的减排成本分别为：

$$S_1 = \frac{1}{2}C_1 E - \left[\frac{1}{2}C^*(E - q_1) + pq_1\right] = \frac{1}{2}(C_1 - C^*)q_1$$

$$S_2 = \frac{1}{2}C_2 E - \left[\frac{1}{2}C^*(E + q_2) - pq_2\right] = \frac{1}{2}(C^* - C_2)q_2$$

$$S_3 = \frac{1}{2}C_3 E - \left[\frac{1}{2}C^*(E + q_3) - pq_3\right] = \frac{1}{2}(C^* - C_3)q_3$$

这里 $C_1 > C^* > C_2 > C_3$。

进而，只有三家企业参与的碳排放配额交易市场，达到市场出清时，它们节约的减排成本总额为：$TS = S_1 + S_2 + S_3 = \frac{1}{2}(C_1 q_1 - C_2 q_2 - C_3 q_3)$。

（3）任意两方交易时的减排成本。

为了得到碳交易市场的均衡结果，接下来分析两两交易时的减排成本：

若企业1、企业2交易，由于企业1的边际减排成本较高，所以在市场出清时，企业1买入碳排放配额 q_{12}，企业2出售配额 q_{21}，且 $q_{12} = q_{21}$，出清价格为 p_{12}，只要交易成本足够小，达到市场出清时，企业1、企业2的边际减排成本相等且等于出清价格，即 $C_{12} = p_{12}$。企业1、企业2节约的减排成本分别为：

$$S_{12} = \frac{1}{2}C_1 E - \left[\frac{1}{2}C_{12}(E - q_{12}) + p_{12}q_{12} \right] = \frac{1}{2}(C_1 - C_{12})q_{12}$$

$$S_{21} = \frac{1}{2}C_2 E - \left[\frac{1}{2}C_{12}(E + q_{21}) - p_{12}q_{21} \right] = \frac{1}{2}(C_{12} - C_2)q_{12}$$

从而得到企业1、企业2交易时节约的减排成本总额 $TS_{12} = \frac{1}{2}(C_1 - C_2)q_{12}$。

同理可以计算得到，企业1、企业3交易时节约的减排成本总额 $TS_{13} = \frac{1}{2}(C_1 - C_3)q_{13}$，及企业2、企业3交易时节约的减排成本总额 $TS_{23} = \frac{1}{2}(C_2 - C_3)q_{23}$。而且，从上述计算过程我们不难发现，$C_1 > C_{12} > C_{13} > C^* > C_2 > C_{23} > C_3$，$q_1 > q_{13} > q_{12} > q_2$，$q_1 > q_{13} > q_3 > q_2$。

2. 均衡分析

本书基于博弈论视角，利用完全信息静态博弈分析企业的策略选择，求纳什均衡解。假设 P 表示企业参与碳排放交易，R 表示企业拒绝参与，交易成本为 σ，则三家企业收益矩阵如表5-8和表5-9所示。

表5-8 企业3参与交易时，企业1、企业2的收益

企业1 ＼ 企业2	P	R
P	$(S_1 - \sigma,\ S_2 - \sigma,\ S_3 - \sigma)$	$(S_{13} - \sigma,\ 0,\ S_{31} - \sigma)$
R	$(0,\ S_{23} - \sigma,\ S_{32} - \sigma)$	$(0,\ 0,\ -\sigma)$

表 5-9 企业 3 拒绝参与时，企业 1、企业 2 的收益

企业 1 ＼ 企业 2	P	R
P	$(S_{12}-\sigma,\ S_{21}-\sigma,\ 0)$	$(0,\ -\sigma,\ 0)$
R	$(-\sigma,\ 0,\ 0)$	$(0,\ 0,\ 0)$

显然，企业 1 的减排成本节约情况满足 $S_1>S_{13}>S_{12}>0$，根据表 5-8 收益矩阵，对于企业 1 来说，在给定企业 3 参与的情形下，企业 1、企业 2 的静态博弈均衡策略是 (P, P)，在给定企业 3 拒绝参与时，企业 1、企业 2 的均衡策略是 (P, P) 或者 (R, R)，从而企业 1 的不同策略优先顺序如下：

$(P, P, P)>(P, R, P)>(P, P, R)>(R, R, R)\approx(R, P, P)\approx(R, P, R)\approx(R, R, P)>(P, R, R)$

同理，由 $S_{21}>S_2>0$，$S_{21}>S_{23}>0$，根据收益矩阵，可以求得企业 2 的不同策略优先顺序有两种：

$(P, P, R)>(R, P, P)>(P, P, P)>(R, R, R)\approx(R, R, P)\approx(P, R, P)\approx(P, R, R)>(R, P, R)$ 或 $(P, P, R)>(P, P, P)>(R, P, P)>(R, R, R)\approx(R, R, P)\approx(P, R, P)\approx(P, R, R)>(R, P, R)$

再根据 $S_{31}>S_3>S_{32}>0$ 和表 5-9 收益矩阵，得到企业 3 的不同策略优先顺序如下：

$(P, R, P)>(P, P, P)>(R, P, P)>(R, R, R)\approx(P, R, R)\approx(R, P, R)\approx(P, P, R)>(R, R, P)$

从上述分析过程可以发现，完全信息条件下，三家企业的纳什均衡解是 (P, P, P) 或者 (R, R, R)，即所有企业都参与碳交易，或者都拒绝参与。该均衡结果表明，在三家企业具有共同信息、同时决策的条件下，若不增加额外的激励机制或奖惩政策，企业会根据自身的偏好决定是否参与碳排放交易，可能参与也有可能不参与。而且，随着博弈的重复进行，只要有企业选择不参与碳交易，市场的均衡结果最终将趋向于 (R, R, R)。从行业的总减排成本角度看，该均衡并不是最优的结果，只有所有企业都参与策略组合 (P, P, P)，才能达到市场资源的最合理配置。

上述三家企业参与碳交易的研究结论一般化后可以发现，要使市场的总减排成本降低，社会资源达到优化配置，就必须激励企业积极参与到碳交易市场中来。由于我国目前对企业没有强制性的减排目标，要合理引导企业参与交易，一方面要制定相应的政策法规，明确奖惩机制，进一步规范市场信息揭露，另一方

面要降低碳交易市场的交易成本，只有参与交易的企业数量增加了，成交规模扩大了，节约的社会总成本才会提高，市场的均衡预期才会趋向于（P，P，P）。

企业积极参与碳排放配额交易市场的前提是，企业的实际收益和预期潜在收益大于其成本。若碳排放配额价格 $p < -\dfrac{\partial C_i(E_i^0)}{\partial E_i}$，则参与交易企业会购买配额，以成本最低的形式实现其减排目标，反之，企业则出售，最终完成总量控制目标时，市场中所有配额资源达到有效配额，总减排成本最低。

三家电力企业的静态博弈模型研究表明，只要企业之间存在明显的边际成本差异，在参与交易时，博弈的纳什均衡会趋于或者都参与交易，或者都拒绝参与交易。若没有额外的激励或惩罚，在缺乏强制性减排目标时，只要有一家企业选择拒绝参与交易，则重复博弈后，所有企业都将选择拒绝参与交易，这样一种均衡并不是市场机制希望达到的均衡结果。

因此，要建立和健全碳排放配额交易市场的各项规章制度，完善市场交易机制。这不光是市场健康运行的基本保障，也是促进企业积极参与碳交易，保持市场流动性的基础，一个缺乏活力，甚至"零交易"的碳市场，是无法实现环境资源有效配置的。

第四节　基于成本效率的碳排放交易机制经济效应分析

国家"十三五"规划纲要和国务院"十三五"节能减排综合工作方案都明确提出了健全碳交易机制，培育和发展碳交易市场，那么，碳交易机制是否会侵扰中国经济发展？

一、碳排放交易机制经济效应文献综述

碳排放交易机制是有效减缓气候变化，控制温室气体排放的重要手段，但也有不少学者认为碳排放交易机制会对经济发展产生较大影响，根据所产生影响的部门大致可以分为三类：

1. 碳交易对能源部门的影响

M. Kara 等（2008）研究了欧盟碳排放交易机制对北欧地区电力市场的影响，他发现年平均电力价格会随着碳排放价格的增长而提高。J. Schleich 等研究

了碳排放交易体系对能源效率的激励作用，提出较高的碳价会对需求层面的能源效率产生较强的激励。A. M. A. K. Abeygunawardana 等的分析提出，碳排放价格会改变意大利电力企业短期边际成本从而引起电价上涨，进而影响发电企业的利润——在完全竞争情形下企业利润增加，寡头垄断时企业利润先降低后增加。E. Denny 和 M. O'Malley 认为碳排放价格明显增加了电力企业的循环成本，在一定的条件下，这些额外的成本超过了减少排放带来的收益。D. Kirat 和 I. Ahamada 比较了德国和法国电价、基本能源价格和碳价的相互关系后发现，不同电力部门对碳约束（Carbon Constraints）具有异质性，在碳排放交易机制的前两年内，德国和法国的电力部门将碳价格计入了成本函数，第二阶段碳约束不再影响电力部门的决策。F. Nazifi 和 G. Milunovich 的研究提出由于欧盟碳排放价格产生的影响在不同国家（受管制、不受管制）相互抵消，因此碳价与能源价格之间不存在长期联系。N. Wu 等研究了未来碳价对中国发电企业碳捕集与封存（CCS）投资的影响，认为均衡碳价达到 61 美元/吨时可以对粉煤发电企业的 CCS 投资，达到 72 美元/吨时可以投资联合循环发电企业的 CCS。P. Lauri 等提出当碳价超过 20 欧元/吨时，可以增加以木材为主的发电；在 20～50 欧元/吨时，木质发电依然是主要手段；高于 50 欧元/吨时，木质发电将会对林业用材产生冲击。P. Vitha-yasrichareon 和 I. F. MacGill 运用蒙特卡洛方法，基于不同的发电组合研究了风能和碳价对发电行业的影响，他们认为风能对发电行业成本的渗透程度取决于碳价水平的高低。A. Brauneis 等认为合理设置碳价下限可以引导电力企业早期的低碳技术投资，并且模拟结果是稳健的。R. Golombek 等分析了碳交易配额不同分配方式对电力市场的影响，基于历史排放比基于产出的方式对天然气发电企业影响更大。J. F. Li 等研究了碳价政策对中国经济的影响，认为短期内碳定价是有效的减排政策。在电力行业，刚性电价可以降低碳排放，中长期来看，有效率的政策可以使得碳税用于提升电价竞争力。B. D. L. Jordan T. Wilk-erson、Delavane D. Turner、John P. Weyant 比较了碳价对美国能源影响的不同评价模型。P. Rocha 等、Y. Tian 等研究了碳交易机制对电力企业和电力公司股票的影响。Cong R. 和 Wei Y. 基于 Agent 模型模拟后发现，中国碳交易市场会使得电价上升 12%，碳价波动使得电价市场波动增加 4%，碳市场还影响不同技术发电企业的相对成本。Tomás R. A. F. 等发现欧盟碳交易机制增加了葡萄牙四个化学工业部门直接或者间接生产成本。Freitas 和 Silva 也分析了欧盟碳交易机制对西班牙电力批发价的影响，他们提出碳价、电价和能源价格之间存在长期协整关系，碳价和电价之间联系较弱。Li G. 等则模拟了中国碳交易机制对煤炭和石油工业的影响，认为碳交易机制提升了石油行业竞争力，降低了煤炭工业产量。

2. 碳交易对非能源部门的影响

基于欧盟碳排放交易市场的历史数据，F. Convery 等实证分析了碳排放价格变动对水泥、炼油、钢铁和铝制品行业的短期竞争力（包括市场份额和盈利能力）的影响，结果显示影响很小。J. A. Lennox 等利用环境投入产出模型分析碳排放价格对新西兰食品和纤维制品部门成本的直接和间接影响，当价格是 25 美元/吨时，排放成本的影响很小，但 2013 年以后，农业排放的成本将主要影响牛羊和乳制品行业。K. S. Rogge 等选取德国 19 家电力部门、技术供应商和项目开发者的数据，定量分析了欧盟碳排放交易机制对研发、采纳和组织结构的影响，他们特别关注了企业外在因素（如政府政策组合、市场因素、公众认可）和企业自身特点（企业所处价值链的位置、技术组合、规模和前景）的影响，结果表明，迄今为止，由于碳排放交易机制缺乏严密性和可预测性，他产生的创新影响微乎其微，另外，不同的技术、不同的企业和不同的创新维度产生的影响千差万别，其中碳捕获的研发技术和企业组织结构影响最大。B. Manley 和 P. Maclaren 评价了新西兰碳交易对森林管理决策的潜在影响，研究发现，碳交易提高了森林利润，影响了造林抉择，伴随着预期的碳价的变化，森林轮伐期也在增加。A. Moiseyev 等也研究了碳价对欧盟木质生物质能源使用的影响。Li Y. 等研究发现航空业纳入碳交易以后，大部分航空公司效率得到提升。L. Meleo 等研究了 2012~2014 年欧盟碳交易机制下意大利航空公司的直接成本，发现成本增加有限。Anger A. 认为欧盟碳交易机制纳入航空工业后，对航空运输的产出和宏观影响都很小，随着碳价变化，结果依然稳健。Malina R. 等也认为欧盟碳交易机制对美国航空影响很小，航空运营会继续增长。Wang K. 等提出碳交易机制降低了国际船运的运转速度、货运量和燃料消耗。Cui Q. 等运用 2008~2014 年 18 个国际航空公司的数据，基于 DEA 方法研究了欧盟交易机制的影响，发现尽管航空公司缓冲期变长，但长期来看，他们可以自我调整适应碳交易体系的要求。

3. 碳交易对社会经济的影响

K. van't Veld 和 A. Plantinga 研究了碳排放配额价格对碳封存的影响，实证结果表明，与保持价格不变相比，价格上涨 3% 会降低大概 60% 的最优碳封存份额。L. M. Abadie 和 J. M. Chamorro 发现目前的碳排放配额价格不足以激励企业迅速采取碳捕获和存储技术，当碳价接近于 55 欧元/吨时，企业才会立即改造，他们认为碳排放配额价格波动较大是导致企业进行技术改造临界价格提高的主要因素。R. Betz 和 A. Gunnthorsdottir（2009）认为，如果配额的市场价格不确定，那么卖方就会在减排技术上投资不足并且减少配额的出让。C. Kettner 等提出欧盟碳排放价格波动的影响因素有很多，未来还会出现新的影响因素，这将不利于吸引投资。因此，从政治与经济学的角度来看，下一阶段保持碳排放配额价格的稳定很重要。G. Hua 等研究了碳排放交易机制下企业是如何管理库存的。与传统 EOQ 模型相比，总量控制与交易机制使得零售商降低碳排放，从而可能导致总成本增加；总量控制和碳价格对零售商的决策具有重要影响，当总量比允许值少（多），零售商会购买（卖出）碳信用，当碳价格上涨时，零售商将根据物流和仓储的成本和碳排放来决定是否订购更多或更少的产品。M. Robaina Alves 等利用宏观数据分析了欧盟碳排放交易市场对葡萄牙行业和区域的影响。他们发现碳排放配额分布不均衡，很多行业的大部分企业都会存在剩余，有可能显著提高它们的收益。不同区域对不同商品和服务业已存在的分工导致碳排放配额分配产生不均衡的经济影响，富裕区域存在着大量的配额剩余。杨超等以欧洲气候交易所公布的 CERs 期货报价为研究对象，将马尔科夫波动转移引入 VaR 的计算，结合极值理论度量国际碳交易市场的系统风险，并提出我国月内获批 CDM 项目数同二级市场月内 VaR 均值之间不存在此消彼长的显著对应关系，在碳价波动风险偏高时仍有众多项目被密集批准，反映了审批环节存在周期长、效率低的问题。相关部门过于关注批准数量的增加，对二级市场的风险变动趋势缺乏足够重视，未能确保国内碳资源的有效开发与合理使用。Y. Lu 等研究了碳价对美国建筑业的影响，22.3 美元/吨的碳价有利于美国建筑企业实现减排 17% 的目标，但该价格中 54% 的成本将会转嫁给终端消费者。E. Lanzi 等在比较了拉平不同区域碳市场碳价的方法后认为，对参与国来说，不均的碳价既可以形成实质性的竞争，也会导致福利损失和碳泄漏。孙睿、况丹、常冬勤认为碳价通过传导进入能源部门生产成本而间接导致能源价格变动，两者共同构成单位能源的利用成本，引致能源消费结构调整和激励各生产部门进行碳减排，影响到各部门生产活动及其产出，从而也具有宏观经济上的影响。G. Bel 和 S. Joseph 运用动态面板数据研究后提出欧盟 2008 年经济危机导致碳交易机制产生巨大减排成本。Y. Fan 等运用多区域 CGE 模型模拟了碳交易机制在不同减排目标下对区域经济和减排效率的影响。J. -L. Mo 等、W. Zhou 和 L. Gao 分别研究了中国碳交易机制对低碳投资、森林管理的影响。Cheng B. 等（2015）通过 CGE 模型模拟后发现，到 2020 年，广东碳交易可以分别降低 SO_2 和 NO_x 排放量 12.4% 和 11.7%。Dirix J. 等（2015）则提出欧盟碳交易目前来看，在效率和责任上缺乏公平，而且最大的问题是欧盟领导者不愿意进行修正。Brohé A. 和 Burniaux S. 研究了欧盟碳交易如何影响企业投资决策发现，尽管大部分公司经理在评估报告中使用的价格远高于碳价，但预期碳价仍然过低，无法给新的低碳投资提供额外的流动性。Brouwers R. 等的研究提出，虽然欧盟碳交易体系由于过度分配和低碳价被认为并不成功，但是初期股票持有人可以持有配额保值，配额不足和企业价值的负相关只有在高碳企业或者碳相关成本无法传递到产品价格中的企业时才会显著。Liu Y. 等通过情景分析发现，湖北碳交易市场降低全省 GDP 约 0.06%，CPI 增加 0.02%。Choi Y. 等也用 CGE 模型研究了碳交易对韩国经济的影响，认为其跟基准相比，碳交易降低了 2.56% 的减排成本，GDP 降低了 0.41%，工业产量降低了 0.54%。

从上述文献可以发现，国内外学者就碳交易机制对经济发展的影响进行了大量研究，形成了丰富的成果，对本书的研究提供了重要参考。由于中国碳交易市场还处在发展初级阶段，而且初期试点区域碳交易市场交易量和交易额都比较有限，有关中国碳交易机制对中国经济发展，尤其是对行业减排成本影响的文献并不多见。已有的少许文献虽然也研究了中国碳交易机制，但主要借助于数值模拟的方法进行分析，鲜见基于实际碳交易数据就具体城市、行业的实证研究。因此，本节将分别研究碳交易机制对上海市工业行业碳排放强度和竞争力、北京市主要行业竞争力的影响程度。

二、碳交易机制对上海工业竞争力的影响分析

2013 年 11 月，上海市碳排放交易机制正式启动，计划通过市场手段进行资源配置，促进企业节能减排，实现强度减排目标。运行 4 年来，碳交易机制各项政策法规不断健全和完善，市场活跃度和流动性逐年提高，碳金融衍生产品也日益丰富，碳交易机制作为减排工具的作用初步显现，推动了产业结构转型升级，高耗能行业碳排放量进一步降低。数据显示，上海市试点范围内碳排放量相比 2013 年下降 7%，煤炭消费量下降 11.68%。2017 年 12 月，国家发改委宣布全国统一碳交易市场正式开启，上海市承担了全国碳交易体系的建设和维护任务，全国碳交易市场也将落户上海。目前各项工作正在有序推进。根据上海市节能和应对气候变化"十三五"规划，到 2020 年单位生产总值能耗和单位生产总值二氧化碳排放量分别比 2015 年下降 17% 和 20.5%，要完成上述约束性目标，压力和任务较大，要进一步挖掘节能减排潜力，必须继续发挥碳交易机制的关键作用。

接下来以上海市碳交易机制为例，研究其对上海经济发展的影响，注意到上海市碳交易机制建立伊始，纳入交易的 17 个行业中绝大部分是工业行业，因此，本节通过分析上海市工业行业碳排放强度和竞争力的变化来研究碳交易机制的影响程度。

1. 数据来源和处理

上海市工业行业增加值（*IVA*）数据来自《中国统计年鉴》（2017）；上海市碳排放价格数据根据上海市环境能源交易所 2014～2016 年每天成交价格得到，在剔除成交量为 0 的交易日后，2014 年，172 个交易日平均价格为 36.19 元/吨，2015 年，153 个交易日平均价格为 23.39 元/吨，2016 年，114 个交易日平均价

格为 9.98 元/吨。

上海市工业行业由于终端能源消耗直接产生的二氧化碳（DCO_2）的计算，本节采用了联合国政府间气候变化专门委员会（IPCC）编制的国家温室气体清单指南（2006）中提供的估算方法，并根据中国实际情况做了进一步完善。具体公式如下：

$$DCO_2 = \sum_{i=1}^{12} CO_{2,i} = \sum_{i=1}^{12} E_i \times NCV_i \times CEF_i \times COF_i \times (44/12)$$

其中，i 表示上海市工业行业消耗的 12 种主要能源，$CO_{2,i}$ 是第 i 种能源产生的碳排放，E_i 是第 i 种能源的消费量，NCV_i 是平均低位发热量，CEF_i 是碳排放系数，COF_i 是碳氧化因子，44 和 12 分别是二氧化碳和碳的分子量。能源消费量和平均低位发热量来自《中国能源统计年鉴》（2012~2017），碳排放系数来自 IPCC 指南（2006），但原煤的碳排放系数 IPCC 没有提供，因此，本节在处理时借鉴了陈诗一的做法，将烟煤和无烟煤按照 80% 和 20% 的比例进行加权平均，主要原因是中国煤炭产量中煤类比重长期以来变化不大，烟煤占比始终在 75%~80%。碳氧化因子取自国家发改委《省级温室气体清单编制指南》（2011）。上述 12 种能源相关参数如表 5-10 所示。

表 5-10 能源相关参数

能源	平均低位发热量 （千焦耳/千克，千焦耳/立方米）	碳排放系数 （千克碳/兆焦耳）	碳氧化因子
原煤	20908	26.36	0.93
洗精煤	26344	29.5	0.93
焦炭	28435	29.2	0.93
原油	41816	20	0.98
汽油	43070	18.9	0.98
煤油	43070	19.6	0.98
柴油	42652	20.2	0.98
燃料油	41816	21.1	0.98
液化石油气	50179	17.2	0.98
炼厂干气	45998	18.2	0.98
天然气	38931	15.3	0.99
焦炉煤气	17353	12.1	0.93

工业行业使用热力和电力而产生的间接二氧化碳排放（ICO_2）的估算方法为：ICO_2=活动水平×碳排放因子。热力和电力的活动水平根据《中国能源统计年鉴》（2012~2017）整理得到。热力和电力间接二氧化碳排放因子由上海市发改委《上海市温室气体排放核算与报告指南（试行）》（2012）提供，如表5-11所示。

表5-11　热力和电力碳排放因子

类别	碳排放因子
热力碳排放因子	0.11 吨二氧化碳/兆焦耳
电力碳排放因子	7.88 吨二氧化碳/10^4 千瓦时

根据上述公式，经过计算以后得到2011~2016年上海市工业行业使用12种能源直接产生的二氧化碳排放量和使用热力和电力产生的间接二氧化碳排放量，如表5-12所示。

表5-12　2011~2016年上海市工业行业二氧化碳排放量

单位：亿吨

年份	直接排放量	间接排放量	总排放量
2011	0.5754	0.6614	1.2368
2012	0.5243	0.6452	1.1695
2013	0.5203	0.6916	1.2119
2014	0.5267	0.6705	1.1972
2015	0.5121	0.6734	1.1855
2016	0.4590	0.6757	1.1347

2. 碳交易机制对工业碳排放强度的影响

工业碳排放强度是指单位工业增加值产生的二氧化碳排放数值，是反映工业行业碳排放的综合指标，通过工业碳排放强度可以体现工业行业碳交易政策效果。运用表5-12中数据，计算得到上海市工业碳排放强度折线图，如图5-11所示。

从图5-11可以发现，整体而言，2011~2016年单位工业增加值碳排放强度呈波动下降趋势，尤其是工业行业直接碳排放强度下降最为明显，从2011年的

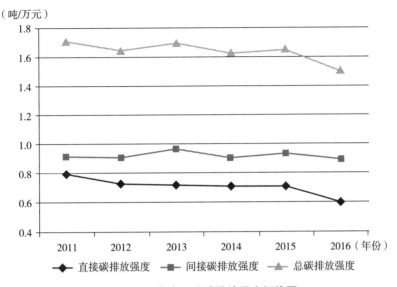

（吨/万元）

图 5-11 上海市工业碳排放强度折线图

0.7982 吨/万元降至 2016 年的 0.6075 吨/万元，降幅达 23.89%。具体到上海市碳交易机制开始时间，可以看出，2013~2014 年，直接碳排放强度、间接碳排放强度和总碳排放强度均出现不同程度的下降，2014 年与 2013 年相比，下降幅度分别是 1.8%、5.9% 和 4.2%，碳交易机制对工业行业单位增加值碳排放强度的影响可见一斑。为了进一步研究碳交易机制的政策效果，下面进行定量分析。

3. 碳交易机制对工业碳排放强度的实证分析

由于上海市工业行业碳排放数据是通过估算获取，存在一定的灰度，同时碳交易机制开始年限较短，统计数据有限，加上政策效果存在一定的滞后性，所以本节在定量研究碳交易机制对上海市工业行业碳排放强度时，选择了灰色新陈代谢 GM（1，1）模型进行测算。灰色 GM（1，1）模型能够基于较短的已知序列，生成、开发、提取有价值的信息，事先形成对序列运行行为、演变规律的有效预测。通过将样本分为对照组（实际值）和实验组（预测值）两组进行分析，取两组样本指标变化后的差值作为政策实施的净影响。

灰色 GM（1，1）模型是数据不多情况下最理想的预测模型，其基本计算过程如下：若微分方程 $x^{(0)}(k)+az^{(1)}(k)=b$，其中，$z^{(1)}(k)=0.5x^{(1)}(k)+0.5x^{(1)}(k-1)$，则称 $x^{(0)}(k)+az^{(1)}(k)=b$ 为 GM（1，1）模型。用最新信息 $x^{(0)}(k+1)$ 来代替最老信息 $x^{(0)}(1)$，则 $X^{(0)}=\left[x^{(0)}(2), x^{(0)}(3), \cdots, x^{(0)}(n), x^{(0)}(n+1)\right]$

建立的模型为新陈代谢 GM（1，1）模型。其中，$X^{(0)} = [x^{(0)}(1)，\cdots，x^{(0)}(n)]$ 为非负序列，$x^{(0)}(k) \geq 0$，$k = 1，2，\cdots，n$；设 $X^{(1)}$ 为 $X^{(0)}$ 的一次累加生成序列，即 $1\text{-}AGO$ 序列：$X^{(1)} = [x^{(1)}(1)，x^{(1)}(2)，\cdots，x^{(1)}(n)]$，其中，$x^{(1)}(k) = \sum_{i=1}^{k} x^{(0)}(i)$，$k = 1，2，\cdots，n$；$Z^{(1)}$ 为 $X^{(1)}$ 的紧邻均值生成序列：$Z^{(1)} = [z^{(1)}(2)，z^{(1)}(3)，\cdots，z^{(1)}(n)]$，$z^{(1)}(k) = 0.5x^{(1)}(k) + 0.5x^{(1)}(k-1)$，$k = 2，\cdots，n$。

上海市碳交易机制开始于 2013 年底，本书选择 2011～2013 年碳排放估算数据，运用上述灰色模型对 2014～2016 年数据进行预测，评价政策效果以直接二氧化碳排放量为例，解释计算过程如下：2011～2013 年工业行业直接碳排放为 0.5754 亿吨、0.5243 亿吨、0.5203 亿吨，即原始序列为 0.5754、0.5243、0.5203，原始序列的 $1\text{-}AGO$ 生成序列为 0.57540、1.09970、1.62000，$1\text{-}AGO$ 生成序列的紧邻均值生成序列为 0.83755、1.35985，代入上述模型计算后得到 $a = 0.0077$，$b = 0.5307$，得到 2014～2016 年的预测值为 0.5163 亿吨、0.5124 亿吨和 0.5092 亿吨，平均相对误差为 0.0005%，符合模型预测精度要求。同理，可计算得到间接二氧化碳排放量和总的二氧化碳排放量。

根据上述碳排放预测数据和工业行业增加值数据，计算得到工业行业单位工业增加值碳排放强度数据，将实际值和预测值比较得到碳排放强度变化幅度，如表 5-13 所示。

表 5-13　碳排放强度实际值和预测值对比

单位：吨/万元

类别	年份	实际值	预测值	变化幅度
直接碳排放强度	2014	0.7154	0.7012	2.02%
	2015	0.7149	0.7154	−0.07%
	2016	0.6075	0.6739	−9.86%
间接碳排放强度	2014	0.9107	1.0064	−9.51%
	2015	0.9402	1.1090	−15.22%
	2016	0.8943	1.0603	−15.66%
总碳排放强度	2014	1.6261	1.7055	−4.65%
	2015	1.6551	1.8167	−8.89%
	2016	1.5018	1.7343	−13.4%

表 5-13 清晰地表明，碳交易机制开始后的 2014 年，上海市工业行业除直接碳排放强度略有增加外，间接碳排放强度和总碳排放强度降幅为 9.51% 和 4.65%，碳交易机制对工业行业碳排放强度的影响初现；2015 年碳交易机制政策效果进一步放大，直接碳排放强度、间接碳排放强度和总碳排放强度降幅分别达到 0.07%、15.22% 和 8.89%，在 2016 年降幅达到了 9.86%、15.66% 和 13.4%。

整体来看，碳交易机制对工业行业使用热力和电力产生的二氧化碳排放的降低效果最为明显，这说明引入碳交易机制后，促进了工业行业降低电力和热力的消耗；碳交易机制对直接碳排放强度的影响幅度较小，工业行业持续增长的同时，能源消耗的程度依然很大，碳排放强度存在一定的惯性，但存在进一步下降的空间。进一步分析发现上海市工业行业 12 种能源终端消耗中，高污染化石能源比例依然较高，尽管近年来有所下降，但 2016 年 10 种高污染化石能源产生的二氧化碳占工业行业直接碳排放总量的比例仍然达到 81.38%，高比例化石能源消耗会导致工业行业碳排放继续下降的速度变缓，这也在一定程度上部分抵消了碳交易机制对直接碳排放强度的作用效果。

4. 碳交易机制对工业行业竞争力的影响

上述研究表明，碳交易机制降低了上海市工业行业单位增加值的碳排放强度，在促进工业行业节能降耗的同时，碳交易机制是否影响工业行业竞争力？

国际上公认的评价工业行业竞争力的方法是荷兰格林根大学建立的 ICOP 方法，主要从价格水平和生产率视角分析地区差异。蔡昉等则把工业行业竞争力定义为工业对禀赋资源和市场环境的自我调整和反映能力。马银戍和魏后凯等则分别给出了全面的工业行业竞争力统计评价指标。本书研究碳交易机制建立后对工业行业竞争力的影响，并非从工业行业竞争力评价视角来分析，而是聚焦于碳交易机制导致的工业行业成本的增加，从成本角度来分析碳交易机制对工业行业的影响。因此，在度量对工业行业竞争力影响时，借鉴了德国联邦环境局研究报告中评价碳交易体系对行业竞争力的方法。

基本思路是计算该行业消耗能源产生的二氧化碳排放量，再乘以即时碳排放价格，得到碳排放成本，再除以行业增加值，得到碳排放成本占行业增加值的比重，即单位增加值的碳排放成本，以此判断该行业竞争力是否受到碳交易体系的影响。显然，单位增加值碳排放成本越高，短期内该行业竞争力受到的影响就越明显。在分析过程中将直接成本简化为行业消耗主要化石能源产生的二氧化碳成本，将间接成本扩展为行业消耗热力、电力产生的二氧化碳成本。用上述方法来分析上海市碳交易机制对工业行业竞争力的影响时，将影响力进一步分解为直接影响和间接影响。其计算方法为：

$$\frac{(DCO_2 + ICO_2) \times SEA}{IVA}$$

其中，分子上 SEA 表示上海市碳排放配额成交价格，$DCO_2 \times SEA$ 表示碳交易机制带来的直接额外成本，而 $ICO_2 \times SEA$ 则反映了间接额外成本。

跟前文一样，本节研究时间节点依然从上海市碳交易机制开始年份计算，分析 2014～2016 年工业行业竞争力的变化，计算得到 2014～2016 年上海市工业行业由于碳交易机制额外增加的直接和间接碳成本（见表 5-14）。

表 5-14 2014～2016 年上海市工业行业碳成本

单位：亿元

年份	直接碳成本	间接碳成本	合计
2014	19.0624	24.2664	43.3288
2015	11.9769	15.7516	27.7285
2016	4.5812	6.7437	11.3249

5. 碳交易机制对工业行业竞争力的实际影响

上海市碳交易市场 2014 年的碳价为 36.19 元/吨，由此增加的直接碳成本和间接碳成本占工业行业增加值比重分别为 0.26% 和 0.33%，合计占比为 0.59%；2015 年，碳价为 23.39 元/吨，增加的直接碳成本和间接碳成本占工业行业增加值比重分别为 0.17% 和 0.22%，合计占比为 0.39%，2016 年，碳价为 9.98 元/吨，增加的直接碳成本和间接碳成本占工业行业增加值比重分别为 0.06% 和 0.08%，合计占比为 0.14%。整体而言，随着碳交易机制的逐渐完善，2016 年碳交易机制对上海市工业行业竞争力的影响较上年明显降低；2014～2016 年上海市工业行业增加值占上海市国内生产总值的比例是 31%、29% 和 26%，但碳交易机制引起的额外成本占比只有 0.59%、0.39% 和 0.14%，碳交易机制在促进工业行业节能减排的同时，对行业竞争力的影响很小。若参考德国联邦环境局研究报告中碳交易机制对行业竞争力 5% 的影响标准，上海市碳交易机制对工业行业竞争力的影响几乎可以忽略不计，即使考虑到前面计算碳排放未完全覆盖的情形，碳交易机制对工业行业竞争力的影响也极小。

6. 不同碳价水平下的情景分析

根据世界银行估算，要完成《巴黎协定》的降温目标，到 2020 年全球碳价的合理区间应该在 40～80 美元/吨，约合人民币为 250～500 元/吨，据此，以 2016 年碳排放为基准，用上限价格估算碳交易机制对上海市工业行业竞争力的影响为7.5%，远超5%的警戒线，已经严重影响了工业行业竞争力，即使以下限来计算，影响程度也达到了3%。此时，经济发展已经无法承受高昂的碳价。因此，过高的碳价，尤其是按照全球统一标准的碳价，对中国经济发展会造成负面影响。尽管有研究根据碳的社会成本（SCC）提出中国过低的碳价并不是最优效率的价格，中国碳价有效值约为40美元/吨，若以该研究的40美元/吨来计算，根据上述过程影响程度达到3%，已经逼近5%的最高水平，但是中国的经济发展尚未不承受如此之高的碳价。

2017年12月中国碳交易市场已经正式启动，世界银行测算初始运行时的价格范围为人民币10~60元/吨，这跟全球碳市场75%的价格范围（小于10美元/吨）一致，就以10元为间隔，以2016年上海市工业行业碳排放为基准，计算碳交易机制对工业行业竞争力的影响，得到不同碳成本占工业增加值比例，其结果如图5-12所示。从图5-12可以看出，随着碳价的逐步升高，碳交易机制对工业行业竞争力的影响也在逐步扩大，呈现出明显的线性上升趋势；与直接碳成本相比，碳交易机制带来的间接碳排放成本的增加较为迅速，碳价的边际间接碳成本较高，但碳交易机制对工业行业总成本的影响则更加显著，碳价每提高10元，对工业行业竞争力的影响就增加1.6%。因此，考虑到碳交易机制对经济发展的影响，需要确定合适的碳价。

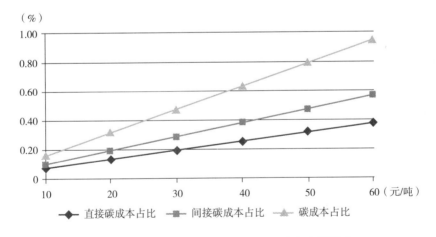

图5-12 不同碳价对上海市工业行业竞争力的影响

若以欧盟碳市场设置的5%的行业影响力上限为阈值，进行推算后得到碳价的最大值。在其他条件不变的情况下，以2016年上海市工业行业碳排放为基准，得到碳价的最大值为318元/吨，在此价格之下，碳交易机制对工业行业竞争力的影响在许可的范围之内。但这样的价格对中国碳市场发展初期来说，明显过高，因此，本节以 2017 年世界上大部分（75%）国家的碳价上限来设置碳价为60 元/吨，同样以 2016 年上海市工业行业碳排放为基准，计算后发现碳交易机制对上海市工业行业竞争力的影响极限约为 0.9%，显著低于发达国家成熟碳市场的 5% 的标准，因此，中国碳排放价格应参照绝大部分国家的标准。

7. 研究结论与政策建议

本部分基于 2011~2016 年上海市工业行业能源消耗数据，计算了工业行业12 种化石能源消耗产生的直接碳排放量，及工业行业电力和热力消耗产生的间接碳排放量，在进行趋势分析的基础上，研究了 2013 年建立碳交易机制后，工业行业碳排放强度的变化情况；运用 2014~2016 年上海市碳交易数据，实证研究了上海市碳交易机制对工业行业增加的额外成本，测算了其对工业行业竞争力的影响，并进行了情景分析。

随着全国统一碳交易市场的建立，未来中国碳交易体系要完善和稳定运行，还需要注意以下三个方面：

一是充分认识到虽然碳交易机制节能减排效果显著，但需要和其他能源相关政策结合才能发挥最优效果。本书研究结论显示，碳交易机制在降低直接碳排放强度上作用效果较低，除了碳交易机制本身的滞后效应外，其中一个重要原因就是工业行业能源消耗结构中化石能源消费占比仍然较高，而且随着中国经济的中高速发展，未来的能源消耗量降低速度必然放缓，因此，碳交易市场手段需要联合有关能源管制和结构优化政策。Chang Y. 和 Wang N.（2010）、孙睿等（2014）也认为不能单纯依靠碳交易来完成减排目标，需要发挥碳交易和其他政策的组合作用。

二是碳价设定必须考虑中国不同行业、不同区域的承载力。从前文分析中可以发现，碳交易机制对控排行业的影响，在学术界是公认的，关键问题是如何让影响在可控的范围之内。中国不同地区经济发展差异巨大、不同行业污染排放量各不相同的基本国情决定了中国碳交易市场构建时必须因地制宜，根据行业和地区来差别对待。有数据显示，中国碳交易区域试点 8 个市场 2017 年的均价从12.69 元/吨（天津）到 50.81 元/吨（北京），价格差别很大，这样的差异性价格存在从本书来看是有其合理性的，"一刀切"的碳价反而会造成行业竞争力的削弱。即使在北京这样经济基础较好的区域，碳价每上涨 10 元对行业竞争力的平均影响也会增加 1.68%，在全国范围内，千差万别的行业和区域更需要谨慎合理的碳价，一般而言，碳交易机制初期不宜设置过高碳价。

三是在全球范围内中国要坚持"共同但有区别"的原则来设置碳价和其他规则。除了考虑中国经济发展和行业特点的基本国情外，中国在全球碳市场体系中，也需要坚持将不同国家区别对待的原则。本书研究碳价情景分析显示，一方面，即使以 2016 年上海市碳价计算，要完成世界银行设置的减排目标，碳交易机制对上海工业行业竞争力的影响最低也达到了 3%，已接近欧盟的竞争力影响 5% 的警戒水平；另一方面，以 5% 的水平来测算碳价发现，价格达到了 318 元/吨，价格显著偏高，前文借助大部分国家的上限碳价计算发现，中国碳交易机制对行业竞争力影响的临界水平以 0.9% 左右为宜。

三、碳交易机制对北京主要行业竞争力的影响分析

在 2009 年哥本哈根会议召开前夕，中国政府庄严承诺到 2020 年单位 GDP 的二氧化碳排放比 2005 年下降 40%～45%，中共中央"十三五"规划纲要中，再次提出到 2020 年单位 GDP 的二氧化碳排放比 2015 年下降 18% 的刚性目标。为利用市场手段有效降低二氧化碳排放，2012 年初，国家发改委就批准北京、上海等 7 个区域开展碳排放权交易试点工作，探索通过碳交易平台有效对冲急剧增加的二氧化碳排放。2017 年 12 月，国家发改委宣布中国统一碳交易市场体系正式启动，同时公布了发电行业《全国碳排放权交易市场建设方案》，中国政府在运用市场机制控制、减少二氧化碳排放，促进经济绿色低碳发展的实践上迈出了重要一步。碳交易体系在降低二氧化碳排放，促进企业节能减排，优化资源配置的同时，其对社会经济环境的影响也至关重要，也是国内外理论界和实务界关注的热点，这其中最为关键的一个问题是，碳交易体系是否挫伤了相关行业的产业竞争力。

北京碳排放交易市场是价格最为稳定的市场，2013 年底试点运行以来，最高日成交均价为 77 元/吨，最低日成交均价为 32.40 元/吨，年度成交均价基本在 50 元/吨上下浮动，而其他碳交易试点地区日成交均价则波动较大。同时，该市场运行 4 年来，碳交易市场政策法规日益健全和完善，碳市场交易量和交易规模不断提高，碳交易体系促进企业自主性降低碳排放的作用初步显现，数据显示①，2017 年，北京市 945 家重点排放单位年度履约率和报告率均达到了 100%；2017 年，北京碳排放配额成交 753 万吨，成交额达 2.36 亿元，四年累计成交量 2013 万吨，累计成交额超过 7 亿元，重点排放单位累计减少碳排放 630 多万吨。因此，本书选择北京碳排放交易体系，来研究其对行业竞争力的影响。

行业竞争力的提升在北京市全面落实首都城市战略定位，助力产业结构转型升级的过程中尤其重要，因此，分析碳交易体系对北京不同行业竞争力的影响程

---

① 资料来源：《北京碳市场研究报告》（2017）。

度并提出碳市场发展的政策建议，有利于进一步发挥北京碳市场促进可持续发展生态新首都的建设进程。

1. 研究方法和数据来源

为了分析北京碳交易体系对北京行业竞争力的短期影响，基本思路是计算该行业消耗能源产生的二氧化碳排放量，再乘以即时碳排放价格，得到碳排放成本，再除以行业增加值，得到碳排放成本占行业增加值的比重，即单位增加值的碳排放成本，以此判断该行业竞争力是否受到碳交易体系的影响。显然，单位增加值碳排放成本越高，短期内该行业竞争力受到的影响就越明显。在分析过程中将直接成本简化为行业消耗主要化石能源产生的二氧化碳成本，将间接成本扩展为行业消耗热力、电力产生的二氧化碳成本，计算方法跟上节一样，借鉴德国联邦环境局研究报告中采用的公式：单位增加值的碳排放成本 $= \dfrac{(DCO_2+IDCO_2) \times BEA}{IVA}$，其中，$DCO_2$ 表示行业消耗化石能源产生的直接二氧化碳排放量，$IDCO_2$ 表示行业消耗热力、电力产生的间接二氧化碳排放量，BEA 表示北京碳排放市场配额成交价格，IVA 表示行业增加值，相应的 $DCO_2 \times BEA$ 和 $IDCO_2 \times BEA$ 则表示行业的直接碳排放成本和间接碳排放成本。

要计算行业的直接碳排放成本和间接碳排放成本的一个关键问题就是计算各行业的碳排放量，关于二氧化碳排放量的计算，学术界普遍认可的方法是联合国政府间气候变化专门委员会（IPCC）编制的国家温室气体清单指南（2006）中提供的估算方法。

在研究碳交易体系对北京行业竞争力影响时，按照 2017 年国民经济行业分类国家标准选择了 19 个大类行业进行分析。北京市 19 个行业地区生产总值、主要能源品种消费量来自《北京市统计年鉴》（2015~2017），主要能源品种中，考虑到焦炭和液化天然气部分年份数据不全且大部分行业中消费量为零，为确保可比性，这两种能源被删除，而保留了煤炭、汽油、煤油、柴油、燃料油、液化石油气、天然气等化石能源及热力、电力 9 类能源。

北京碳排放价格数据来源于北京环境交易所 2014~2016 年每个交易日的成交均价数据。剔除成交量为 0 的交易日后，计算得到北京市 2014 年 188 个交易日平均价格 54.89 元/吨，2015 年 145 个交易日平均价格为 47.72 元/吨，2016 年 189 个交易日平均价格为 48.66 元/吨。

在计算碳排放量时，若完全套用 IPCC 提供的方法可能高估了碳排放值，因此，本书在计算北京 19 个行业消费 7 种化石能源直接产生的二氧化碳时做了适当修改，保留了 IPCC 指南（2006）提供的碳排放系数，但 IPCC 没有提供煤炭碳排放系数，本书在处理时将烟煤和无烟煤按照 80% 和 20% 的比例进行加权平均，主要原因是中国煤炭产量中煤类比重长期以来变化不大，烟煤占比始终在 75%~80%。平均低位发热量由《中国能源统计年鉴》（2016）直接提供，碳氧化因子取自国家发改委《省级温室气体清单编制指南》（2011）。上述 7 种能源相关参数如表 5-15 所示。

表 5-15 能源相关参数

能源	平均低位发热量 （千焦耳/千克，千焦耳/立方米）	碳排放系数 （千克碳/兆焦耳）	碳氧化因子
煤炭	20908.00	26.36	0.93
汽油	43070.00	18.90	0.98
煤油	43070.00	19.60	0.98
柴油	42652.00	20.20	0.98
燃料油	41816.00	21.10	0.98
液化石油气	50179.00	17.20	0.98
天然气	38931.00	15.30	0.99

各行业消费热力和电力而产生的间接二氧化碳排放（$IDCO_2$）的估算，本书借鉴了上海市发改委《上海市温室气体排放核算与报告指南（试行）》（2012）中的计算方法[①]：$IDCO_2$＝活动水平×碳排放因子，其中活动水平就是不同行业对热力和电力的消费量，热力和电力间接二氧化碳排放因子如表 5-16 所示。

表 5-16 热力和电力碳排放因子

类别	碳排放因子
热力排放因子	0.11 吨二氧化碳/兆焦耳
电力排放因子	7.88 吨二氧化碳/10^4 千瓦时

根据上述碳排放计算公式，得到 2014~2016 年北京市 19 个行业使用 7 种能源直接产生的二氧化碳排放量和使用热力和电力产生的间接二氧化碳排放量（见表 5-17）。

---

① 由于北京市热力和电力碳排放因子暂无法获取，故此处采用了上海市相关参数，最后计算结果会存在一定的误差。

表 5-17　2014~2016 年北京市 19 个行业使用 7 种能源产生的直接和间接碳排放量

单位：万吨

编号	行业分类	2014 年			2015 年			2016 年		
		DCO_2	$IDCO_2$	TCO_2	DCO_2	$IDCO_2$	TCO_2	DCO_2	$IDCO_2$	TCO_2
1	农、林、牧、渔业	92.96863	146.2528	239.2214	79.96498	145.78	225.745	63.4	154.61	218.01
2	采矿业	8.997115	50.3007	59.29781	7.353635	39.7936	47.14723	6.08	34.26	40.34
3	制造业	724.3172	1778.25	2502.567	618.5968	1736.565	2355.162	537.23	1789.42	2326.65
4	电力、燃气及水的生产和供应业	3163.919	945.6435	4109.562	2961.681	924.3893	3886.07	2951.98	964.34	3916.32
5	建筑业	117.8716	190.914	308.7856	117.4586	178.3915	295.8501	116.37	180.26	296.63
6	批发和零售业	108.0011	398.6799	506.681	115.1917	409.4202	524.6119	132.82	423.34	556.16
7	交通运输、仓储和邮政业	2171.562	422.4439	2594.006	2221.123	438.1648	2659.288	2326.48	458.05	2784.53
8	住宿和餐饮业	235.8072	465.911	701.7182	247.6251	473.6862	721.3113	205.38	483.7	689.08
9	信息传输、软件和信息技术服务业	19.44283	383.1093	402.5521	21.19937	436.5729	457.7723	20.3	487.75	508.05
10	金融业	16.27398	170.8017	187.0757	12.57784	175.0174	187.5952	11.31	171.13	182.44
11	房地产业	306.8533	632.6836	939.5369	288.8037	661.4065	950.2102	263.43	712.7	976.13
12	租赁和商务服务业	156.7148	381.7927	538.5075	144.1839	362.723	506.9069	155.78	373.56	529.34
13	科学研究和技术服务业	113.6414	295.3706	409.012	108.5219	338.3378	446.8597	123.79	373.39	497.18
14	水利、环境和公共设施管理业	46.27051	108.2002	154.4707	39.56107	114.5673	154.1284	39.1	123.63	162.73
15	居民服务、修理和其他服务业	40.55459	42.7837	83.33829	33.76558	44.264	78.02958	32.11	47.86	79.97
16	教育	140.6078	423.7642	564.372	142.2863	436.1853	578.4716	113.08	446.87	559.95
17	卫生和社会工作	47.46497	168.1051	215.5701	45.02696	171.6444	216.6714	38.79	183.23	222.02
18	文化、体育和娱乐业	21.91682	153.021	174.9378	22.68147	174.0124	196.6939	20.98	186.7	207.68
19	公共管理、社会保障和社会组织	68.64269	244.6107	313.2534	64.07488	241.6633	305.7382	50.63	244.97	295.6

2. 碳交易机制对行业竞争力的影响

为直观展示北京市碳排放总量变化情况，基于北京市 2006～2016 年主要能源品种消费量，计算得到北京二氧化碳排放总量折线图（见图5-13）。

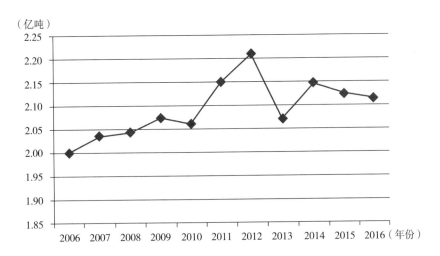

图5-13 2006～2016年北京二氧化碳排放总量折线图

北京近十年二氧化碳排放量走势可以大致分为两个阶段：一是 2013 年碳交易体系开启之前；二是碳交易体系开启之后。如图 5-13 所示，2006～2012 年，北京二氧化碳排放总量整体呈不断攀升趋势，从 2006 年的 1.999 亿吨上升至 2012 年的 2.212 亿吨，特别是 2010～2012 年，北京二氧化碳排放总量呈现急剧增加的态势，增幅达 7.4%，达到近十年的碳排放量峰值，随后在碳交易体系建立的明确政策信号下，迅速下降至 2013 年的 2.072 亿吨，2013～2014 年二氧化碳排放量小幅反弹的可能原因是企业对建立初期温和碳交易体系的反应，或者是 2013 年底碳交易体系开启后存在的政策滞后效应，但从 2014 年开始，碳交易体系作用显现，二氧化碳排放总量稳步下降。

接下来，本书对北京市 19 个行业由于碳交易体系增加的成本进行测算，并据此研究碳交易体系对行业竞争力的影响。

如表 5-17 所示，19 个行业直接和间接碳排放量乘以当年碳价得到这些行业直接成本和间接成本增加值，再根据行业竞争力计算公式，计算得到碳交易体系导致的额外成本增加占行业增加值比重，其结果如图 5-14 所示。其中，淡色区域表示不同行业使用热力、电力产生的碳排放导致的额外成本（间接碳排放成本）占行业增加值比重，深色区域表示不同行业消耗化石能源产生的碳排放导致的额外成本（直接碳排放成本）占行业增加值比重。

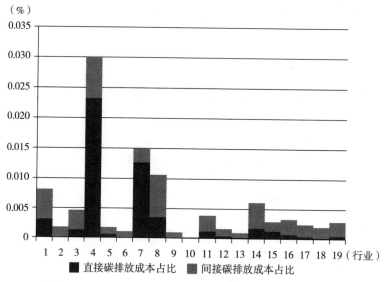

图 5-14　2014 年北京 19 个行业碳排放成本占增加值比重

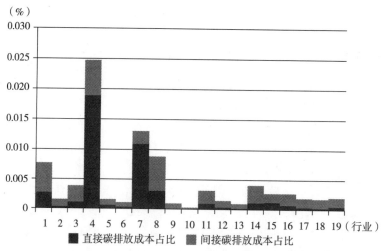

图 5-15　2015 年北京 19 个行业碳排放成本占增加值比重

整体而言，从图 5-14 至图 5-16 可以明显看出，2014~2016 年 3 年间，行业 4（电力、燃气及水的生产和供应业）、行业 7（交通运输、仓储和邮政业）和行业 8（住宿和餐饮业）碳排放成本占增加值比重都显著高于其余 16 个行业，说明这三个行业受碳交易体系影响最大。行业 4 在 2014~2016 年碳成本占比分别为

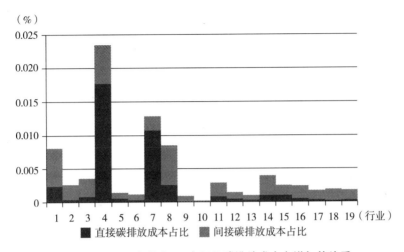

图 5-16　2016 年北京 19 个行业碳排放成本占增加值比重

3.02%、2.47% 和 2.35%，行业 7 碳成本占比分别为 1.50%、1.29% 和 1.28%，行业 8 碳成本占比分别为 1.06%、0.87% 和 0.84%，碳交易体系对三个行业影响力呈逐年下降趋势。其中，行业 4 和行业 7 占比较高，主要归因于这两个行业中化石能源消耗导致的碳排放成本占比较高，对这两个行业能源消耗结构的改善可以减缓碳交易体系对这两个行业竞争力的冲击，而行业 8 过多的热力、电力消耗导致的碳排放量增加了其间接成本。虽然这三个行业是碳交易体系冲击最大的行业，但由于三个行业增加值之和占地区生产总值的比例仅 10%，所以碳交易体系对北京经济发展的影响不大。考虑对北京地区生产总值贡献最多的前 5 个行业分别是行业 3、行业 6、行业 9、行业 10 和行业 13，这 5 个行业增加值之和占地区生产总值的比例是 58%，但从图 5-14~图 5-16 中可以发现，碳交易体系只对行业 3 即制造业影响明显。

德国联邦环境局研究报告中欧盟碳交易体系对行业竞争力影响的判断标准为 5%，若碳成本占行业增加值比重超过 5%，则认为该行业竞争力受碳交易体系影响严重。在现行碳交易体系下，若参考 5% 的严重影响标准，北京碳交易体系启动三年来，对北京市 19 个行业竞争力的影响几乎可以忽略不计，2014~2016 年 19 个行业平均碳成本占比分别为 0.53%、0.44% 和 0.43%，即使考虑到前面计算碳排放未完全覆盖的情形，碳交易体系对北京市行业竞争力的影响也极小，说明碳交易体系在显著减少北京市碳排放总量的同时，对行业竞争力的冲击也不断降低，虽然 3 年间碳交易体系对行业 4 的冲击最高达到 3.02%，但依然低于 5% 的标准。

北京市碳交易体系建立之初，纳入碳交易的控排行业主要是水泥、石化等高耗能行业，这些行业主要集中在本节的行业2、行业3和行业4，行业4前面已经做了分析。行业2 2014~2016年碳成本占行业增加值比重分别为0.18%、0.15%和0.26%，行业3 2014~2016年碳成本占行业增加值比重分别为0.47%、0.38%和0.36%，由此可见，碳交易体系对控排行业的行业竞争力影响也很小。碳交易体系对行业2和行业3的影响主要体现在间接成本，即行业消耗的热力、电力导致的碳排放成本的增加。

3. 不同碳价对行业竞争力影响的情景分析

考虑到北京碳交易市场四年来的均价稳定在50元/吨左右，接下来以60元/吨价格为起点，10元为间隔，以2016年北京不同行业碳排放总量和行业增加值为基准，参考欧盟碳市场碳价对行业竞争力5%的影响标准，计算价格波动下碳交易体系对行业竞争力的影响。

如图5-17所示，在碳价小于等于100元/吨时，北京碳交易体系对行业竞争力的影响很小，尚未有行业达到5%的影响标准，碳价存在进一步上升空间；当碳价达到100~110元/吨时，行业4率先达到5%的标准，开始受到严重影响（见图5-18），碳价影响的行业，其增加值占北京地区生产总值比例为15.27%；当碳价超过180元/吨，达到200元/吨时，行业4和行业7受到严重影响（见图5-18），两个行业增加值占GDP比重为26.1%；而当碳价为300元/吨时，受到严重影响的行业达到4个（见图5-18），行业增加值之和占GDP比例为29.6%。显然，随着碳价的逐步提高，受影响行业也在不断增加，碳交易对行业竞争力和经济发展的影响也越来越大，进一步计算发现，若以2016年指标为基准，碳价每提高10元/吨，碳交易体系对北京19个行业的竞争力影响就增加1.68%。

4. 全球碳价标准下的行业竞争力影响分析

参考全球约束性减排目标，根据世界银行估算，要完成"巴黎协定"的降温目标，到2020年全球碳价的合理区间应该在40~80美元/吨，约合人民币250~500元/吨，据此，若用上限价格来估算碳交易体系对北京行业竞争力的影响，在300~500元/吨的价格变化范围内，虽然受影响的行业依然为4个，但在碳价达到500元/吨时，碳交易体系对行业4和行业7的影响已经高达24.14%和13.12%，远超5%的警戒线，已经严重影响到这些行业的竞争力。此时，经济发展已经无法承受如此高昂的碳价。因此，过高的碳价，尤其是按照全球统一标准的碳价，对中国经济发展势必会造成负面影响。尽管最近有研究根据碳的社会成本（SCC）提出中国过低的碳价并不是最优效率的价格，中国碳价有效值约为40美元/吨，即使以此价格来计算，超过5%的行业也达到两个，占GDP比例为26.1%，但这样的价格对中国碳市场发展初期来说，也是明显偏高的。

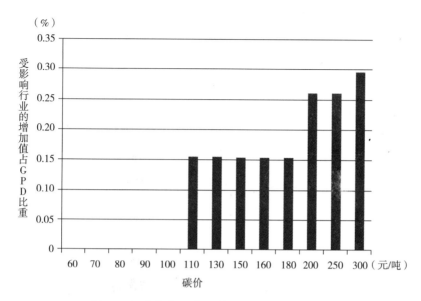

图 5-17　竞争力影响 5% 标准下碳价敏感性分析

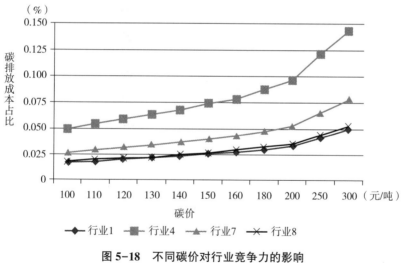

图 5-18　不同碳价对行业竞争力的影响

5. 北京碳市场碳价和竞争力影响判别标准阈值

根据前文情景分析，在碳价升高时，行业 4 的竞争力率先受到影响，要确保北京碳市场对 19 个行业竞争力的影响小于 5% 的标准，可以用行业 4 来测算北京碳市场的碳价阈值。行业 4 的碳排放总量和增加值数据均以 2016 年为基准，应用行业竞争力评价模型计算后发现，当北京碳市场碳价小于 103.58 元/吨时，碳市场对 19 个行业竞争力的影响较小。因此，在其他条件不变时，北京碳市场碳价的理论阈值为 103.58 元/吨。

考虑到中国行业盈利能力与发达国家的差异性，在碳交易市场建立初期，除了可以保持较低的碳价以保护行业竞争力、减缓对经济发展的冲击外，也可以采取低于欧盟国家竞争力影响 5% 的警戒标准来具体测算。鉴于大部分（75%）碳市场的碳价都低于 10 美元/吨，笔者以 60 元/吨的碳价为北京碳价的参考值，发现此时行业 4 碳排放成本占行业增加值比重最高，达到 2.89%，因此对北京而言，行业竞争力的影响阈值可设置为该数值，这样既维持了碳价与全球大部分碳市场价格的同步，也确保了对行业竞争力的影响在较小的范围内。只要碳价继续升高，受碳交易影响的行业范围将不断扩大。

6. 研究结论与政策建议

本部分基于 2014~2016 年北京市 19 个行业相关统计数据，计算了这些行业直接碳排放量和间接碳排放量，运用行业竞争力模型测算了 2013 年北京碳交易体系建立后，19 个行业额外增加的直接和间接碳排放成本，并就此研究行业竞争力的变化情况，同时对不同碳价情境下行业竞争力的影响进行分析。主要研究结果如下：

（1）北京碳交易体系对北京经济发展的影响较小。19 个行业中，只有 3 个行业受到影响明显，但这 3 个行业增加值之和占 GDP 比重仅为 10% 左右，影响较小。而占 GDP 比重最高的 5 个行业中，除了对制造业影响为 0.4% 外，碳交易体系对其余 4 个行业影响均极低，这表明北京市大部分行业在减少能源消耗，降低碳排放量的同时，行业增加值也不断提高。

（2）不同行业碳排放成本差距较大。电力、燃气及水的生产和供应业及交通运输、仓储和邮政业这两个行业化石能源消耗较多，直接碳排放成本较高，住宿和餐饮业和热力、电力消耗过多，间接碳排放成本较高，同时，采矿业和制造业间接碳排放成本也相对较高。

（3）北京碳交易体系对行业竞争力的影响远低于发达国家水平。在现行碳价水平下，北京碳交易体系在降低碳排放总量的同时，对行业竞争力的影响也逐年降低。与发达国家相比，北京碳交易体系中碳价存在进一步上升空间，最高价可达 100 元/吨，但过高的价格会损害行业竞争力。

因此，减缓碳交易体系对行业竞争力的冲击，降低碳交易体系增加的行业成本，除了从碳交易体系本身改进和完善外，还可以从以下三个方面来考虑：

第一，结合其他能源相关政策有效降低行业碳排放成本。不能单纯依靠碳交易来完成减排目标，需要发挥碳交易和其他政策的组合作用。碳交易体系对不同行业的冲击，在直接碳排放成本和间接碳排放成本上差异性很大，除了碳交易体系本身的滞后效应外，一个重要的原因就是有的行业能源消耗结构中，化石能源消费占比依然较高，有的行业过度消耗热力和电力，随着中国经济的中高速发展，未来的能源和热力、电力消耗量降低速度必然放缓。因此，碳交易市场手段需要联合有关能源、电力市场管制和结构优化政策。

第二，碳价设定必须考虑不同行业的承载力。碳交易体系对控排行业的影响，在学术界是公认的，关键问题是如何让影响在可控的范围之内。碳交易体系率先影响的是跟居民生活息息相关的行业，合理的碳价设定对关乎民生行业的发展至关重要，进一步而言，中国不同地区经济发展差异巨大、不同行业污染排放量各不相同的基本国情决定了中国碳交易市场碳价设定必须因地制宜，根据行业和地区来差别对待。事实上[①]，中国 8 个试点碳市场在 2017 年的均价从 12.69 元/吨（天津）到 50.81 元/吨（北京），价格差别很大，这样的差异性价格存在从本书来看是有其合理性的，"一刀切"的碳价反而会造成行业竞争力的削弱。即使在经济基础较好的北京，碳价每上涨 10 元对行业竞争力的平均影响也会增加 1.68%，在全国范围内，千差万别的行业和区域更需要谨慎合理的碳价，根据国际经验，碳交易体系初期碳价不宜过高。

第三，在全球范围内中国要坚持"共同但有区别"的原则来设置碳价和其他规则。除了考虑中国经济发展和行业特点的基本国情外，中国在全球碳市场体系中，也需要坚持将不同国家区别对待的原则。不同碳价情境分析显示，虽然北京碳价存在进一步上升空间，但无法采用发达国家的碳价水平，相应的行业竞争力影响标准也应从 5% 降低到 2.89%。

本书对探讨中国碳市场影响行业竞争力的情况提供了有益的参考，但受限于本书的评价模型，本书也存在一定的不足，如本书基于碳排放成本角度研究对行业竞争力的影响，但碳市场对行业竞争力的影响除了碳排放成本外，还存在其他因素，纳入全要素生产率，构建更加全面的行业竞争力评价体系，来研究碳市场对行业竞争力的影响会更加科学和深入。

---

① 笔者根据中国 8 个试点碳市场交易数据整理得到。

第六章 基于复合生态系统理论的环境经济政策评价

第一节 复合生态系统理论的框架结构

复合生态系统理论属于系统分析理论的范畴，而系统分析理论是政策研究最基本的方法，它运用现代科学的方法和技术对构成事物系统的各个要素及其相互关系进行分析，比较、评价和优化可行方案，从而为决策者提供可靠的决策依据。系统分析根据客观事物所具有的系统特征，从事物的整体出发，着眼于整体与部分、整体与结构及层次、结构与功能、系统与环境等方面的相互联系和相互作用，以求得整体目标的优化。系统分析的特征是以系统观点明确所要达到的整体效益目标，寻求解决特定问题的满意方案，通过计算工具找出系统中各要素的定量关系。同时，它还依靠分析人员的价值判断，运用经验的定性分析，借助定量定性相结合的分析方法，从许多备选方案中寻求满意的方案。系统分析通常包括整体分析、结构分析、逻辑分析和环境分析四个方面。

复合生态系统理论是由马世骏在20世纪80年代初提出来的，他在总结了以整体、协调、循环、自生为核心的生态控制论原理的基础上，提出了复合生态系统的理论和时、空、量、构、序的生态关联及调控方法，提出人类社会是以人的行为为主导、以自然环境为依托、以资源流动为命脉、以社会体制为经络的社会—经济—自然环境的复合生态系统。环境政策系统为社会—经济—自然环境复合生态系统之社会子系统之子系统之一，主要包括引起环境政策发生的各项主观、客观因素，社会、经济、资源禀赋，以及这些要素间的关系和整个政策系统的动力学机制和控制论方法。政策的实质，首先，它是一个复合生态系统的负反馈机制，以政策所传递的各种指令、要求、规则、导向等信息流实现反馈；其次，政策是复合生态系统的一个内生变量，这个内生变量在很多时候是解决社会政策问题的因变量，但从更长的时间尺度和更宽的空间尺度来看，它更是推动或阻碍社会发展的具有非常活力的自变量。因此，政策不仅是调节经济系统的生产功能，而且是面向社会—经济—自然环境的复合生态系统生产、消费、还原全过程的政策体系。

基于复合生态系统理论，环境政策系统的要素包括：环境问题、政策方案、政策主体、政策利益相关者、自然资源禀赋、技术资源禀赋、政策执行制度安排。完整的环境政策系统结构如图 6-1 所示。

图 6-1 环境政策系统结构体系

环境问题是核心，也是政策系统的起点，所有政策都是因为环境问题的存在而产生，最终的目标也是以环境问题的解决为标志。一切政策方案设计、政策执行都是围绕环境问题这个核心而展开，没有环境问题，也就不存在政策制定、执行及政策执行效果等后续过程。环境政策系统是一个动态的体系，环境问题的解决也不是一蹴而就的，旧的环境问题解决了，还会出现新的环境问题，只要社会经济不断发展，环境问题就会不断出现，这也是环境政策主体存在的客观法理基础。尽管有学者认为，环境政策是以目标为导向和核心的，但是许多环境政策目标也是经济社会发展不能满足需求所产生的问题的反映，在本质上仍然是环境问题。

政策主体是直接或间接参与环境政策的制定、方案的设计、执行和事后监督评价的个人或组织。政策主体可以分为政策制定主体和政策执行主体，通常情况下这两个主体之间是上下级或者从属关系，但也存在两个主体重叠的情况。比如，政府部门主导制定的各项环境政策基本都是属于制定和执行合二为一的。因此，环境政策系统起决定性作用的依然是政策的制定主体和执行主体。环境政策的制定主体主要有行政机关、立法机关和司法机关，政策执行主体主要是各级行政机关。

利益相关者是指环境政策制定、执行过程中的各类主体，环境政策直接或间接作用的对象。环境政策目标总会影响一部分人或者组织的利益，并对他们产生约束。一般情况下，政策影响对象对政策的接受程度与其对政策产生的成本利益衡量有关，也与政策目标对他们的调整程度有关。一项环境政策的出台，如果政策作用对象认为能够增加自身利益，或者调整程度较小，就容易接受，反之，若政策作用对象认为是无益的，甚至是对自身利益的剥夺，或者调整幅度过大，就不易于被接受。

资源禀赋包括自然资源禀赋和技术资源禀赋。自然资源禀赋是一个国家或者地区社会进步和经济发展得以持续的物质基础，是主观无法改变的现实。环境政策的适当改变可以在一定程度上保护资源禀赋，适宜的调控政策也可以改进资源禀赋的劣势和先天不足。世界上很多资源禀赋匮乏的国家或者地区，就是通过适当的政策取向弥补资源禀赋的不足，获得经济社会的可持续发展。技术资源禀赋受自然资源禀赋的制约和影响，但更多的是受后天发展战略和政策取向的影响。同时，社会组织或者个人在技术资源发展过程中的主观能动性作用也更强。因此，自然资源和技术资源不仅是环境政策系统的外部环境要素，而且构成了环境政策系统的客观基础和边界约束条件，良好的自然资源禀赋可以支撑科学技术发展和重大社会变革。

环境政策的执行过程是政策系统结构中的关键一环，也是实现环境政策目标的重要手段。政策目标可以按照不同的标准分为最高目标、最低目标，单目标、多目标，阶段性目标和终极目标，政策执行是完成政策目标的保证。当政策目标比较单一时，政策执行相对简单，也比较容易实现，当政策目标比较复杂，特别是不同目标之间存在利益冲突时，政策方案设计就要求更加科学合理，政策执行过程就会相对困难，政策目标的实现难度和成本也会相应增加。比如，现在的整治"散乱污"政策。一方面，"散乱污"企业必须"一刀切"，铁腕解决危害生态环境的问题；另一方面，"散乱污"企业政策在地方执行时，又会出现不加区分没有标准的"一刀切"，这种环境政策和经济发展的共生共存问题会不断出现，政策执行过程就会出现很多两难选择。

环境政策是为预防和控制环境污染问题而制定的法律法规和有关政府文件，是"影响政策过程以达到既定目的的任何事物"。环境政策工具可以分为三大类，即市场激励型、命令控制型和自愿性工具。自愿性工具也称为非强制性工具或非正式性政策工具，是指以非强制或自愿途径来实现环境政策目标的工具，一般包括环境协议、环境认证和生态标签等。命令控制型政策工具是政策主体（通常是政府部门）通过制定法律、法规、政策和制度等来确定技术标准、排放标准及排放量等，迫使污染者将环境污染的外部成本内部化，并且通过行政命令执行环境政策要求企业遵守，以实现设定的环境政策目标的工具，一般的形式为生产过程标准、排污标准等。市场激励型政策工具是指政策主体运用市场这一资源配置有效手段来实现环境政策目标，一般包括资源税、排污费和排污权交易等。

第二节　复合生态环境系统理论的动力学机制

复合生态环境政策系统是一个复杂的整体系统，其整体性表现为诸多因素的相互作用和交织。环境政策系统涉及的因素较多、关系复杂、互动性强，仅仅从诸因素的作用性质考虑，就有基础作用、决定作用、被动作用，主要作用、次要作用，外在作用、内在作用，直接作用、间接作用，显性作用、隐性作用，短期作用、长期作用，等等。复合生态环境政策系统是一个异质性的系统，其异质性表现为环境政策自身的多样性、政策目标的多样性等。复合生态环境政策系统是一个多层次的系统，环境政策可以分为宏观政策、中观政策和微观政策，全球政策、国家政策和地区政策等。同时，环境政策方案制定和政策执行过程也表现为从上而下的层次性。复合生态环境政策系统还具有独特的历史性，环境政策是不可重复的，无法像自然科学那样反复试验和重复观察，只能根据政策环境和目标进行适当的调整和变更，其历史性还表现为明显的路径依赖性，如前面提到的中国环境政策的历史演变过程。

根据复合生态系统理论可知，环境政策系统是一个包含社会、经济和自然环境的完整的政策体系。其中，人是生产力系统的基本要素之一，也是生产力系统的能动要素，人类不断满足基本需求的生产和生活活动构成了生产力系统的最初动力源，并由此改变了生产力系统的内部构成，影响生产力关系系统力的作用方向和上层建筑系统力的作用方向，最终形成了三者互动的社会系统演进的推动力。同时，根据马斯洛需要层次理论，人的生理需要是推动人行为的最强大动力，一旦人的生理机能得到满足，就会产生对安全的需要，从低层次需要发展到自我价值实现的最高层次需要。人类的物质和精神需求，逐步上升为经济发展、社会进步和民主参与的需求，推动整个政策系统体系的运行和演进，进而促进社会经济的发展和进步。

当人们的需求，尤其是占社会主体的公众的需求与现实出现差距时就会产生社会问题，社会问题中涉及人类居住生态环境的就是环境问题。人们的需求是时时刻刻都在产生的，但并不是所有的环境问题都能上升为政策问题，这些问题的发现和解决，会受很多约束条件限制，包括自然资源禀赋、技术资源禀赋和制度体制，也受政策主体的主观因素制约。政策主体，尤其是政府行政管理部门，辨别社会主要问题和社会主要矛盾的能力和价值取向及其自身利益，都会主导着环境政策的走向和选择。政策系统正是通过对利益相关者的行为约束，调整和分配各项资源，协调各个政策利益相关者的关系，达到解决环境政策问题的目的。环境政策系统动力学机制如图6-2所示。

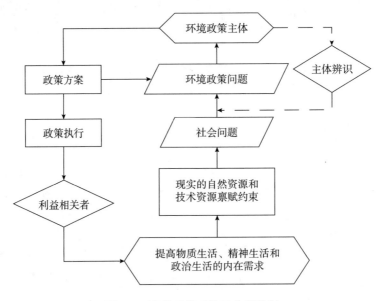

图6-2 环境政策系统动力学机制

第三节 基于复合生态环境政策系统的海河流域水污染治理政策评价

一、海河流域水污染治理政策的动力学机制

海河流域位于东经112°~120°，西以山西高原与黄河流域为界，北以内蒙古高原与西北内陆河流域为界，南临黄河，东界渤海。流域地跨北京、天津、河北、山西、山东、河南、辽宁和内蒙古8个省份，总流域面积310000平方公里。

海河是我国华北地区主要河流之一,也是全国七大江河流域中水资源最匮乏的河流,同时又是水污染最严重的地区。海河流经大中城市多,人口密度大,工业较为发达。2017年海河流域社会经济发展状况如表6-1所示。

表6-1 2017年海河流域社会经济发展状况

省份	总人口 (万人)	GDP (亿元)	人均GDP (元/人)	工业增加值 (亿元)	有效灌溉面积 (千公顷)	水资源总量 (亿立方米)	废水排放总量 (万吨)
北京	2171	28014.94	128994	4274.00	115.48	29.80	133187.89
天津	1557	18549.19	118944	6863.98	306.62	13.00	90789.96
河北	7520	34016.32	45387	13757.84	4474.67	138.30	253685.36
山西	3702	15528.42	5771.22	42060	1511.21	130.20	135057.27
内蒙古	2529	16096.21	63764	5109.00	3174.83	309.90	104250.82
辽宁	4369	23409.24	53527	7302.41	1610.55	186.30	237970.98
山东	10006	72634.15	72807	28705.69	5191.06	225.60	499884.15
河南	9559	44552.83	46674	18452.06	5273.63	423.10	409107.39
合计	41413	252801.3	535868.2	126525	21658.05	1456.2	1863934

随着工农业经济的发展和人民生活水平的提高,水资源紧缺问题逐步显现,据统计,2017年海河流域各类供水工程总供水量为369.78亿立方米,地下水占总供水量的50%。地下水开采严重,2017年,14个平原区地下漏斗总面积3.58万平方公里,较2016年末增加了660平方公里,这在一定程度上直接导致了海河流域入海径流量的锐减。同时,全流域总用水量为369.78亿立方米,农业用水占总用水量的59.72%,工业用水占总用水量的12.5%,生活用水占总用水量的19.2%,生态环境用水占总用水量的9.1%,农业用水占比超过总用水量的一半以上。而且,对海河流域中下游5787公里河道的调查显示,常年有水的河段仅占16%,常年断流(断流时间超过300天)的河段占45%,有的河道甚至全年断流,丧失了河流应有的生命力,河流的生态功能消失殆尽。

随着人类活动的覆盖面越来越广泛,来自工业和生活污水以及农业非点源(面源)污染的产生量也相应增加,越来越多的污水、废水排入海河流域河道,造成水体污染的进一步加剧。根据海河流域水资源公告,2017年全流域废水、污水排放总量为59.85亿吨,其中城镇居民生活污水排放量为28.7亿吨,占排放总量的48%,工业和建筑业排放量为24.07亿吨,占排放总量的40.2%。城镇居民生活污水已经成为海河流域水体污染的主要来源之一。在此情况下,流域内水资源质量也不断下降,2017年,劣V类水河长占总评价河长的39.2%,其中汛期，劣 V 类水河长占总评价河长的 33.6%，非汛期，劣 V 类水河长占总评价河长的 40.5%，河流主要超标污染物有氨氮、总磷和化学需氧量等。

政府对海河流域治理多年，从国家到地方都出台了很多关于流域治理的全局或者区域性的法律、法规和文件。一是为了解决河流物理过程不完整，河流动力学过程消失、弱化和紊乱的现象。着重整修加固各河堤防，扩大部分入海道，在永定河上建官厅水库。在各河流中下游，大规模开挖或扩大了泄洪排涝河道，特别是扩大了入海通道，解决了河道泄洪能力上游大、下游小的矛盾。二是为了解决河流水污染严重、耗氧污染突出问题。各部门加大工作力度，城镇污水处理设施全面推进，环境监管得到加强，污染物排放总量增加趋势得到遏制，水质有所改善。整体而言，海河流域水资源短缺和环境污染问题仍然严重。不同地方政府各自为政，利益驱动，治污工程停留在表面，"破坏式"治污表现突出，工业企业污染排放未能得到有效控制，农业面源污染问题愈演愈烈等。上述问题的存在使得海河流域水污染问题的治理异常复杂，加之海河直接流入渤海，海河污染和渤海污染问题交织，治理过程几经反复，尚未达到国家水污染防治政策的预期目标。海河流域水污染治理政策的主要驱动因素如图 6-3 所示。

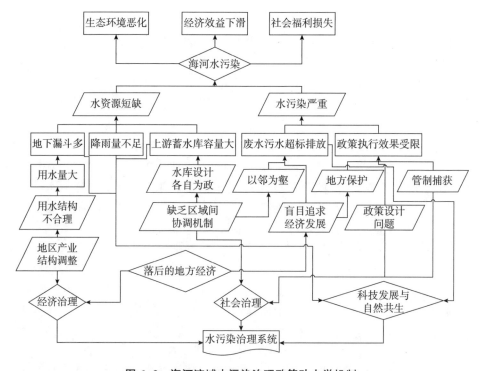

图 6-3　海河流域水污染治理政策动力学机制

1. 对社会经济发展理念的理解偏颇

习近平总书记在系统论述"五大发展理念"时说过发展理念是发展行动的先导。发展理念对头不对头，从根本上决定着发展的成效乃至成败。发展是为了人民，发展要依靠人民，发展成果由人民共享，发展的终极目标是改善人民群众的生活水平，满足人民群众的物质生活和文化生活需要，提高人民群众的获得感。发展理念是整体性的，任何一个部分都不可能脱离其他部分而独立存在。

地方政府追求一时经济效益，片面理解发展理念，唯政绩工程和政绩指标，忘却为人民服务的宗旨，将个人仕途发展凌驾于群众利益之上，结果导致环境污染加剧，群众的基本生活失去应有保障。因此，只有坚持全面的发展理念，才能促进人与自然和谐共生，构建科学合理的城市化格局、农业发展格局、生态安全格局、自然岸线格局，推动建立绿色低碳循环发展产业体系。实现社会经济的可持续发展，走生产发展、生活富裕、生态良好的文明发展道路，推进美丽中国建设，为全球生态安全做出贡献。

同样，若地方政府过度追求本地区的经济利益而缺乏大局观念和全局意识，将本地区发展建立在对其他地区发展的负外部性上，则将必然导致整个海河流域水资源污染的加剧。如上游地区水库蓄水过量、排污过多，必然导致下游地区经济发展受限和环境污染问题凸显。社会经济发展，是全面、全社会的发展。同时，也是不同地区、不同行业的协调发展。

2. 发展行动误入歧途

发展理念的偏差会导致发展行动误入歧途，甚至出现无法修复的恶性结果。海河流域部分地区，自然资源禀赋、技术资源禀赋及经济发展水平比较低下，地方政府在片面的发展理念和追求政绩的动机下，政府决策者会出现急功近利、饥不择食的倾向，技术水平不高、科技含量较低、能源消耗较大、环境污染较严重的项目必然乘虚而入。在表面发展经济的同时，却侵害了水资源环境。一方面，地方政府需要根据地区发展水平和环境承载力，设计适度的政策目标，避免政策主体为追求政绩好高骛远，导致政策目标脱离实际，造成能源资源的过度使用；另一方面，在政策执行过程中，需要防止检查监督走过场，发生有法不依、执法不严、政策"寻租"、规制捕获等违规情况。

3. 流域治理需要协调各方通力合作

首先，中央和地方政府要建立起良性互动关系，在发展理念和发展行动上高度一致，避免"上有政策，下有对策"。地方政府要和中央统一认识，将经济发展和环境整治有效整合，既要改变地区经济发展格局，又要发挥政策主体监督管理作用，实现海河流域经济的可持续发展。其次，海河流域不同省份政府要建立起长效沟通合作机制、突出大局意识、强化全局思维、避免"以邻为壑"。海河流域的经济发展需要整合不同地区特色产业，优化调整产业结构，形成一体化发展的综合布局，海河流域的环境保护更需要有系统思想，流域上下游的污水废水排放、水库水闸设计，要通盘思考。最后，流域的治理还需要更社会化，纳入更多的社会力量参与。海河流域水污染的直接受害者是广大人民群众，他们并没有什么实际的法定权利来维护自己的切身利益，整个过程除了申诉、投诉、抱怨，难以参与，更无法直接索赔。水污染治理的过程就是各政策主体（主要是政府和污染企业）的利益博弈，却排除了水污染的最大受害者——社会公众。因此，发动更广泛的社会公众参与治理过程可以理顺政策执行过程，显著地提高政策效果。

二、海河流域水污染治理政策的复合生态分析

1. 治理政策的历史演变

政策是一个运动、发展的过程，海河流域水污染的治理政策也不例外，从旧政策日趋终结到新政策不断产生，形成了治理政策的历史进程，构成了政策的时间维度和周期。政策周期一般是指政策设计、制定、执行、评价、监督和终结的一个循环，新政策并不是凭空产生的，而是原有政策的某种延续，是为了适应新情况而做出的对原有政策的修改或调整，是新老政策的交替循环。政策周期的决定因素很复杂，但主要与政策目标的大小、政策环境的变化和政策执行的难度有关。一般而言，政策目标越大越长远，环境变化越复杂，政策实施难度越大，政策周期就越长，反之政策循环周期就越短。政策周期的长短还和政策本身有关，不科学的政策会遇到来自主客观各方面的阻力，政策周期自然缩短，经过实践检验正确的政策，必然受到社会公众的支持，政策稳定性更强。

海河流域水环境是历经沧桑变化逐渐演变而形成的，中华人民共和国成立以来，中国政府十分重视海河流域的治理。最初政府着重整修加固各河堤防，扩大部分入海道，在永定河上建官厅水库。1957 年完成《海河流域规划（草案）》的编制工作。1963 年 8 月，海河流域发生特大洪水，以开挖疏浚行洪通道为重点，先后开挖和扩大了漳卫新河、子牙新河、永定新河等直接行洪入海新河道。1965 年编制了《海河流域防洪规划》，随即根据规划安排，在各河中下游，大规模开挖或扩大了泄洪排涝河道。随着经济的发展，城镇人口增加，污水废水排放量逐渐增加，水污染也逐渐成为一个突出的环境问题。20 世纪 70 年代，海河流域相继出现官厅水库（1971 年）、蓟运河（1974 年）和白洋淀（1975 年）三起较为严重的水污染事件，成为流域水污染问题突出的重要信号和流域水质由好变差的重要转折点，到 20 世纪 70 年代末，海河流域已有 28% 的河流受到不同程度

的污染。20 世纪 80 年代以后，工农业生产迅速发展，海河流域水污染进一步加剧，河北省保定、石家庄等城市地下水普遍超标，天津市市区和近郊区地下水受污染面积已达 392 平方公里，其中市区中度污染有 110 平方公里，重污染和严重污染有 38 平方公里。海河流域水污染已由局部发展到全流域、由下游蔓延到上游、由城市扩散到农村、由地表延伸到地下。进入 21 世纪后，海河流域水污染愈演愈烈，其中废水排放总量呈现急剧增加态势，从 2004 年的 1209699 万吨到 2015 年的 2064861 万吨，增幅达 70.69%，尽管 2015 年以来海河流域废水排放总量有所下降，但与 2014 年相比增幅依然达到 54.08%（见图 6-4）。

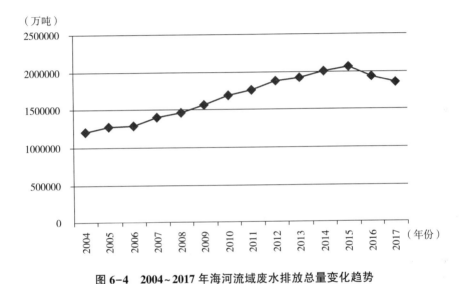

图 6-4　2004~2017 年海河流域废水排放总量变化趋势

在海河流域水污染发生伊始，中国政府就非常重视流域水资源的保护和污染治理工作。1957 年 11 月《海河流域规划（草案）》被编制，该规划中明确了以防洪除涝为主，并结合发展灌溉、供水、航运、发电等方面的综合利用。1966 年 11 月，《海河流域防洪规划（草案）》提出了"上蓄、中疏、下排、适当地滞"的方针，并且以排为主，洪涝兼治。1988 年 12 月，编制了《海河流域综合规划纲要》，规划中明确了要继续贯彻"上蓄、中疏、下排、适当地滞的方针"，并以"全面规划、统筹兼顾、综合利用、讲究效益"为指导，根据防洪体系已基本形成和已暴露出来的问题，应把治理重点放在工程的除险、加固、恢复标准、工程配套和经营管理上，以巩固完善防洪体系，增强防洪能力。1993 年 11 月，发布了《国务院关于海河流域综合规划的批复》，确定了"以防为主，防治结合"的污染治理方针，按照"谁造成污染，谁承担治理责任""谁受益、谁付费"的原则,重点抓好大中城市的污染源治理、排水系统的改造和完善与污水集中处理设施的兴建。2013年6月,《海河流域综合规划(2012~2030年)》正式发布,该规划坚持以人为本,着力解决群众最关心最直接最现实的水利问题;坚持水利与经济社会协调发展,促进人与自然和谐相处;坚持全面规划、突出重点,统筹上下游、左右岸和不同行业之间的关系;坚持继承与发展、衔接与协调;坚持加强流域管理,进一步理顺流域水利管理体制机制,提高水利社会管理和公共服务水平。该规划的出台对促进海河流域水资源的合理开发、优化配置、全面节约、有效保护和综合利用,为实现经济持续健康发展和社会和谐稳定都提供了强有力支撑。

2. 治理政策的空域分布

政策的空域分布是指政策发生作用、产生影响的空间范围,属于空间维度。政策空域分布取决于政策主体和政策本身的性质。中央政府制定的政策可以在全流域范围内有效实施,地方政府制定的政策则只局限于其管辖范围内。无论是中央政策还是地方政策,一旦政策发布,其影响范围可能涉及很多行业、部门,政策利益相关者非常广泛。海河流域水污染治理政策,直接涉及的就是流域范围内的8个省份,覆盖了这些地区的工业、农业和第三产业的众多相关上下游行业,影响面的空域分布非常复杂。同时,政策影响还具有空域外溢性,可能形成跨边界的影响效果,治理政策除了影响8个省份外,还会波及空域外的邻近省份。

3. 治理政策的数量维度

治理政策的数量维度是指政策各要素在实施前、实施中和实施后,产生影响的数量变化之度量。一方面是治理政策的时间和空间分布上具体数量的度量、政策周期的长短、政策范围的大小等;另一方面是治理政策实施后产生的一系列变化的量化测度,如治理政策对经济发展、社会进步和环境破坏程度的度量。

据统计,2017年海河流域水资源总量为272.2亿立方米,占全国水资源总量的0.9%,但用水总量占全国的6.1%。人均水资源量约为世界平均水平的1/30,远低于国际公认的人均500立方米的水资源严重紧缺标准。尽管如此,海河流域依然支撑着全国10%的人口,15%的GDP和年均10%的粮食产量,充分展现了水资源对经济社会的基础保障作用。快速的经济发展使得用水总量较高,但海河流域水资源匮乏,导致人与水的矛盾加剧,河流丧失生态功能后,进一步挖掘地下水资源,导致流域内地下水开采过度,使得环境污染问题加速恶化。

4. 治理政策的结构关系

治理政策系统各要素内部及要素之间的结构关系也非常重要。首先,是宏观政策之间的结构问题,通常一项政策往往只针对一个问题,但解决一类问题时又牵涉到多个方面,需要不同的政策组合乃至政策体系才能解决一类复杂问题;其次，是治理政策内部的结构问题，涉及海河流域综合发展的各类法律、法规和文件，内部结构合理、逻辑顺畅、协调统一，才能发挥事半功倍的政策效果；再次，是治理政策的利益相关者的结构问题，一项政策如果指向的是单一的政策利益集团，则结构清晰、目标明确，但一类政策若目标过多，指向太多的集团，则需要格外慎重设计和执行；最后，是治理政策的自然资源环境和技术禀赋环境与各自内部及相互之间的结构问题。任何治理政策的设计和作用发挥都离不开其依赖的自然资源、技术禀赋和政治体制环境，受其支撑，也受其制约。

海河流域经济结构不合理、粗放型经济增长方式等矛盾依然存在，结构性污染问题未能从根本上得到解决。海河流域早期主要是工业污染，后来城镇居民生活污染加重，最近农业面源污染日渐突出。不同产业结构用水问题突出，农业用水量居高不下，根据 2017 年中国水资源公报，农业用水占总用水量比例为 60.65%，居民生活用水占比为 17.77%，工业用水占比只有 12.49%。因此，海河流域的主要污染物为化学需要量、氨氮和总磷，而这些污染物也正是渤海的首要污染物。

海河流域水污染的根本原因主要包括产业结构问题、城市污水处理效率滞后、过度采掘地下水破坏地表径流、地方政府治污不力和地方保护主义等。这些因素是交互错杂的，牵一线而动全身，但因素背后的本质原因却是没有坚持正确的发展理念，没有搞清楚为什么发展和怎样发展的问题。海河流域水污染治理不仅仅是一个环保问题，还是一个以环境问题为基础，包含经济问题、社会问题的一个政策系统。在这个系统里，经济发展和资源约束不是一个两难悖论，而是高度统一的，可以运用社会—经济—自然环境的复合生态系统理论来进行分析和评价。

5. 复合生态系统的基本构件

首先，是环境政策问题。环境政策的设立是要解决环境问题，但这些问题的解决却受制于许多约束条件，包括自然资源禀赋、技术资源和制度设计等，环境政策正是通过约束政策利益相关者的行动，协调各方利益，重新调配资源，达到解决问题的目的。海河流域水污染折射出来的政策问题，不光是水污染治理本身，还有脱离资源禀赋基础和经济发展水平现实，片面追求高增长的不正确的发展观。因此，政策问题的解决就需要调整或规范所有相关者的行为模式。

其次，是政策目标问题。政策目标是政策主体为政策系统设定的预期目的或需要解决的问题，政策问题的复杂性、综合性和动态性决定了政策目标的多重性，既有总目标、阶段目标，又有近期目标、长期目标，还有经济发展目标、环境保护目标，因此，复合生态系统理论要求注意不同层次目标的科学性、合理性和可行性，同一目标在时间、空间上的协调性、整体性和逻辑性。海河流域综合规划（2012~2030 年）的总体目标是：正确处理经济社会发展、水资源开发利用和生态环境保护的关系，着力解决流域突出的水问题，保障饮水安全、供水安全、生态安全、防洪安全，维系河流健康，以水资源的可持续利用支撑流域经济社会的可持续发展。

最后，是政策利益相关者问题。海河流域水污染治理政策的利益相关者有：①政府，包括中央政府、海河流域 8 省市自治区政府。各级政府在水污染治理政策的利益和目标方面并不完全一致，政府层级越低，利害关系就越直接，就越关注自身利益，具有地方保护倾向。因此，上下高度统一的发展理念和发展行动才是海河流域水污染治理成功的关键。②污染企业。海河流域污水、废水和废气的主要制造者，也是最直接的利益相关者，但污染企业也不可避免地成为自己或者其他污染的受害者。③社会公众。社会公众在水污染中没有任何利益可言，是绝对的环境污染受害者，但他们对污染排放的关注、监督和抵制的能力，决定了海河流域水污染治理的成败，越来越多的环境污染信息的公开和环境保护相关法律法规的建立都得益于社会公众的作用。④环保部门。海河流域相关省市自治区的环保部门是环境政策贯彻实施的监督者和执法者。他们是水污染治理政策成败的保障因素之一，但各地区环保部门不可避免地会去保护地区利益，导致了环境执法的标准降低，也催生了中央级的环保督查。⑤流域的水利部门。海河流域的水利部门重点是对水资源的综合管理，包括水库库容设计、水资源调配和监测等，水资源的污染问题只是他们业务的一部分。因此，他们在水污染的治理上态度和行为会有微妙差异。

6. 治理政策对自然和社会生态的影响

治理政策影响自然生态功能主要体现在生态系统、资源消耗、环境污染、河流动力、生物多样性等方面。海河流域已建成水库 1963 座，总库容 334.31 亿立方米，将水资源分割控制各自为政，导致生态调控能力变差、水体自净能力基本丧失、生态环境用水缺乏，加之上下游严重的环境污染，海河流域水质一直难以改善。从生物多样性来看，海河流域调查的鱼类群落多样性指数平均为 1.53，鱼类种类数下降，大中型鱼类资源衰退以及优势种单一化和小型化，都伴随着较低水平的生物多样性。在鱼类群落结构上表现为敏感物种越来越少，耐污性种类增多。

社会生态功能主要是生产和消费功能，包括生产、流通、分配、消费、投资、健康、产业迁移等。具体而言，就是治理政策的资金、人力和物力投入，治理政策带来的健康、产业变迁等社会成本的增加。海河流域水污染治理每年从中央到地方投入的资金很多，但最终结果尚未达到预期，这是治理费用的损失，还有水污染造成的其他直接或间接经济损失，其中最重要的就是社会公众的健康损害。

三、海河流域水污染治理政策建议

良好的水资源和水环境是一个流域或区域经济社会持续、健康发展的重要保障。海河流域有自己独特的人口、资源和环境约束，有客观的制约条件，必须走出一条适合流域特点的治理之路。水是基础性自然资源，是生态环境的控制性要素，水资源危机实质上是治理危机，发展观念陈旧、治水体制落后、制度建设滞后、政策执行缓慢，难以适应急剧的用水需求和严重的环境污染，既不能优化配置水资源，协调流域上下游、地区和部门之间的矛盾，又不能从根本上解决流域内污水、废水超标排放的问题。

根据社会—经济—自然环境复合生态系统理论，可持续发展的实质是人与环境之间的相互协调发展，环境污染问题的本质是资源代谢在时间、空间尺度上的滞留或耗竭，系统耦合在结构、功能关系上的破碎和板结，社会行为在局部和整体关系上的短见和反馈机制的开环，需要技术、制度、行为三个层次上的生态整合，该理论认为环境治理应从单一的技术治理走向涵盖经济治理、社会治理和生态治理的综合治理。

1. 经济治理

环境污染问题具有很强的负外部性，其典型表现为经济效率低下，社会公平损失，私人成本与社会成本、私人利益与社会福利存在冲突。海河流域的水污染治理可以引入市场机制，实现资源的有效配置，通过引入排污权交易来进行总量控制，发挥经济手段来解决社会发展和环境污染之间的矛盾。排污权交易可以按照政府宏观调控、市场化运作的方式实现公平交易和资源优化配置，进而淘汰产业结构落后、生产方式高污染的企业，推进水污染治理。同时，还可以从微观层面实行水价改革，以价格手段来高效配置水资源，提高用水效率，逐步形成合理的水价机制。

2. 社会治理

海河流域的社会治理必须坚持"以人民为中心"的发展思想，用五大发展理念统领全局。坚持"一切为了人民"，树立和落实"创新、协调、绿色、开放、共享"的发展理念，努力实现人与自然的和谐共生，经济、社会和生态环境的平衡发展，深刻认识到海河流域污染治理关系流域内 4.14 亿人民的根本利益应该成为海河流域各级政府的共识。海河流域水污染治理必须统筹流域经济社会的协调发展，统筹人与自然的和谐发展，正确处理好眼前利益与长远利益，局部利益和整体利益，从全流域的资源禀赋现状、经济发展水平和水资源现实出发，发展绿色经济和生态经济。

海河流域的社会治理必须健全政府的政绩考核机制。践行正确的发展理念，需要树立正确的政绩观，而正确的政绩观必须通过制度来保障。因此，政绩考核机制必须从根本上转变片面追求经济发展的理念，强化政绩考核中的经济可持续发展。同时，还可以发挥社会公众在政府考核中的作用，让社会公众对影响自己切身利益的水污染问题，有知情权、参与权和监督权，确保政府各项环境决策都以人民为中心。社会公众的广泛参与可以集思广益，打破信息不完全和信息不对称等问题，畅通信息渠道，有利于政府机关科学决策、民主决策。

海河流域的社会治理还必须完善环保执法体系。法制的不完善已经成为包括海河流域在内的很多环境污染问题的一个主要诱因，必须从法制这个根本问题入手。环保法制必须加大对环境违法行为的处罚力度，提高企业环境违法行为的成本，对于严重环境污染问题，还可以对企业责任人提起公诉，最大限度地利用法制手段治理环境污染行为。环保执法体系的不健全还表现在部分执法主体有法不依、执法不严上，只有通过完善的法制，才能做到真正意义上的严格执法。

3. 科技发展与自然和谐共生

海河流域自身就是一个巨大的复合生态系统，有其固有的运行规律，流域内各种要素相互依存、相互制约、相互作用，形成了一个统一的有机整体，需要尊重自然生态规律，科学、系统、综合实施流域水环境规划。既要考虑水利工程蓄水需要，又要考虑生态环境的改变，既要考虑水质变化对生态的破坏，又要考虑径流量变化对流域污染的影响，既要经济发展，又要生态效应。水资源的利用要平衡好农业、工业、居民生活和生态用水的关系，根据水资源的生态承载力适当引导、严格控制，坚持生态优先原则，让水资源高效利用和节水措施并举。流域内各项规划、产业设置、其他自然资源的开发利用，都要从生态角度横向耦合、综合决策、全流域分析。同时，科学技术发展成果在海河流域水污染治理中的充分发挥可以让污染治理事半功倍。一方面，流域水资源水质改善需要依靠科技进步，从水流、水量和水利等多方面治理；另一方面，海河流域8个省份的各类型排污企业的生产工艺优化升级、新技术的研发等也需要科技的支撑。

第七章 基于模糊判断的
环境经济政策评价

在环境经济政策效应的评价中，主观意识形态的感觉和体会也会发挥重要作用，其主要的用处在于定量和定性方面的综合评价。

第一节 基于专家模糊判断的评价方法

一、模糊判断矩阵的一致性判定

在专家的主观判断评价中，层次分析法是较为广泛应用的方法之一，层次分析法（Analytical Hierarchy Process，AHP）的标度内涵不仅是赋予每个重要性程度定性表现的定量数值，更为重要的是其定量值应符合各定性重要程度之间的相互关系。人们已提出多种标度，其中，由于 0.1～0.9 标度既具有较强的心理学基础，又吸收了模糊数学的理论，因此越来越受到人们的重视，形成了模糊判断矩阵，其权重求解方法取得了丰富的研究成果。由于判断矩阵的内在一致性特点反映了决策者逻辑判断的合理性，对能否进行科学决策起至关重要的作用，因此，一致性研究是层次分析法中的一个重要研究课题。

1. 模糊判断矩阵次序一致性

若 $a_{ij} + a_{ji} = 1$，$a_{ii} = 0.5$，$a_{ij} \in \{0.1, \cdots, 0.9\}$，则称 $A = (a_{ij})_{n \times n}$ 为模糊判断矩阵，$i, j = 1, \cdots, n$。

对模糊判断矩阵 $A = (a_{ij})_{n \times n}$，若对 $\forall i, j, k$，$a_{ij} > 0.5$，$a_{jk} > 0.5$ 时有 $a_{ik} > 0.5$；或者 $a_{ij} < 0.5$，$a_{jk} < 0.5$ 时有 $a_{ik} < 0.5$，则称 A 具有次序一致性。据此可直接判定模糊判断矩阵是否具有次序一致性。但当方案较多时，直接判定有一定的困难。本书基于图论理论研究模糊判断矩阵的次序一致性检验方法。模糊判断矩阵内的元

素体现了被比较方案之间的优劣顺序和重要性程度差别，而次序一致性只关注被比较方案的优劣顺序。因此，本书在分析模糊判断矩阵的次序一致性检验方法时，按照一定的规则，将之转化成 0-1 偏好矩阵，从而简化了检验方法。

将模糊判断矩阵按下列规则转换成 0-1 矩阵 $R=(r_{ij})_{n\times n}$，$r_{ij}=\begin{cases} 1, & a_{ij}>0.5 \\ 0, & a_{ij}\leq 0.5 \end{cases}$。

由图论知识，矩阵 R 隐含的关系可以用一个有向图表示，在这个图中，一个节点对应一个方案，有向弧表示相应两个节点对应方案之间的优劣关系，从节点 i 到节点 j 的有向弧表示方案 x_i 优于方案 x_j。

定义布尔运算符"和"定义为：$0+0=0$，$0+1=1$，$1+0=1$，$1+1=1$。

引理 1　矩阵 R 的 k 次乘幂 R^k 按布尔运算规则计算时，$r_{ij}^k=1$ 表示存在从节点 i 到节点 j 之间不超过 k 条边的一条有向链，否则，$r_{ij}^k=0$。

特别地，$r_{ii}^k=1$ 表示存在从节点 i 出发又回到节点 i 的有向弧，构成循环链，本书称构成循环链的有向弧条数为边长。例如，$i\rightarrow f\rightarrow l\rightarrow i$ 是边长为 3 的循环链。在有向图中，若存在多条循环链，且构成循环链的有向弧 $i\rightarrow j$ 的次数为 m，则称 m 为有向弧 $i\rightarrow j$ 的次序一致性影响次数。

定理 1　矩阵 R 对应的有向图，若含边长大于 3 的循环链，则必能构造出边长为 3 的循环链。

证明：采用构造法证明。若存在边长为 4 的循环链，不妨设 $i\rightarrow j\rightarrow f\rightarrow l\rightarrow i$。对节点 i 和节点 f，若有 $i\rightarrow f$，则构成 $i\rightarrow f\rightarrow l\rightarrow i$ 的循环链，其边长为 3；若有 $f\rightarrow i$，则构成 $i\rightarrow j\rightarrow f\rightarrow i$ 的循环链。边长大于 4 的情况证明过程类似，如图 7-1 所示。

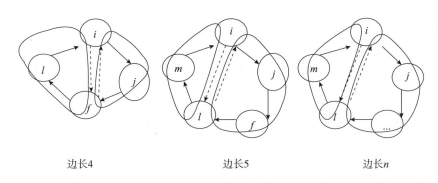

边长4　　　　　　边长5　　　　　　边长n

图 7-1　有向图中循环链构成

定理 2　若 R^3 对角线位置存在 1，则对应的模糊判断矩阵不具有次序一致性，否则，判断矩阵具有次序一致性。

证明：由定理 1，边长大于 3 的循环链都可以构成边长为 3 的循环链，而边长为 3 的循环链可由 R^3 表示。由引理 1，$r_{ii}{}^k = 1$ 表示存在从节点 i 出发回到节点 i 之间不超过 k 条边的一条循环链，因此，要查找有向图中从节点 i 出发回到节点 i 的循环链，只要计算 R^3 即可。若 R^3 内存在某个 i 使 $r_{ii}{}^3 = 1$，则对应的模糊判断矩阵不具有次序一致性；若对所有 i，$r_{ii}{}^3 = 0$，则判断矩阵具有次序一致性。

根据定理 2，计算 R^3 即可完成判断矩阵具有次序一致性的工作。

在采用计算可达矩阵 T 或 R^3 来判定是否具有次序一致性时，需特别强调的是，这些方法只能处理方案两两比较严格偏好序的问题，即判断矩阵内除对角线位置外元素不含 0.5；否则，判定方法失效。

定理 3　按照 $r_{ij} = \begin{cases} 1, & a_{ij} \geq 0.5 \ (i \neq j) \\ 0, & a_{ij} < 0.5 \\ 0, & a_{ij} = 0.5 \ (i = j) \end{cases}$ 的方式构建偏好矩阵 R，若模糊判断矩

阵内非对角线位置上存在 0.5，则可达矩阵对角线位置必有元素值为 1。

证明：根据可达矩阵的表达形式 $T = R + \cdots + R^n$，在模糊判断矩阵内非对角线位置上存在 0.5 时，R^2 亦即从节点 i 出发回到节点 i 之间存在不超过 2 条边的一条回路，而若采用上式的设置方法，显然存在 2 条边的回路 $i \to j$，$j \to i$，由此，矩阵 R^2 对角线位置元素必含 1，根据布尔运算法则，则可达矩阵的对角线位置元素必含 1。

根据定理 3，只要模糊判断矩阵内非对角线位置存在元素 0.5，若按照现有文献的方法设置 R，则可达矩阵的方法必定给出该模糊判断矩阵不具有次序一致性的结论。

一般地，若决策者给出的模糊判断矩阵非对角线位置上不存在 0.5，则采用计算 R^3 来判定；否则，采用查找循环链的方法判定。

以 $C = \begin{bmatrix} 0.5 & 0.8 & 0.9 & 0.2 \\ 0.2 & 0.5 & 0.3 & 0.7 \\ 0.1 & 0.7 & 0.5 & 0.6 \\ 0.8 & 0.3 & 0.4 & 0.5 \end{bmatrix}$ 为例，判断矩阵内存在两条循环链，分别为 1-

2-4-1，1-3-4-1，说明在一个判断矩阵内，可能存在多个循环链。对循环链 1-2-4-1，若将 $a_{34} = 0.6 \to 0.4$，则消除循环链 1-3-4-1，但增加循环链 2-4-3-2，由此，对循环链不能随意修改。

一些学者提出采用迭代的方法来调整模糊判断矩阵的次序一致性，但计算发现元素 a_{24} 影响了判断矩阵的次序一致性，通过三次调整 $0.4 \to 0.45 \to 0.5 \to 0.55$ 才得到具有次序一致性的判断矩阵，实际上，获得 a_{24} 影响次序一致性的信息后，

可以直接与决策者进行交互，将 0.4→0.55，而无须进行多次迭代，多次迭代并没有从根本上改变判断矩阵的次序一致性。对此，本章提出四条启发式修改原则：

原则① 若某条有向弧的影响次数最多，则应优先修改。

原则② 设定理由是，基于修改影响次数最多的弧，能最大程度消除循环链的个数。

原则③ 在影响次数相等的情况下，优先修改接近 0.5 的判断。

一般地，越接近于 0.5 的判断，说明两个元素的优劣程度相当，决策者越难把握，由此也较容易造成不一致的判断。

原则④ 找到影响判断矩阵次序一致性的元素后，直接将其由 $a_{ij}>0.5→a_{ij}\leq 0.5$（或 $a_{ij}<0.5→a_{ij}\geq 0.5$）。

若元素 a_{ij}（$a_{ij}>0.5$）影响次序一致性，则说明决策者给出的方案 i 优于方案 j 的判断错误，只有将其修改成方案 i 不优于方案 j 才可能改变判断的次序一致性，即 $a_{ij}\leq 0.5$；反之亦然。

2. 模糊判断矩阵满意一致性

设有模糊判断矩阵 $A=(a_{ij})_{n\times n}$，若对任意 i，j，k，有 $a_{ij}=a_{ik}-a_{jk}+0.5$，则称判断矩阵 A 具有完全一致性。

一般地，当 a_{ij} 与 $a_{ik}-a_{jk}+0.5$ 的差值越大，则模糊判断矩阵的一致性越差。由于决策问题的复杂性，决策者很难给出具有完全一致性的判断，由此，问题集中在决策者给出的判断偏差多大时，可认为决策者给出的判断具有满意一致性？若模糊判断矩阵 A 具有完全一致性，由定义得，$\forall i$，j，k，$a_{ij}=a_{ik}-a_{jk}+0.5$，即 $a_{ij}-a_{ik}+a_{jk}-0.5=0$，于是有 $\sum_{i,j,k}|a_{ij}-a_{ik}+a_{jk}-0.5|=0$。由于 n 个节点能构成 C_n^3 个不同的回路，故可采用一致性指标 $\rho=\dfrac{\sum_{1\leq i<j<k\leq n}|a_{ij}-a_{ik}+a_{jk}-0.5|}{C_n^3}$ 来表征模糊判断矩阵的不一致性。

对于不具有完全一致性的模糊判断矩阵，$\rho>0$，且 ρ 越大，模糊判断矩阵的一致性越差，当 ρ 的数值超过一定数值后，可认为决策者的判断一致性很差，需要决策者重新给出判断。为更确切地度量模糊判断矩阵的一致性，本书建立线性隶属函数来度量模糊判断矩阵的一致性。

称 μ 为模糊判断矩阵的满意一致性程度，$\mu(\rho)=\begin{cases}1, & \rho<x_1\\ \dfrac{\rho-x_2}{x_1-x_2}, & x_1\leq\rho<x_2, \\ 0, & \rho\geq x_2\end{cases}$ 其

中，x_1，x_2 是由决策者预先设定的允许决策偏差量，$x_2 > x_1 \geqslant 0$。

下面说明 x_1，x_2 的设置方法。由 ρ 的表达式，其实质是各回路判断的偏差均值。假设在除 a_{ij} 外的所有元素均已知的情况下估计 a_{ij} 的大小，易知含 a_{ij} 的某一回路有如下表达式，即 $|a_{ij} - (a_{ik} - a_{jk} + 0.5)| = \rho$。如果决策者真实的偏好是 x，那么由决策者回答如下两个问题：

①ρ 多大时，可以认为判断值仍然能真实反映决策者的偏好。

②ρ 多大时，决策者认为判断估计值 a_{ij} 已经无法作为其偏好近似。

比如，假设决策者基于两个方案相比较的真实偏好是 0.7，若认为 $a_{ij} \in [0.65, 0.75]$ 也能作为其真实的偏好，$\rho = 0.05$，则 $x_1 = 0.05$；若认为 a_{ij} 小于 0.5，或大于 0.9 就无法作为其偏好的近似，$\rho = 0.2$，则 $x_2 = 0.2$。

设 $x_1 = 0.05$，$x_2 = 0.2$，对 $D = \begin{bmatrix} 0.5 & 0.7 & 0.9 \\ 0.3 & 0.5 & 0.9 \\ 0.1 & 0.1 & 0.5 \end{bmatrix}$，$\mu = 0$，说明其一致性程度

很差，但具有次序一致性；对 $E = \begin{bmatrix} 0.5 & 0.45 & 0.55 \\ 0.55 & 0.5 & 0.5 \\ 0.45 & 0.5 & 0.5 \end{bmatrix}$，$\mu = 80\%$，说明其一致性

程度较好，但不具有次序一致性。

上述两个例子说明，模糊判断矩阵的次序一致性和满意一致性之间没有必然的联系。具有次序一致性的判断矩阵不一定具有满意一致性；具有满意一致性的判断矩阵又不一定具有次序一致性。因此，对判断矩阵一致性检验来说，仅检验满意一致性或次序一致性都是不够的。次序一致性是判断矩阵可用的满意条件，违反次序一致性的判断反映了决策者对问题缺乏基本的深思熟虑，而由不具备次序一致性的判断矩阵导出的权值不可能是对某种属性合理的测度。由此，对决策者给出的模糊判断矩阵，首先应该检查其是否具有次序一致性，然后再检查一致性程度是否满足 $\mu \geqslant 60\%$（满意一致性）的条件。只有同时具有次序一致性和满意一致性，才能保证决策结果的可靠性。

对模糊判断矩阵 $A = (a_{ij})_{n \times n}$，假设其不具有满意一致性（$\mu < 60\%$），决策者进行适当修改以提高其满意一致性，且每次仅调整一对元素，而其他元素不变。设被调整元素为 $a_{st} = x$，问题可以归结为求解模型：

$$\min \rho(x)$$
$$\text{s. t. } x > 0$$

定理 4　$\min \rho(x)$ 可简化成如下表达式，即 $\min \rho \Rightarrow \min |x - x_1| + |x - x_2| + \cdots + |x - x_m|$，其中，$x_1, \cdots, x_m$ 为常数，x 为待求变量，$m = n - 2$。

证明： 由 $\rho(x)$ 的表达式，则

$$\min\rho(x) = \min \sum_{\substack{1\leq i<j<k\leq n \\ i=s,\ j=t\ \text{或}\ i=s \\ k=t\ \text{或}\ j=s,\ k=t}} |a_{ij} - a_{ik} + a_{jk} - 0.5| + \sum_{\substack{1\leq i<j<k\leq n \\ i\neq s,\ j\neq t\ \text{或}\ i\neq s \\ k\neq t\ \text{或}\ j\neq s,\ k\neq t}} |a_{ij} - a_{ik} + a_{jk} - 0.5|$$

式中第二项与变量 x 无关，为常数项，因此，上式可简化成如下形式，即

$\min\rho(x) = \min \sum\limits_{\substack{1\leq i<j<k\leq n \\ i=s,\ j=t\ \text{或}\ i=s \\ k=t\ \text{或}\ j=s,\ k=t}} |a_{ij} - a_{ik} + a_{jk} - 0.5|$。含义是包含节点 s，t 的回路进行

相应运算，即回路 $st1$，$\cdots$，stk，$\cdots$，stn，$k \neq s$，t。易得 $\min\rho(x) =$

$\min \sum\limits_{\substack{k=1 \\ k\neq s,\ k\neq t}}^{n} |x - x_k|$，即 $\min |x-x_1| + \cdots + |x-x_m|$，$m$ 是除 s，t 外的 $n-2$ 个节点，有

$m = n-2$，其中，$x_f = a_{sk} - a_{tk} + 0.5$，$f$，$k = 1$，$\cdots$，$n$，$k \neq s$，$k \neq t$。证毕。

定理 5 将 x_1，$\cdots$，x_m 从小到大排列，若 m 为奇数，则 $\min\rho(x)$ 的最优解为 $x^* = x_{(m+1)/2}$；若 m 为偶数，则 $\min\rho(x)$ 的最优解为 $x^* \in (x_{m/2},\ x_{m/2+1})$。并且在 x^* 左侧，$\rho(x)$ 的值单调递减；在 x^* 右侧，$\rho(x)$ 的值单调递增。

若 $x^* > 0$，则取 $x^* = 0.1$。根据定理 5，若要提高模糊判断矩阵的一致性，应该将 $x \to x^*$。同时，为了保持模糊判断矩阵的次序一致性，在跨越 0.5 时，要检查是否改变模糊判断矩阵的次序一致性，否则可能影响判断矩阵的次序一致性。

需要强调的是，基于数学方法改进不一致判断矩阵并不能完全代替决策者判断，单纯从数学上对判断矩阵调整没有任何意义，最终改进方案仍由决策者根据其偏好制定，但数学方法具有提供决策者改进方向等优点。通过本节方法，能较为容易地得到一致性较好的模糊判断矩阵，之后可以采用如行和加权、列和加权的方法求解权重，从而得到方案的优劣。本节研究了模糊判断矩阵的一致性问题，实际上，在实际应用中，决策者往往由于问题的复杂性对偏好程度不能做出明确的判断，而采用区间数表示，构成区间数判断矩阵，在本节的基础上，下节研究基于区间数模糊判断矩阵的决策评价方法。

二、模糊判断矩阵的权重估值

区间数互反判断矩阵的研究获得了广泛关注，但区间数互补判断矩阵权重求解难点体现在若直接采用区间数互反判断矩阵的求解思路，则求解方法可行性需要论证，否则难以保证算法的正确性；若将区间数互补判断矩阵转化成区间数互反判断矩阵，则信息转化过程中的信息丢失难以度量。本节基于随机模拟的思想，提出一种新的区间数互补判断矩阵权重求解方法。

若 $a_{ij} + a_{ji} = 1$，$a_{ii} = 0.5$，$a_{ij} \in \{0.1,\ \cdots,\ 0.9\}$，$i$，$j = 1$，$\cdots$，$n$，则称判断矩

阵 $A=(a_{ij})_{n\times n}$ 为互补判断矩阵。

设有互补判断矩阵 $A=(a_{ij})_{n\times n}$，若对任意 i，j，k，有 $a_{ij}=a_{ik}-a_{jk}+0.5$，则称判断矩阵 A 具有完全一致性。

一般地，当 a_{ij} 与 $a_{ik}-a_{jk}+0.5$ 的差值越大时，则互补判断矩阵的一致性越差。在互补判断矩阵权重求解的方法中，若互补判断矩阵 A 的一致性较差，可用下面的方法将之转化成具有完全一致性的互补判断矩阵

$$R=(r_{ij})_{n\times n}$$

$$r_i=\sum_{k=1}^n a_{ik},\ r_{ij}=\frac{r_i-r_j}{2(n-1)}+0.5$$

之后，即得各方案的权重公式：

$$w_i=\frac{\sum_{j=1}^n r_{ij}}{\sum_{i=1}^n\sum_{j=1}^n r_{ij}},\ i=1,\cdots,n$$

若判断矩阵 A 的一致性较差，则转化方法能保证得到的判断矩阵具有较好的一致性。A 的一致性越好，A 与 R 越接近。因此，通过上面的方法可以为一致性较好或较差的判断矩阵求解权重。

称判断矩阵 $\overline{A}=(\overline{a_{ij}})_{n\times n}$ 为区间数互补判断矩阵，其中，$\overline{a_{ij}}=[a_{ij}^L,a_{ij}^U]$，$a_{ij}^L\leqslant a_{ij}^U$，$\overline{a_{ji}}=[1-a_{ij}^U,1-a_{ij}^L]$，$1\leqslant i<j\leqslant n$；$a_{ii}=[0.5,0.5]$，$i=1,\cdots,n$。

区间数互补判断矩阵的权重求解方法已经有很多研究成果，本书则基于随机模拟的思想提出一种新的算法，结论表明，算法实质上验证了区间数互补判断矩阵权重求解的行和归一方法的可行性。

将两个方案相比较，若决策者不能给出明确判断，即用区间数 $\overline{a_{ij}}=[a_{ij}^L,a_{ij}^U]$ 表示，表明能反映决策者偏好的判断在区间数 $\overline{a_{ij}}$ 的范围之内，即 $a_{ij}^L\leqslant a_{ij}\leqslant a_{ij}^U$。对区间数互补判断矩阵，客观上存在一个确定性判断矩阵 $A=(a_{ij})_{n\times n}$，$a_{ij}\in\overline{a_{ij}}$（$a_{ij}$ 在 $\overline{a_{ij}}$ 内一般不服从某种特定分布）能反映决策者的真实偏好。由于决策问题的复杂性，判断矩阵 A 不易确定，在实际应用时，可在区间数互补判断矩阵里随机生成一个判断矩阵以作为决策者偏好的近似估计。因此，本书提出随机确定性判断矩阵的概念，在此基础上研究区间数互补判断矩阵的权重求解方法。

称判断矩阵 $A=(a_{ij})_{n\times n}$ 为区间数互补判断矩阵 $\overline{A}$ 的随机确定性矩阵，A 按以下方法构建：当 $1\leqslant i<j\leqslant n$ 时，$a_{ij}\in[a_{ij}^L,a_{ij}^U]$，按均匀分布概率随机生成，$a_{ji}=1-a_{ij}$；$a_{ii}=0.5$，$i=1,\cdots,n$。

　　显然，采用随机确定性判断矩阵可以估计决策者的真实偏好，但是究竟哪个确定性判断矩阵能作为决策者的真实偏好还难以确定。对此，本书采用求解权重分布范围的方法来估计决策者的权重分布。

　　记 $IN=\{1, \cdots, N\}$，N 为一个常数。对决策者给出的区间数互补判断矩阵 $\overline{A}$，按前述定义随机生成 N 个判断矩阵 A^I，$I \in IN$，求解互补判断矩阵 A^I 的权重，记作 $w^I=(w_1^I, \cdots, w_n^I)^T$。当 N 足够大时，区间数互补判断矩阵的权重 w 可以用下面的方法来估计：$\overline{w_i}=[w_i^L, w_i^U]$，其中，$w_i^L = \min\{w_i^I \; I \in IN\}$，$w_i^U = \max\{w_i^I \; I \in IN\}$。

　　由此，区间数互补判断矩阵权重 w 的求解问题集中到求解 w_i^L 和 w_i^U 的大小上来。综上，本书给出求解 w_i^L 的模型 P_1，求解 w_i^U 的模型 P_2：

$$P_1 \quad w_i^L = \min \{w_i^I \mid I \in IN\} \tag{7-1}$$

$$\text{s. t. } a_{ij}^I \in \overline{a_{ij}}, \; i, j=1, \cdots, n \tag{7-2}$$

$$w_i^I = \frac{\sum_{j=1}^n r_{ij}^I}{\sum_{i=1}^n \sum_{j=1}^n r_{ij}^I}, \; r_{ij}^I = \frac{r_i^I - r_j^I}{2(n-1)} + 0.5, \; r_i^I = \sum_{k=1}^n a_{ik}^I \tag{7-3}$$

$$P_2 \quad w_i^U = \max \{w_i^I \mid I \in IN\} \tag{7-4}$$

$$\text{s. t. } a_{ij}^I \in \overline{a_{ij}}, \; i, j=1, \cdots, n \tag{7-5}$$

$$w_i^I = \frac{\sum_{j=1}^n r_{ij}^I}{\sum_{i=1}^n \sum_{j=1}^n r_{ij}^I}, \; r_{ij}^I = \frac{r_i^I - r_j^I}{2(n-1)} + 0.5, \; r_i^I = \sum_{k=1}^n a_{ik}^I \tag{7-6}$$

　　其中，式（7-1）表示随机生成 N 个互补判断矩阵中权重分量 w_i 的最小值；式（7-2）表明随机确定性判断矩阵由区间数互补判断矩阵生成，满足 $a_{ij}^L \leqslant \overline{a_{ij}} \leqslant a_{ij}^U$ 的条件；式（7-3）表示当 A^I 一致性较差时，采用数学变换后得到完全一致性判断矩阵的权重求解；式（7-4）表示随机生成 N 个互补判断矩阵中权重分量 w_i 最大值；式（7-5）、式（7-6）数学含义同模型 P_1。

　　模型 P_1、模型 P_2 的思想是从区间数互补判断矩阵 $\overline{A}$ 中搜索一个确定性判断矩阵 A^I，其导出的权重分量是 N 个判断矩阵中导出权重分量的最小值（或最大值），以此来估计区间数互补判断矩阵的权重分布范围，意义比较明确。由于模型中 N 个判断矩阵是随机产生的，w_i^L，w_i^U 的数值与生成的判断矩阵数量 N 的大小有关，故模型具有随机性特点。理论上，N 的取值应有 $N \to \infty$。当 $N \to \infty$ 时，任意一个随机确定性判断矩阵的权重 w_i 均有 $w_i^L \leqslant w_i \leqslant w_i^U$。若 N 取很大值，将带来模拟计算量巨大的问题。下文分析区间数互补判断矩阵的特点，从而大大简化了计算。

定理 6　对互补判断矩阵 $A = (a_{ij})_{n \times n}$，有 $\sum\limits_{j}^{n} \sum\limits_{i}^{n} a_{ij} = \dfrac{n^2}{2}$。

定理 7　对一个给定阶数 n 的区间数互补判断矩阵，采用式（7-1）、式（7-2）求解权重，则互补判断矩阵 A_i' 导出的权重分量 w_i 最小，即 $w_i^L = w_i' = \min\limits_{I \in IN} w_i^I$；互补矩阵 A_i'' 导出的权重分量 w_i 最大，即 $w_i^U = w_i'' = \max\limits_{I \in IN} w_i^I$，其中，

$$A_i' = \begin{vmatrix} 0.5 & * & * & \cdots & * \\ * & 0.5 & * & * & * \\ a_{i1}^L & a_{i2}^L & a_{i3}^L & \cdots & a_{in}^L \\ \cdots & * & * & \cdots & * \\ * & * & * & * & 0.5 \end{vmatrix} \tag{7-7}$$

$$A_i'' = \begin{vmatrix} 0.5 & * & * & \cdots & * \\ * & 0.5 & * & * & * \\ a_{i1}^U & a_{i2}^U & a_{i3}^U & \cdots & a_{in}^U \\ \cdots & * & * & \cdots & * \\ * & * & * & * & 0.5 \end{vmatrix} \tag{7-8}$$

式（7-7）和式（7-8）中的"$*$"表示该位置上的元素在满足互补性条件（$a_{ij} + a_{ji} = 1$）的情况下任意取值。

根据定理 7，可简便地求解权重分量的取值范围 w_i^L，w_i^U。随机模拟方法求解区间数互补判断矩阵的权重实质是行和归一化方法。

定理 8　模型 P_1、模型 P_2 的最优解满足 $w_i^L \geqslant \xi_1$，$w_i^U \leqslant \xi_2$，则 $\xi_1 = \dfrac{3}{5n}$，$\xi_2 = \dfrac{7}{5n}$。

定理 8 说明，区间数互补判断矩阵的权重在区间 $\left[\dfrac{3}{5n}, \dfrac{7}{5n} \right]$ 之内，特殊地，若 $n = 4$，则 $w_i \in [0.15, 0.35]$。实际上，区间数互补判断矩阵的权重数值大小与式（7-7）、式（7-8）直接相关，若采用不同的确定性互补判断矩阵的权重来求解公式，则定理 7、定理 8 的结论也相应改变，但相关推导方法均适用。

定理 9　由模型 P_1、模型 P_2 及定理 2 得到的权重分布范围 w_i^L，w_i^U，必定有 $w_i^L \leqslant w_i^U$。

证明： 由定理 7 的证明过程易得。

区间数判断矩阵的权重求解方法得到 $w_i^L > w_i^U$ 的结果，违反了区间数的定义，

在一些情况下导致求解方法失效。由定理 4 得知，本节方法能保证得到有效的结果。于是，求解互补判断矩阵 A_i^L 和 A_i^U 的权重，即可得到区间数互补判断矩阵 $\overline{A}$ 权重的分布范围是 $\overline{w_i} = [w_i^L, \ w_i^U]$，$i = 1, \ \cdots, \ n$。

上文分析基于单一准则下的区间数互补判断矩阵的权重求解方法，为得到方案层相对于总目标的相对权重，需要计算组合权重。由于区间数互补判断矩阵的权重以区间数形式表示，即 $\overline{w_i} = [w_i^L, \ w_i^U]$，因此，可采用区间数的运算法则进行权重组合。通过权重组合计算后，得到各方案相对于总目标的相对权重，且以区间数 $\overline{w_i} = [w_i^L, \ w_i^U]$ 的形式给出，决策者由此可得到各方案权重的分布范围，从而可以分析各方案的优劣顺序。在了解各方案权重分布范围后，决策者可以对以区间数形式表示的权重进一步排序，从而确定各方案的最终优劣顺序。

三、算例分析

（1）设有作用领域相似的环境经济政策 A、B、C、D、E，为了评价其政策的综合效用，设定经济效益、社会效益和环境效益三个评价指标，从三个方面对这五个政策的实施效果进行评价。设在环境效益方面，五个环境经济政策的实施效果比较如下，决策者给出模糊判断矩阵表示其判断偏好。

$$F = \begin{bmatrix} 0.5 & 0.6 & 0.3 & 0.5 & 0.65 \\ 0.4 & 0.5 & 0.45 & 0.5 & 0.75 \\ 0.7 & 0.55 & 0.5 & 0.4 & 0.9 \\ 0.5 & 0.5 & 0.6 & 0.5 & 0.7 \\ 0.35 & 0.25 & 0.1 & 0.3 & 0.5 \end{bmatrix}$$

①次序一致性检查。F 非对角线位置存在 0.5，循环链数目不等于 0，即该模糊判断矩阵不具有次序一致性。

②次序一致性改进。找出模糊判断矩阵中所有循环链，计算影响次数，得到边 2-4、4-1、3-4 的影响次数为 2。边 2-4、1-4 是数值"0.5"的判断，应该优先提请决策者检查这两个判断。设决策者将 $a_{24} = 0.5 \rightarrow 0.45$，此时，消除了 2 条循环链。

重复①的方法，设将 $a_{14} = 0.5 \rightarrow 0.4$，同时消除所有的循环链，模糊判断矩阵具有次序一致性。

③满意一致性检查。设 $x_1 = 0.05$，$x_2 = 0.2$，得 $\rho = 0.15$，一致性程度为 33%，需要进行一致性改进。

④满意一致性改进。根据定理 7 计算 x^*，得到最优改进数值（见表 7-1）。

表 7-1 最优改进数值

	a_{12}	a_{13}	a_{14}	a_{15}	a_{23}	a_{24}	a_{25}	a_{34}	a_{35}	a_{45}
x^*	0.4	0.5	0.45	0.7	0.35	0.35	0.65	0.6	0.8	0.8
ρ	0.1	0.13	0.145	0.145	0.14	0.145	0.14	0.11	0.13	0.13
μ	66.7%	46.7%	36.7%	36.7%	40%	36.7%	40%	60%	46.7%	46.7%

将 $a_{12}=0.6 \rightarrow 0.4$ 或者 $a_{34}=0.4 \rightarrow 0.6$ 进行修改，能使一致性程度得到显著改善。设决策者修改 $a_{12}=0.6 \rightarrow 0.4$，此时，判断矩阵的一致性程度为 66.7%。由于 a_{12} 的修改跨越了 0.5，检查改进后判断矩阵是否具有次序一致性，计算 R^3，经验证判断矩阵具有次序一致性。若决策者对一致性程度仍不满意，将 $a_{34}=0.4 \rightarrow 0.6$ 进行修改，一致性程度达到 93.3%。至此，修改后模糊判断矩阵为

$$F = \begin{bmatrix} 0.5 & 0.4 & 0.3 & 0.4 & 0.65 \\ 0.6 & 0.5 & 0.45 & 0.45 & 0.75 \\ 0.7 & 0.55 & 0.5 & 0.6 & 0.9 \\ 0.6 & 0.55 & 0.4 & 0.5 & 0.7 \\ 0.35 & 0.25 & 0.1 & 0.3 & 0.5 \end{bmatrix}$$

基于判断矩阵 F，可以采用行和归一化方法得到五个政策在环境效益方面的效果排序为 0.18、0.22、0.26、0.22、0.12。同理，决策者可分别基于经济效益和社会效益等方面对这五个政策进行比较分析，并得到节能政策的综合效果差别，在此基础上，从效果差异上面可以挖掘政策的内在特性以及其适应性，为政府部门的决策提供参考。

（2）背景类似问题（1）中的政策效果评价，有四个被评价政策。设决策者给出如下的区间数判断矩阵：

$$\overline{A} = \begin{bmatrix} [0.5, 0.5] & [0.3, 0.5] & [0.6, 0.7] & [0.5, 0.6] \\ [0.5, 0.7] & [0.5, 0.5] & [0.4, 0.7] & [0.5, 0.7] \\ [0.3, 0.4] & [0.3, 0.6] & [0.5, 0.5] & [0.2, 0.5] \\ [0.4, 0.5] & [0.3, 0.5] & [0.5, 0.8] & [0.5, 0.5] \end{bmatrix}$$

以求 $\overline{w_1} = [w_1^L, w_1^U]$ 为例，得到

$$A_1^L = \begin{bmatrix} 0.5 & 0.3 & 0.6 & 0.5 \\ * & 0.5 & * & * \\ * & * & 0.5 & * \\ * & * & * & 0.5 \end{bmatrix}$$

$$A_1^U = \begin{bmatrix} 0.5 & 0.5 & 0.7 & 0.6 \\ * & 0.5 & * & * \\ * & * & 0.5 & * \\ * & * & * & 0.5 \end{bmatrix}$$

$$w_1^L = \frac{1.9 + \frac{4}{2} - 1}{4\ (4-1)} = 0.242$$

$$w_1^U = \frac{2.3 + \frac{4}{2} - 1}{4\ (4-1)} = 0.275$$

即 $\overline{w_1} = [0.242, 0.275]$。

同理，$\overline{w_2} = [0.242, 0.3]$，$\overline{w_3} = [0.192, 0.25]$，$\overline{w_4} = [0.225, 0.275]$。

利用区间数排序公式得到各方案的优先顺序为 $w_1 = 0.296$，$w_2 = 0.346$，$w_3 = 0.11125$，$w_4 = 0.246$。政策 2 最优，其次是政策 1 和政策 4，政策 3 最差。

本节中，专家采用模糊判断的方法对环境经济政策的综合效果进行评价，方法应用简单，理论上，也适用于相关问题的综合评价。实际上，在政策评价方面，往往不是根据单个专家的评价意见来决定某个节能政策的优劣，而是一个决策部门中多个决策者的判断。因此，下一节研究在多个决策者判断时，如何进行环境经济政策效果的评价。

第二节　基于多个专家模糊判断的评价方法

本节研究如何基于多个专家的模糊判断来进行政策的效果评价，多个决策者参与评估的过程实际上是一个群决策过程，从群决策的过程来看，如何将群体成员的偏好集结是一个重要的研究内容。因此，本节的重点集中在如何将多个专家的意见集成以得到政策的综合效果。

在群体集结的过程中，采用误差传递理论进行集结的不足之处在于需假设误差服从正态分布，假设条件过于严格。若采用 OWA 算子进行集结，没有定义个体判断和群体判断的一致性程度，没有指出群集结的专家满意程度，以及没有指出专家组中一致性程度较差的判断。若群判断的一致性程度较差而需要改进个体判断，基于 OWA 算子得到的群判断无法一一对应于个体判断。此外，OWA 集结可能造成信息丢失，而丢失程度难以估计。本节建立集结区间数互补判断矩阵的目标规划，定义专家群判断是否一致，满意一致性程度的判定指标，对一致性程度较差的判断提出了数学修改方法，建立了基于专家组最小化不一致性程度的群集结模型，算例部分说明了方法的应用步骤。

一、基于最小偏差的群集结方法

若决策者给出确定性互补判断矩阵 $A=(a_{ij})_{n\times n}$，记权重为 w_i，$i=1$，$\cdots$，n，则当互补判断矩阵具有完全加性一致性时，有 $a_{ij}=\dfrac{1+w_i-w_j}{2}$ 成立。若第 k 个决策者（$k=1$，$\cdots$，m）采用区间数互补判断矩阵 $A_k=[a_{ijk}^L$，$a_{ijk}^U]_{n\times n}$ 的形式表达其偏好，则有

$$a_{ijk}^L \leqslant \frac{1+w_i-w_j}{2} \leqslant a_{ijk}^U \qquad (7-9)$$

由于问题的复杂性，决策者给出的区间数判断有时难达到式（7-9）的条件，本节引入偏差变量 p_{ijk}，d_{ijk}，则有：

$$\begin{cases} a_{ijk}^L \leqslant \dfrac{1+w_i-w_j}{2}+p_{ijk}，i，j=1，\cdots，n，k=1，\cdots，m \\ \dfrac{1+w_i-w_j}{2} \leqslant a_{ijk}^U+d_{ijk}，i，j=1，\cdots，n，k=1，\cdots，m \end{cases} \qquad (7-10)$$

其中，偏差变量 $p_{ijk}\geqslant 0$，$d_{ijk}\geqslant 0$。如果式（7-9）完全满足，则有 $p_{ijk}=0$，$d_{ijk}=0$，否则，p_{ijk}，$d_{ijk}\neq 0$，且数值越小，式（7-9）的满足程度越好，反之则越差。

由区间数互补判断矩阵的互补特性，只要考虑上三角的元素即可（$1\leqslant i<j\leqslant n$）。对专家组给出的区间数互补判断矩阵 A_k，群组偏好 w_i，$i=1$，$\cdots$，n 均满足式（7-10），且总体偏差变量数值之和越小，表明专家组的意见越集中，本节提出建立模型 P_1 来求解群组偏好 w_i，$i=1$，$\cdots$，n：

$$P_1 \quad \min p=\sum_{k=1}^{m}\sum_{1\leqslant i<j\leqslant n} p_{ijk}+d_{ijk} \qquad (7-11)$$

$$
\text{s. t.}
\begin{cases}
a_{ijk}^{L} \leqslant \dfrac{1 + w_i - w_j}{2} + p_{ijk}, \ 1 \leqslant i < j \leqslant n, \ k = 1, \cdots, m & (7-12) \\[3mm]
\dfrac{1 + w_i - w_j}{2} \leqslant a_{ijk}^{U} + d_{ijk}, \ 1 \leqslant i < j \leqslant n, \ k = 1, \cdots, m & (7-13) \\[3mm]
\displaystyle\sum_i w_i = 1, \ w_i \geqslant \varepsilon, \ p_{ijk} d_{ijk} = 0, \ p_{ijk} \geqslant 0, \ d_{ijk} \geqslant 0 & (7-14)
\end{cases}
$$

模型 P_1 中,式(7-11)表示寻求总体偏差变量之和最小的专家群组偏好;式(7-12)和式(7-13)表示专家群组偏好满足区间数判断范围;式(7-14)表示权重的归一化条件,且要求权重分量 w_i 大于某个小常数,一般取 $\varepsilon = 0.05$,偏差变量 $p_{ijk} d_{ijk} = 0$ 表示 $p_{ijk} = 0$,或 $d_{ijk} = 0$,且满足非负条件。

定理 1 模型 P_1 总存在最优解。

证明:式(7-11)为偏差变量求和的线性表达式,通过协调偏差变量的大小,可使可行域必非空,由此,通过求解模型 P_1 总能得到一组最优解。当式(7-9)完全满足时,目标函数的最优值为 0,否则,目标函数值是一个大于 0 的数,证毕。

由定理 1 得,不管决策者给出的区间数判断矩阵的一致性程度如何,总能通过偏差变量 p_{ijk},d_{ijk} 来协调专家组的意见,在总偏差之和最小的目标中得到一组妥协解。

记模型 P_1 的最优目标值为 p^*,若 $p^* = 0$,说明式(7-9)完全满足,即群组意见能达成一致;$p^* > 0$,则说明式(7-9)不完全满足,且其数值越大,式(7-9)的满足程度越差,群意见相左的程度也越大,反之一致性程度越好。由此,根据 p^* 的大小来判定群意见的一致性程度。

若决策者采用区间数互补判断矩阵来表达其偏好,基于模型 P_1 求解专家组的群组偏好,若 $p^* = 0$,称专家群的意见完全一致。

通过求解模型 P_1,即可得到专家群对方案的权重 w_i,$i = 1, \cdots, n$,以及根据最优值 p^* 的大小来判定专家组意见的一致程度。

模型 P_1 给出了专家群对方案权重的求解方法,并定义了专家组意见是否完全一致的指标,可以作为一种求解群组意见的方法,但还存在下述问题:

(1)若模型 P_1 的最优值 $p^* = 0$,表明专家群的意见完全一致,然而其数值多大时($p^* > 0$)能说明专家群的意见基本达到满意一致?换言之,如何定义专家群的一致性程度?而直接采用 p^* 的大小来判定,其意义不明确。

(2)由于专家对事物的认识程度不同,各专家给出的判断质量很可能参差不齐(导致群意见不一致),因此,如何识别专家的判断水平?

（3）为达到专家群意见较高程度的一致，在意见较为分散的情况下，如何与专家交流，对相应判断进行检查或者修改，以提高个体判断和群判断的一致性程度？

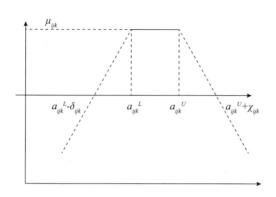

图 7-2 专家群中第 k 个专家判断的一致性程度隶属函数

基于模型 P_1，能得到 p_{ijk}，d_{ijk}（$p_{ijk}d_{ijk}=0$）。由图 7-2 可知，对专家 k 给出的判断 $[a_{ijk}^L,\ a_{ijk}^U]$，若其不完全满足式（7-9），则说明其与专家群的意见不同，或 $p_{ijk}>0$，或 $d_{ijk}>0$，偏离距离为 $a_{ijk}^L-p_{ijk}$ 或 $a_{ijk}^U+d_{ijk}$。本节提出用模糊集合的方法来表示专家 k 的判断 $[a_{ijk}^L,\ a_{ijk}^U]$ 与专家群偏好的一致性符合程度，专家群偏好即用 $\dfrac{1+w_i-w_j}{2}$ 表示，相应隶属度 μ_{ijk} 应满足下列条件（见图 7-3）：

当限制被严重违反，且达到给定的临界值时（$a_{ijk}^L-\delta_{ijk}$ 或 $a_{ijk}^U+\delta_{ijk}$），$\mu_{ijk}=0$，δ_{ijk} 为给定的允许偏差值；当限制完全满足时（$a_{ijk}^L\leqslant\dfrac{1+w_i-w_j}{2}\leqslant a_{ijk}^U$），$\mu_{ijk}=1$；随着限制从被严重违反到完全满足时（$a_{ijk}^L\geqslant\dfrac{1+w_i-w_j}{2}$，$\dfrac{1+w_i-w_j}{2}\geqslant a_{ijk}^U$），$\mu_{ijk}$ 从 0 单调增加到 1。由图 7-3 可知，当限制超过临界值时，隶属度函数值小于 0，其值越小，一致性符合程度越差。

一致性符合程度的数值大小与 δ_{ijk} 的大小有关，若 $a_{ijk}^U-a_{ijk}^L$ 较大，说明决策者给出判断不确定性较大，由此，所设定的允许偏差范围也应相应较大，于是 δ_{ijk}、χ_{ijk} 也应相应设大，反之则相应设小。综上，本书提出采用下述方法进行设置：

$$\delta_{ijk}=\chi_{ijk}=\left(a_{ijk}^U-a_{ijk}^L\right)\xi \tag{7-15}$$

其中，ξ 为常数，决策精度随 ξ 增大而逐步减小。

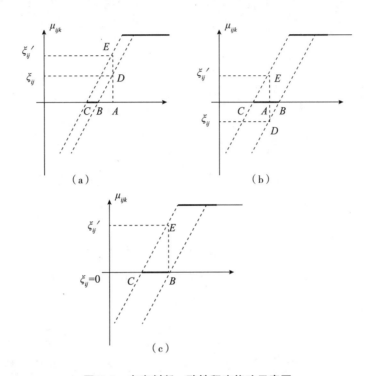

图7-3 专家判断一致性程度修改示意图

由模型 P_1 得到的 p_{ijk}，d_{ijk}，基于图7-3所采用的隶属度函数，则得到专家 k 判断的一致性符合程度为：若 $p_{ijk}>0$，则该判断的一致性程度为 $1-\dfrac{p_{ijk}}{\delta_{ijk}}$，不一致性程度为 $\dfrac{p_{ijk}}{\delta_{ijk}}$；若 $d_{ijk}>0$，则该判断的一致性程度为 $1-\dfrac{d_{ijk}}{\delta_{ijk}}$，不一致性程度为 $\dfrac{d_{ijk}}{\delta_{ijk}}$。基于此，下文定义专家 k 和群判断的平均一致性程度。

基于模型 P_1 得到专家群的综合判断，则称专家 k 判断的平均不一致性程度为：

$$\zeta_k = \left(\sum_{1 \leqslant i < j \leqslant n} \frac{p_{ijk}}{\delta_{ijk}} + \frac{d_{ijk}}{\delta_{ijk}} \right) \bigg/ \frac{n(n-1)}{2}, \ k = 1, \ \cdots, \ m \qquad (7\text{-}16)$$

基于模型 P_1 得到专家群的综合判断，则称专家组判断的平均不一致性程度为：

$$\zeta = \left(\sum_{k=1}^{m} \sum_{1 \leqslant i < j \leqslant n} \frac{p_{ijk}}{\delta_{ijk}} + \frac{d_{ijk}}{\delta_{ijk}} \right) \bigg/ \frac{kn(n-1)}{2} \qquad (7\text{-}17)$$

实际上，专家判断的一致性程度有两个方面的内涵：其一，自身判断矩阵一致性。设 w_i'，$i=1$，…，n 为自身判断矩阵的权重，若 $\forall i$，j，k，满足 $a_{ijk}^L \leqslant \dfrac{1+w_i'-w_j'}{2} \leqslant a_{ijk}^U$，则说明专家自身判断具有一致性；其二，设 w_i，$i=1$，…，n 为专家组的权重，若 $\forall i$，j，k，满足 $a_{ijk}^L \leqslant \dfrac{1+w_i-w_j}{2} \leqslant a_{ijk}^U$，则说明专家 k 的判断与群判断完全一致。度量专家 k 判断的一致性程度，应该从上述两方面着手。然而，若专家自身判断不具有一致性，不满足 $a_{ijk}^L \leqslant \dfrac{1+w_i'-w_j'}{2} \leqslant a_{ijk}^U$，则必定影响模型 P_1 的解，即同时影响该专家自身判断的一致性和群的一致性［见式（7-16）和式（7-17）］，因此，可以将专家一致性度量的两个方面融合于模型 P_1 之中。

专家 k 的判断平均一致性程度为 $1-\zeta_k$，专家组的平均一致性程度为 $1-\zeta$。对专家 k，若其平均一致性程度过低（一般可设定临界值 60%），说明其判断与群组判断差异较大，而若平均一致性程度达到 60% 以上，可以认为专家组意见满意一致。

若专家群判断的平均一致性程度较差，说明专家对方案的偏好不一致，在这种情况下，为提高群决策的一致性程度，有必要找出影响专家群判断一致性程度的某些判断，将专家群的结果反馈至专家，依据其自身偏好结合模型 P_1 得到的结果，对相关判断做出调整，下文阐述调整方法。

为了能使专家的改进有的放矢，本节提出的方法具有如下特点：既使改进后的判断趋于专家群组意见，又最大程度保持专家的原始偏好（偏离原始判断的距离最小），改进思想描述如下：设专家的某个判断一致性程度为 ζ_{ij}，其值小于某个临界值（如 60%）。此时，专家必须修改该判断的数值大小，以提高 $\zeta_{ij} \to \zeta_{ij}'$（$\zeta_{ij}' > \zeta_{ij}$）。由于区间数判断的宽度（$a_{ijk}^U - a_{ijk}^L$）反映了决策者对事物的认识程度，因而假定在修改某判断时其区间宽度保持不变。设改进数值为 CB，则修改后的区间判断表示为 $[a_{ijk}^L - CB, a_{ijk}^U - CB]$，$CB \geqslant 0$。至此，问题集中于 CB 的求解。

定理 2　设 ζ_{ij}' 为决策者改进目标的一致性程度，ζ_{ij} 为原判断的一致性程度，当 $\delta_{ijk} > p_{ijk}$ 时，区间改进数值 $CB = \dfrac{(\delta_{ijk}-p_{ijk})(\xi_{ij}'-\xi_{ij})}{\xi_{ij}}$；当 $\delta_{ijk} < p_{ijk}$ 时，$CB = \dfrac{(p_{ijk}-\delta_{ijk})(\xi_{ij}'+|\xi_{ij}|)}{|\xi_{ij}|}$；当 $\delta_{ijk} = p_{ijk}$ 时，$CB = \xi_{ij}'\delta_{ijk}$。

证明：基于图的几何运算，若 $\delta_{ijk} > p_{ijk}$，有

$$\frac{DA}{BA} = \frac{EA}{CA} \Rightarrow \frac{\xi_{ij}}{BA} = \frac{\xi_{ij}'}{CB+BA} \Rightarrow \frac{\xi_{ij}}{\delta_{ijk}-p_{ijk}} = \frac{\xi_{ij}'}{CB+\delta_{ijk}-p_{ijk}} \Rightarrow CB = \frac{(\delta_{ijk}-p_{ijk})(\xi_{ij}'-\xi_{ij})}{\xi_{ij}}$$

若 $\delta_{ijk}<p_{ijk}$，有

$$\frac{DA}{BA}=\frac{EA}{CA}\Rightarrow\frac{|\xi_{ij}|}{BA}=\frac{\xi'_{ij}}{CB-BA}\Rightarrow\frac{|\xi_{ij}|}{p_{ijk}-\delta_{ijk}}=\frac{\xi'_{ij}}{CB-(p_{ijk}-\delta_{ijk})}\Rightarrow CB$$

$$=\frac{(p_{ijk}-\delta_{ijk})(\xi'_{ij}+|\xi_{ij}|)}{|\xi_{ij}|}$$

若 $\delta_{ijk}=p_{ijk}$，有

$$\frac{\xi'_{ij}}{CB}=\frac{1}{\delta_{ijk}}\Rightarrow CB=\delta_{ijk}\xi'_{ij}$$

得证。

由定理 2 可知，若决策者欲将一致性程度提高，幅度越大，则 CB 也越大，则偏离决策者的原始判断距离也越大。设基于模型 P_1 的结果反馈至各决策者修改，并基于定理 2 的修改结果 $[a^L_{ijk}-CB, a^U_{ijk}-CB]$ 重新求解模型 P_1，则有如下结论：

定理 3 按上述修改某决策者的判断，则基于模型 P_1 得到的专家组一致性程度将得到改善，即 $\zeta'>\zeta$。

证明：基于定理 2，设专家 k 判断

$$[a^L_{ijk}, a^U_{ijk}]\rightarrow[a^L_{ijk}-CB, a^U_{ijk}-CB]$$

有

$$a^L_{ijk}\leqslant\frac{1+w_i-w_j}{2}+p_{ijk}\rightarrow a^L_{ijk}-CB\leqslant\frac{1+w_i-w_j}{2}+p_{ijk}'$$

必有

$$p_{ijk}'\leqslant p_{ijk}$$

则该判断的一致性程度将提高为 ξ'_{ij}，于是，专家 k 判断的平均一致性程度将得到提高，有 $\zeta_k'>\zeta_k$。在 p_{ijk}、d_{ijk}、w_i 均保持不变的情况下，基于模型 P_1，必有 $\zeta'>\zeta$。证毕。

定理 4 按上述方法修改所有决策者的判断，则基于模型 P_1 的专家组最终将达到完全一致。

证明：若所有决策者都基于模型 P_1 修改相应判断，且设 $\xi'_{ij}=1$，有式（7-9）成立，故通过与决策者反复交互，基于模型 P_1 的结果，按本书提出的方法修改相应判断，最终必能达到完全一致。证毕。

定理 3、定理 4 证明了修改方法的收敛性。需要说明的是，如果将基于模型 P_1 的结果反馈给一致性程度较差的决策者进行修改，而其坚决支持原始判断而不

进行相应改进，则可以将该结果认为是专家群的最终意见，但没有较好地达成群一致，意见较分散。

专家判断水平的度量问题也是一个很重要的问题，基于互反判断矩阵，对互补判断矩阵和语言判断矩阵进行了研究，但尚无文献基于决策者给出的不确定判断矩阵进行研究，而本书的结果 ζ_k 可以作为一个有益的补充。

二、基于决策群体最小化不一致性程度的群集结建模

模型 P_1 对专家群给出的区间数互补判断矩阵进行集结，一般地，模型 P_1 可能存在多个最优解，导致在偏差量最小的情况下专家组的平均一致性程度有差异的情况，即有一些解能产生较高的平均一致性程度，而有一些解则一致性程度较差，对此，基于模型 P_1，以最小化专家平均不一致性程度为目标，提出一个线性规划模型 P_2，其约束条件与模型 P_1 相同，见式（7-18）至式（7-21）：

$$P_2 \quad \min\zeta = \left(\sum_{k=1}^{m}\sum_{1\leq i<j\leq n}\frac{p_{ijk}}{\delta_{ijk}}+\frac{d_{ijk}}{\delta_{ijk}}\right)\bigg/\frac{kn(n-1)}{2} \qquad (7-18)$$

$$\text{s. t.}\begin{cases}a_{ijk}^{L}\leq\dfrac{1+w_i-w_j}{2}+p_{ijk},\ 1\leq i<j\leq n,\ k=1,\cdots,m & (7-19)\\[3mm]\dfrac{1+w_i-w_j}{2}\leq a_{ijk}^{U}+d_{ijk},\ 1\leq i<j\leq n,\ k=1,\cdots,m & (7-20)\\[3mm]\sum_i w_i=1,\ w_i\geq0,\ p_{ijk}d_{ijk}=0,\ p_{ijk}\geq0,\ d_{ijk}\geq0 & (7-21)\end{cases}$$

定理 5 模型 P_2 必定存在最优解。

证明： 同定理 1。

模型 P_2 的目标函数中，δ_{ijk} 为常数，设置方法见式（7-15）。若 $\delta_{ij1}=\cdots=\delta_{ijm}$，$\forall i,j$，模型 P_1 与模型 P_2 完全相同。然而，只要存在 $\delta_{ijk1}\neq\delta_{ijk2}$，则模型 P_1 与模型 P_2 的结果必有差异。由于专家判断的偏好特点，一般地，难以保证 $\delta_{ijk}=\delta$，$\forall i,j,k$，δ 为常数，由此说明建立模型 P_2 的必要性。

定理 6 若 $\xi=\xi_1$，设模型 P_2 的最优值为 ζ^*；则若 $\xi=\xi_2$，有结论：模型 P_2 的最优值为 $\dfrac{\xi_1\zeta^*}{\xi_2}$，恒有 $p_{ijk}{}^{\xi_1}=p_{ijk}{}^{\xi_2}$，$d_{ijk}{}^{\xi_1}=d_{ijk}{}^{\xi_2}$，$w_i{}^{\xi_1}=w_i{}^{\xi_2}$，$i,j=1,\cdots,n$，$k=1,\cdots,m$。

证明： 将式（7-15）代入模型 P_2 的目标函数中，则可写成

$$\min\zeta=\left(\sum_{k=1}^{m}\sum_{1\leq i<j\leq n}\frac{p_{ijk}}{\delta_{ijk}}+\frac{d_{ijk}}{\delta_{ijk}}\right)\bigg/\frac{kn(n-1)}{2}$$

$$\min\zeta = \left(\sum_{k=1}^{m} \sum_{1 \leq i < j \leq n} \frac{p_{ijk}}{(a_{ijk}^{U} - a_{ijk}^{L})\xi} + \frac{d_{ijk}}{(a_{ijk}^{U} - a_{ijk}^{L})\xi} \right) \bigg/ \frac{kn(n-1)}{2}$$

$$\min\zeta = \left(\sum_{k=1}^{m} \sum_{1 \leq i < j \leq n} \frac{p_{ijk}}{(a_{ijk}^{U} - a_{ijk}^{L})} + \frac{d_{ijk}}{(a_{ijk}^{U} - a_{ijk}^{L})} \right) \bigg/ \frac{kn(n-1)}{2\xi} \qquad (7-22)$$

对不同的 ξ，模型 P_2 的约束条件相同，由式（7-22）可得，不同的 ξ，只是目标函数值不同，变量取值完全相同。证毕。

定理 6 说明尽管目标函数最优值（专家群的总不一致性程度数值）随 ξ 改变而改变，但专家群对各方案的偏好（w_i，$i=1$，…，n）不随 ξ 改变而改变，这一点对决策结果的稳定性相当重要。由模型 P_2 求得的 w_i、p_{ijk}、d_{ijk}，采用式（7-22）即可计算出在群一致性程度最大情况下各决策者的平均一致性程度，以此可以对一致性程度较差的决策者判断进行修改。

三、算例分析

算例背景同上一节算例部分。设基于经济效益指标下，3 个决策者对 4 个政策的实施效果进行综合评价，得到下面 3 个区间数互补判断矩阵，试分析专家群的意见，并做出最终决策：

$$A_1 = \begin{bmatrix} [0.5, 0.5] & [0.2, 0.4] & [0.5, 0.6] & [0.5, 0.7] \\ [0.6, 0.8] & [0.5, 0.5] & [0.7, 0.9] & [0.6, 0.8] \\ [0.4, 0.5] & [0.1, 0.3] & [0.5, 0.5] & [0.7, 0.8] \\ [0.3, 0.5] & [0.2, 0.4] & [0.2, 0.3] & [0.5, 0.5] \end{bmatrix}$$

$$A_2 = \begin{bmatrix} [0.5, 0.5] & [0.3, 0.6] & [0.2, 0.5] & [0.7, 0.9] \\ [0.4, 0.7] & [0.5, 0.5] & [0.8, 0.9] & [0.5, 0.7] \\ [0.5, 0.8] & [0.1, 0.2] & [0.5, 0.5] & [0.6, 0.8] \\ [0.1, 0.3] & [0.3, 0.5] & [0.2, 0.4] & [0.5, 0.5] \end{bmatrix}$$

$$A_3 = \begin{bmatrix} [0.5, 0.5] & [0.6, 0.7] & [0.7, 0.9] & [0.6, 0.8] \\ [0.3, 0.4] & [0.5, 0.5] & [0.3, 0.6] & [0.6, 0.7] \\ [0.1, 0.3] & [0.4, 0.7] & [0.5, 0.5] & [0.8, 0.9] \\ [0.2, 0.4] & [0.2, 0.4] & [0.1, 0.2] & [0.5, 0.5] \end{bmatrix}$$

设 $\xi = 1$，基于模型 P_2，求得如下结果：$\zeta^* = 0.49$，$d_{121} = 0.2$，$p_{231} = 0.2$，

$p_{341} = 0.1$，$d_{132} = 0.1$，$p_{232} = 0.3$，$p_{133} = 0.1$，$p_{343} = 0.2$，$w_1 = 0.45$，$w_2 = 0.25$，$w_3 = 0.25$，$w_4 = 0.05$。由上述结果得如下结论：①三个专家最终决策结果为，政策 1 最优，政策 2 和政策 3 相当，政策 4 最差；②尽管综合三个决策者的意见得到了最终决策结果，但三个决策者的一致性程度并不高，其一致性程度只有 0.51。③决策者 1 的平均一致性程度为 0.5，决策者 2 的平均一致性程度为 0.445，决策者 3 的平均一致性程度为 0.58，由此说明，决策者 3 的决策水平相对最好，决策者 1 次之，决策者 2 最差。根据上述计算可得各决策者的平均一致性程度，决策者 2 的一致性程度最差，判断 [0.8，0.9] 一致性程度最差（一致性程度为 -2），严重影响该决策者判断的平均一致性程度和专家群的一致性程度，将该判断提交给决策者，与该决策者进行交互，使之对其判断进行适当修改，假设决策者欲将该判断的一致性程度提高到 70%，则需要调整判断 [0.8，0.9] → [0.53，0.63]。尽管决策者 3 的平均一致性程度位列第一，但存在判断 a_{34} = [0.8，0.9] 的一致性程度为 -1，故也应该进行适当调整。若欲将一致性程度提高为 70%，则由计算公式得到 a_{34} = [0.8，0.9] → [0.63，0.73]。基于上述修改，重新计算模型 P_2，得到专家群的一致性程度由 0.51 提高到 0.75，此时 w_1 = 0.43、w_2 = 0.29、w_3 = 0.23、w_4 = 0.05，即政策 1 最优，政策 4 最差。

第八章 基于博弈模型的环境经济政策评价

第一节 基于博弈模型的自愿减排机制政策效应研究

碳排放交易机制是有效解决环境污染和控制温室气体排放的重要手段，在有效减缓全球气候变化问题中发挥着积极作用。据世界银行估计，预计到2030年，全球碳交易市场可以让年度减排成本下降30%。碳交易机制按照减排强制程度不同，可以分为京都议定书体系和自愿减排交易体系，京都议定书体系属于强制减排类型，主要包括全球各个碳排放交易市场，自愿减排交易体系则是参与者自行选择、自觉减少温室气体排放完成减排的自我约束体系。

中国的碳排放交易市场就属于强制减排体系，自2013年启动试点以来，截至2017年第三季度，8个碳排放权交易试点省市已有电力、钢铁等行业近3000家重点排放单位纳入交易，累计配额成交量达到1.97亿吨二氧化碳当量，成交额约45亿元人民币。试点范围内，碳排放总量和强度呈现双降趋势，且碳减排高于全国平均水平。据推算，随着全国性碳交易市场的建立，中国将形成一个覆盖30亿~40亿吨碳配额的市场，全国碳排放权配额交易市场市值总规模有望达到1200亿元人民币，有望成为全球第一的碳市场。有关中国碳交易市场的学术研究也非常多，大量文献从机制设计、政策规定和经济效应等角度全面分析了中国碳市场。

国家"十三五"规划纲要和国务院"十三五"节能减排综合工作方案都明确提出了健全碳交易机制，培育和发展碳交易市场，除了发展强制减排市场外，自愿减排交易机制的作用也不容忽视。但与强制碳交易市场的火热程度相比，中国的自愿减排交易市场涉及范围和整体规模都比较小。从2009年第一笔自愿碳减排交易开始，中国的自愿减排交易市场在政策法规、功能设置、监管机制和保障措施等方面已逐步完善，随着碳交易市场的快速发展，中国的自愿减排交易也从以清洁发展机制（CDM）项目为主变成以中国自愿核证减排量（CCER）为主要项目的交易，截至 2017 年 3 月，经公示审定的温室气体自愿减排交易项目已经累计达 2871 个，备案项目 1047 个，实际减排量备案项目约 400 个，备案减排量约 7200 万吨二氧化碳当量[1]，呈现出较好的发展势头。作为强制减排交易市场的重要补充，低成本履约的自愿减排交易机制的加入可以加快实现 2020 年约束性减排目标。

一方面，有学者认为单纯依靠碳交易市场完成中国节能减排目标是不够的，要发挥碳交易机制和其他政策的组合作用，也有学者提出将碳税纳入碳交易机制形成整体系统进一步降低碳排放，但中国的碳交易市场开始阶段不搞碳税[2]。因此，必须充分发挥自愿减排交易机制的减排作用。另一方面，强制减排交易机制的覆盖范围非常有限。比如，成熟的欧盟碳交易机制最初只纳入 5 个高耗能的行业，覆盖的范围仅占二氧化碳排放量总数的 50% 左右，中国的强制减排交易机制在试点阶段，7 个区域市场仅覆盖了 1800 家企业，在 2017 年 5 月公布的国家碳市场配额分配草案中，也只纳入电力、水泥和电解铝 3 个行业，约占碳排放总量的 40%，很多行业和大量企业不在强制减排范围之内。虽然这些行业和企业未达到国家划定的强制减排交易机制的基准线，但由于其数量众多，涉及行业广泛，碳排放总量也较高，激励这些企业参与自愿减排交易机制，主动降低碳排放可以在很大程度上促进碳排放减排目标的顺利实现。

一、文献综述

由于中国碳交易体系起步较晚，有关自愿减排交易的文献大部分是研究国外自愿减排交易市场。Lutsey 和 Sperling 评价了加拿大 2005 年汽车制造业的自愿减排交易情况，发现即使企业完全遵从，自愿减排降低的排放量也远远低于设想，很可能是零；日本航空业的二氧化碳自愿减排交易计划显著降低了碳排放强度，与 1998 年计划开始时相比，降低了大约 3%~4%；Rezessy 和 Bertoldi 系统研究了欧盟国家自愿减排交易计划的基本框架、减排目标和部门、权利和义务、减排动机和效果等，提出了恰当运用这一政策工具的建议；Benessaiah 则提出与强制减排市场相比，自愿减排交易市场从某种程度上来说更容易绕开政府管制；土耳其只有自愿减排碳交易市场，研究发现，该市场中能源效率、可再生能源和固体废

---

① 资料来源：中国清洁发展机制网，http：//cdm. ccchina. gov. cn/。

② 解振华. 中国碳市场目前不搞期货不考虑碳税［EB/OL］. 中国新闻网，2017-11-14.

弃物项目潜在的减排量约为 10.71 亿吨二氧化碳当量，同期的核证减排量价值在 197.75 亿~333.86 亿美元；Bento 等建立自愿减排交易市场上企业和管制者模型，研究了管制者信息怎样影响监管水平和交易价格，认为只要充分提高监管水平，碳抵消价格可以超过社会成本；Gallo 等通过分析意大利可再生能源、能源效率和运输部门 143 个自愿减排项目后，提出能源效率项目只要解决了额外的一些问题，对公共实体来说是最有前途的项目；Karhunmaa 研究了发达国家自愿碳减排市场中家庭能源技术三种类型的协同收益问题；基于印度钢铁行业 76 个企业 2006 年 7 月至 2011 年 12 月的统计数据，Prasad 和 Mishra 发现 33% 的样本企业自愿遵守 ISO14001 环境管理规定，自愿遵从和环境质量改善存在显著的正相关关系；Linder 则研究了美国洛杉矶和长滩港自愿减排机制成功降低空气污染的主要因素，发现企业自愿减排行为受社区对排放的关注和管制压力等外部因素影响。另外，自愿减排交易计划设计简洁、目标明确、监管机制健全等会影响企业的参与度。

　　仅有少许几篇文献聚焦中国自愿减排交易市场。丁浩（2010）简要介绍了自愿减排交易市场的特点和重要作用，提出了中国发展自愿减排交易市场的建议；Chen 和 Hu（2012）基于台湾 6 个工业部门 198 个企业 2004~2008 年的数据进行研究，认为参与温室气体自愿减排交易五年间减排 5.35 公吨，降低了 7.8% 的温室气体排放量；陈晓红等（2013）选择芝加哥气候交易所 2003~2010 年的样本数据实证研究自愿减排碳交易市场的价格影响因素，提出了中国自愿减排交易市场建设的参考建议；周艳菊和袁财华（2017）则构建了一个理论模型，探讨了未被强制要求减排的制造商在可以选择自愿减排交易时是否选择加入的问题。

　　从前述国内外学者的研究可以发现，大量文献研究了不同国家的自愿减排交易市场，但关于中国自愿减排交易市场的文献比较少见，已有的研究主要是一些定性的描述，缺乏对中国自愿减排交易市场的定量分析。截至 2018 年，尚未有学者构建理论模型，研究强制碳交易市场机制外污染企业的自愿减排行为。2017 年 12 月，中国统一的碳交易市场体系正式开启，未纳入这一强制减排交易机制的大量企业，他们会主动加入自愿减排机制吗？强制减排背景下，企业选择自愿减排的动力来自哪里？根据国务院印发的《"十三五"控制温室气体排放工作方案》，每个省份都面临着强制减排的约束性目标，地方政府为完成这些刚性目标存在着对未纳入强制减排交易机制企业进行强制减排的潜在可能。当然，地方政府也可能会出台相关鼓励政策（比如对某些行业进行补贴式的减排激励）。显然，在此过程中，企业的市场势力会影响企业决策，因此，本书正是以此为切入点，从现实问题中抽象出理论模型，引进强制减排概率和补贴参数，从企业市场势力分析自愿减排交易中企业和政府管理部门的策略行为，试图发现促进企业参与自愿减排交易的动力和机制。

二、模型基本假设

本书描述的问题是，强制减排交易背景下，政府管理部门和未纳入强制减排交易体系的污染企业就自愿减排交易展开的博弈。具体而言，政府管理部门首先行动，对自愿减排交易机制设置基本条件和准入门槛，筛选出合格企业，让企业决定是否参与自愿减排交易机制，由于没有强制减排任务，企业自行决定是否参与自愿减排交易，若企业选择不参与自愿减排交易机制，或者企业不在政府管理部门筛选名单中，进而无法参与自愿减排交易机制，则政府管理部门迫于临时性的减排约束目标压力，也可能根据不同行业和企业的特点，以一定的概率选择让企业完成强制性减排水平。政府管理部门和污染企业的博弈时序关系如图8-1所示。

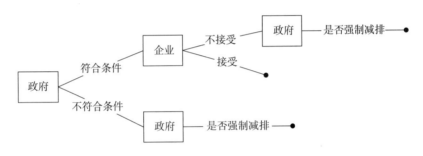

图 8-1　政府管理部门和污染企业的博弈时序关系

本书研究的基本假设如下：

（1）政府管理部门 G 和污染企业 F，均为理性的参与人。政府管理部门的决策不仅要最大化自己的收益，还要最大化整个社会的总效用；污染企业的决策只是最小化自己的总成本。

（2）污染企业和政府管理部门的成本函数。在自愿减排机制和强制减排机制下，企业完成减排水平（目标）a 需要付出的交易成本分别是 $C_V(a)$ 和 $C_M(a)$，为简便起见，本书假设成本函数是线性函数，即 $C_i(a) = c_i a$，$i = V, M$。政府管理部门在减排水平 a 下的交易成本分别是 $T_V(a)$ 和 $T_M(a)$，显然，随着减排水平的增加，政府管理部门的成本不会降低，但减排水平的边际成本是递减的，$T(a)$ 是单调不减上凸函数，满足 $T'(a) \geq 0$，$T''(a) < 0$，于是，自愿减排机制和强制减排机制下的社会总成本分别是 $TC_V(a) = C_V(a) + T_V(a)$、$TC_M(a) = C_M(a) + T_M(a)$。

（3）强制减排交易机制下的各项成本均高于自愿减排交易机制。在自愿减排交易机制下，由于简化了交易程序，省略了纷繁的规则，降低了各项管理成本，企业获得较大的柔性，提高了交易效率，因此，自愿减排交易机制下的成本均小于强制减排机制下的成本，即 $C_V(a)<C_M(a)$，$T_V(a)<T_M(a)$，$TC_V(a)<TC_M(a)$，进而 $C'_V(a)<C'_M(a)$，$T'_V(a)<T'_M(a)$，$TC'_V(a)<TC'_M(a)$。

（4）政府管理部门的目标是最大化社会福利，不存在利益寻租、监管捕获等短视行为。无论是自愿减排还是强制减排，只要完成减排水平 a，政府管理部门的收益就为 $U(a)$，随着减排水平的增加，政府的收益不会降低，$U(a)$ 是单调不减函数，即 $U' \geqslant 0$，但减排水平的边际收益是递减的，$U(a)$ 须同时满足 $U''<0$，即 $U(a)$ 是上凸函数。在自愿减排交易机制下，政府管理部门的总效用函数为 $GU_V(a_V)=U(a_V)-TC_V(a_V)$，在强制减排机制下，总效用函数为 $GU_M(a_M)=U(a_M)-TC_M(a_M)$。

（5）政府管理部门强制减排的可能策略选择形成对污染企业的潜在压力。显然，若企业接受自愿减排交易，则完成自愿减排交易机制下的减排水平 a_V，并最小化其成本 $C_V(a_V)$；若企业放弃自愿交易，则政府管理部门可能对所有强制减排机制之外、没有参与自愿减排交易的企业以概率 $p(0 \leqslant p \leqslant 1)$ 采取强制减排行动，进而让企业完成强制减排水平 a_M，这在现实中是存在的。比如，地方政府部门在特定时期为了完成调控目标选择对高耗能行业（企业）突然实行强制减排①，此时的企业产生了期望成本 $pC_M(a_M)$。

相关变量的假设和指标含义如表 8-1 所示。

表 8-1　变量假设和指标含义

变量	指标含义
$G(F)$	政府管理部门（企业）
$a_V(a_M)$	自愿减排（强制减排）交易下的减排水平
p	政府管理部门强制减排的概率
$U(a)$	政府管理部门的收益函数
$C_V(a)(C_M(a))$	自愿减排（强制减排）交易下的企业成本
$T_V(a)(T_M(a))$	自愿减排（强制减排）交易下政府管理部门成本
$TC_V(a)(TC_M(a))$	自愿减排（强制减排）交易下社会总成本
$GU(a)$	政府管理部门的总效用

---

① 欧意. 环保风暴：京津冀秋冬季"双降15%"环保部首定季节性量化指标 [N]. 华尔街见闻，2017-09-02.

三、企业自愿减排动力分析

在上述假设基础上，根据逆向归纳法，在强制减排机制下政府管理部门最大化总效用，求解最优化一阶条件，$GU'_M(a_M) = 0$，即 $U'(a_M) - TC'_M(a_M) = 0$，从中求出强制减排机制下最优减排水平 a_M^*，满足 $U'(a_M^*) = TC'_M(a_M^*)$，此时，政府管理部门的总效用为 $GU_M(a_M^*)$。显然，政府管理部门在强制减排机制下没有动机偏离这个最优水平，过高的减排水平损伤企业减排积极性，过低的减排水平则会损害社会总效用。在企业没有接受自愿减排交易时，政府管理部门可能选择强制减排，所以期望总效用为 $pGU_M(a_M^*)$，相应的企业期望成本为 $pC_M(a_M^*)$。

1. 自愿减排交易的参与约束

对企业而言，在政府管理部门提出自愿减排水平 a_V 时，只要自愿减排交易的成本不超过强制减排的成本，企业就会接受，即 $C_V(a_V) \leqslant pC_M(a_M^*)$。根据成本函数的线性假设，可以将其进一步化简为 $c_V a_V \leqslant pc_M a_M^*$，即 $a_V \leqslant \dfrac{pc_M a_M^*}{c_V}$。若其他条件不变，则自愿减排交易机制下企业愿意接受的最大减排水平为 $\dfrac{pc_M a_M^*}{c_V}$，即

$$a_V^{max} = \frac{pc_M a_M^*}{c_V} \tag{8-1}$$

式（8-1）表明，在其余变量给定时，a_V^{max} 和 p 呈同向变化关系，政府管理部门选择强制减排的概率 p 越大，企业自愿减排水平的最大值也会增加，从而 p 的变动会影响企业选择自愿减排交易的动力。另外，由于自愿减排交易机制下的各项成本均较低，所以企业愿意接受的最大减排水平 a_V^{max} 可能会超过强制减排下的最优水平 a_M^*。

对政府管理部门而言，要让企业参与自愿减排交易，须满足 $GU_V(a_V) \geqslant pGU_M(a_M^*)$，即自愿减排交易机制下的总效用不小于强制减排机制下的期望效用，$U(a_V) - TC_V(a_V) \geqslant p(U(a_M^*) - TC_M(a_M^*))$，从式（8-1）可以求解出政府管理部门偏好的自愿减排水平 a_V 的变化范围，不妨设为 $a_V^{min} < a_V < a_0$，其中，a_0 是政府管理部门愿意提供且企业愿意接受的减排水平的最大值，a_V^{min} 是政府管理部门愿意提供且企业愿意接受的减排水平的最小值。

同理，根据总成本不等式 $TC_V(a) < TC_M(a)$，$TC'_V(a) < TC'_M(a)$，强制减排水平 a_M^* 也满足上述不等式，所以

$$TC_V(a_M^*) < TC_M(a_M^*)$$

$$TC'_V(a_M^*) < TC'_M(a_M^*)$$

从中可以计算出减排水平 a_M^* 的变化范围，满足 $a_V^{min} < a_M^* < a_0$。由于 a_V^* 是自愿减排交易下的最优值，根据最优化的一阶条件

$$GU'_V(a_V) = U'(a_V) - TC'_V(a_V) = 0$$

有 $a_V^{min} < a_V^* < a_0$。因为强制减排下的边际成本高于自愿减排交易的边际成本，所以相应的最优解 $a_V^* > a_M^*$。综上可得式（8-2）：

$$a_V^{min} < a_M^* < a_V^* < a_0 \tag{8-2}$$

2. 博弈均衡结果分析

若政府管理部门愿意提供的最小减排水平不超过企业愿意接受的最大值，此时博弈双方都没有动机偏离自愿减排交易机制，如式（8-3）所示：

$$a_V^{min} \leq a_V^{max} \tag{8-3}$$

当政府管理部门没有选择强制减排机制（$p=0$）时，只要企业选择自愿减排机制，且自愿减排水平 $a_V > 0$，管理部门都愿意接受，但根据式（8-1），若 $p=0$，则 $a_V^{max} = 0$，即企业愿意接受的减排水平最大值为零，这说明只要不存在强制减排的压力，理性化的企业就不会选择自愿减排交易机制，强制减排策略选择的存在提高了企业选择自愿减排交易的动机。

结论 1 当 $p>0$ 时，博弈的均衡结果是政府管理部门为企业提供自愿减排交易机制，企业选择接受。

证明：只要证明 $a_V^{min} < a_V^{max}$ 成立即可。若 $p\frac{c_M}{c_V} \geq 1$，则 $a_V^{max} \geq a_M^*$，利用式（8-2）可得到，$a_V^{min} < a_V^{max}$ 成立。若 $p\frac{c_M}{c_V} < 1$，则 $a_V^{max} < a_M^*$，由于 $U(a_V) - T_V(a_V)$ 在区间 $[0, a_M^*]$ 上是单调递增函数，又因为 $\frac{c_M}{c_V} > 1$，所以 $U(a_V^{max}) - T_V(a_V^{max}) = U(\frac{pc_M a_M^*}{c_V}) - T_V(\frac{pc_M a_M^*}{c_V}) > U(pa_M^*) - T_V(pa_M^*)$，再利用 $U(a_V) - T_V(a_V)$ 的上凸函数性质和 $T_V(a) < T_M(a)$，有 $U(pa_M^*) - T_V(pa_M^*) > p[U(a_M^*) - T_V(a_M^*)] > p[U(a_M^*) - T_M(a_M^*)]$。

在不等式两侧同时减去 $c_V a_V^{max} = pc_M a_M^*$，得 $U(a_V^{max}) - T_V(a_V^{max}) - c_V a_V^{max} > p[U(a_M^*) - T_M(a_M^*) - c_M a_M^*]$。利用 a_V^{min} 的定义，$U(a_V^{max}) - T_V(a_V^{max}) - c_V a_V^{max} > U(a_V^{min}) - T_V(a_V^{min}) - c_V a_V^{min}$。

因为在 a_V^{min} 附近区域内，$U(a_V) - T_V(a_V) - c_V a_V$ 是递增函数，所以 $a_V^{min} < a_V^{max}$。

证毕。

根据结论 1，在自愿减排交易机制下，一定存在政府管理部门和企业都愿意接受的减排水平 a_V，使得博弈达到均衡状态，双方都可以最大化各自的利益。因为若 a_V 的值过大，企业会承担较高的减排成本，若 a_V 太小，政府管理部门社会福利损失过多，因此，减排水平 a_V 的取值影响博弈均衡结果和博弈双方利益的分配。下面根据企业的市场势力大小不同，来具体研究。

若企业不具有市场势力，企业可能处于国家"关停并转退"政策的边缘，或者是某个行业若干企业中的规模较小者，此时的政府管理部门拥有绝对地位，比如，地方政府管理部门执行环保督察时的"一刀切"①，在此情形下，管理部门可以选择任意减排水平以最大化其总效用。

结论 2　当企业不具有市场势力时，若均衡结果是最优减排水平。此时，自愿减排交易下的均衡水平超过了强制减排，自愿减排交易是企业的自觉行动；若均衡结果不是最优减排水平，此时，均衡结果不超过最优水平，尽管均衡减排水平可能大于也可能小于强制减排水平，但肯定大于强制减排水平的期望值。

证明：因为 a_V^{min} 是政府管理部门愿意提供的减排水平的最小值，所以，根据式（8-3），a_V 的可能取值范围只有两种。①$a_V^{min}<a_V^*<a_V^{max}$，此时满足不等式（8-1）的任何取值 a_V 都可以被博弈双方接受。因为 a_V^* 既是管理部门总效用最大化的最优减排水平，又在企业可以接受的范围之内。另外，根据式（8-2），有 $a_V^*>a_M^*$，说明自愿减排交易下的最优水平超过了强制减排下的水平，故而，企业会自觉选择自愿减排交易。②$a_V^{min}<a_V^{max}<a_V^*$，此时 a_V^* 超过了企业愿意接受的减排水平最大值，企业会拒绝接受自愿减排交易机制，因此，政府管理部门为了促使企业自愿减排交易，最优的策略选择是让 $a_V^*=a_V^{max}$。因为 $\frac{c_M}{c_V}>1$，所以根据式（8-1），有 $a_V^{max}>pa_M^*$，即自愿减排交易下的水平总是大于强制减排的期望水平。证毕。

若企业拥有市场势力，比如没有纳入强制减排机制的行业垄断者，在此情形下，追求成本最小化的企业一定会选择最小的减排水平，即管理部门愿意提供最小值 a_V^{min} 作为均衡结果，又因为 $a_V^{min}<a_M^*<a_V^*$，因此，有结论 3：

结论 3　若企业拥有市场势力，则自愿减排交易下的最优水平不是均衡结果，此时的均衡减排水平小于自愿减排交易下的最优值和强制减排下的最

---

① 任禾仁. 环保问题整改"一刀切"岂非矫枉过正［N］. 中国网，2017-08-13.

优值。

四、强制减排压力的潜在作用

前面的分析提到，能否达到自愿减排水平的最优值取决于强制减排概率 p 的大小，下面分析概率 p 对减排水平的影响：

影响减排水平的变量有 a_V^*、a_M^*、a_V^{max}、a_V^{min}，其中最优解 a_V^* 来自于方程 $GU'_V(a_V) = U'(a_V) - TC'_V(a_V) = 0$，由于该方程中没有出现参数 p，所以概率 p 与 a_V^* 无关；而强制减排下的最优值 a_M^* 由方程 $GU'_M(a_M) = U'(a_M) - TC'_M(a_M) = 0$ 得到，也与概率 p 无关；此外，式（8-1）表明 a_V^{max} 是关于概率 p 的线性递增函数，a_V^{min} 是关于 p 的单调递增下凸函数，且根据式（8-2），对所有的概率 p 有 $a_V^{min} < a_V^*$，同时，在 $p=0$ 时，$a_V^{min} = a_V^{max} = 0$。上述变量之间的关系如图 8-2 所示。

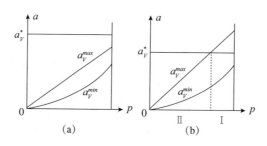

图 8-2　减排水平和强制减排概率的关系

结论 4　不管企业是否具有市场势力，当均衡结果不是最优减排水平时，提高强制减排的压力可以提升自愿减排水平。

证明： 若企业不具有市场势力，图 8-2（a）描述的是（Ⅱ）$a_V^{min} < a_V^{max} < a_V^*$，即企业愿意接受的最大减排水平小于最优减排水平。从图 8-2 中可以看到，当概率 p 变小时，a_V^{max} 也在降低，所以一旦强制减排概率较低时，企业尽管依然选择自愿减排交易机制，但会以较低的减排水平实现均衡。而图 8-2（b）中，随着概率 p 的降低，均衡结果从（Ⅰ）变化到（Ⅱ），出现前面讨论的两种情况，尽管在两种情况下，博弈双方均可以达到某个均衡，但若概率 p 充分大，则企业会倾向于选择第一种情况，从而达到最优减排水平 a_V^*，与强制减排相比，此时的减排成本优势非常明显，但这种最优均衡结果只有在概率很大时才会出现。

若企业拥有市场势力，则均衡减排水平是 a_V^{min}，不论在图 8-2 的哪种情况下，a_V^{min} 的值都会随着概率 p 的增加而增加。证毕。

五、补贴政策下的自愿减排交易策略

强制减排压力的潜在威胁虽然可以促使企业选择自愿减排交易机制，但政府管理部门有时也会选择通过财政补贴政策来激励企业选择自愿减排交易，从而提高企业自觉选择自愿减排交易的概率，实现减排目标。

1. 补贴政策下的博弈模型

基本假设和模型与前面一样，此时若政府管理部门选择通过补贴政策来激励企业选择自愿减排交易，对于参与自愿减排交易企业完成减排水平 a_V 时，提供补贴额 S，即管理部门提供给企业一个契约组合 (a_V, S)。特别地，若 $S=0$，就退化成前面讨论的模型。

在自愿减排交易机制下，政府管理部门总效用为：$GU_V(a_V) = U(a_V) - TC_V(a_V) - \alpha S$，系数 α 反映了管理部门对企业的补贴造成的社会福利损失程度，如补贴挤占了其他财政支出，对某个行业的补贴损害了其他行业，或者是补贴政策诱使更多潜在进入者进入该行业等。为了后续计算方便，此处的讨论假设交易成本为 0（该假设不影响均衡结果），管理部门总效用为 $GU_V(a_V) = U(a_V) - c_V a_V - \alpha S$，企业的成本函数为 $c_V a_V - S$。

政府管理部门的参与约束为 $U(a_V) - c_V a_V - \alpha S \geq p[U(a_M^*) - c_M a_M^*]$，即管理部门愿意提供自愿减排交易契约组合 (a_V, S)，必须满足式（8-4）：

$$S \leq \frac{1}{\alpha}\{U(a_V) - c_V a_V - p[U(a_M^*) - c_M a_M^*]\} \tag{8-4}$$

企业的参与约束为 $c_V a_V - S \leq pc_M a_M^*$，即企业愿意接受自愿减排交易契约组合 (a_V, S)，必须满足式（8-5）：

$$S \geq c_V a_V - pc_M a_M^* \tag{8-5}$$

下面通过坐标系来直观描述自愿减排交易水平 a_V 和补贴 S 的关系。上述式（8-4）对应的曲线方程 $S = \frac{1}{\alpha}\{U(a_V) - c_V a_V - p[U(a_M^*) - c_M a_M^*]\}$ 的斜率为 $S' = \frac{1}{\alpha}[U'(a_V) - c_V]$，截距分别是 a_V^{min} 和 $S = -\frac{p}{\alpha}[U(a_M^*) - c_M a_M^*]$，如图 8-3 所示，式（8-4）所对应的区域在该曲线下方，随着强制减排概率 p 的增大，该曲线整体向下方平移，政府管理部门愿意提供自愿减排交易组合的区域变小，而 α 的增大会使得图像趋向平坦，特别地，若 α 无限大，则管理部门愿意提供的补贴额为零。直线方程 $S=c_V a_V-pc_M a_M^*$ 在 a_V 轴和 S 轴的截距分别是 a_V^{max} 和 $-pc_M a_M^*$，式（8-5）所对应的区域在该直线左上方，随着概率 p 的增大，该直线向右下方平移，企业愿意接受自愿减排交易契约组合的区域在不断扩大，但补贴 S 的变化，无法改变企业愿意接受的范围。同时满足不等式（8-4）和式（8-5）的是图 8-3 的阴影部分。

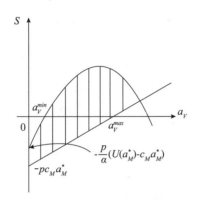

图 8-3　a_V 和 S 的关系

2. 博弈的均衡结果

因为 $a_V^{min}<a_V^{max}$ 成立，所以如图 8-3 所示，总会在阴影部分找到一个自愿减排交易机制下的契约组合（a_V, S），博弈双方都愿意接受，但这样的组合会有很多，究竟哪个是均衡结果？下面根据企业市场势力不同进行分析。

若企业不具有市场势力，政府管理部门一定会选择最大化其总效用 $U(a_V)-c_V a_V-\alpha S$，对应的约束条件为 $c_V a_V-S\leqslant pc_M a_M^*$ 和 $S\geqslant 0$。若 $S\geqslant 0$ 成立，则从总效用表达式可以发现，最大化的解对应着 $S=0$，即政府不提供补贴，对应的最优减排水平为 a_V^*，均衡结果跟前面一样；若 $c_V a_V-S\leqslant pc_M a_M^*$ 成立，则利用拉格朗日乘子法，构建拉格朗日函数：

$$L=U(a_V)-c_V a_V-\alpha S+\lambda(c_V a_V-S-pc_M a_M^*)$$

根据 $\begin{cases}\dfrac{\partial L}{\partial a_V}=0\\[2mm]\dfrac{\partial L}{\partial \lambda}=0\end{cases}$，很容易求出此时的最优解 a_S^*，满足等式 $\dfrac{\partial U(a_V)}{\partial a_V}=(1+\alpha)c_V$。

相应的补贴额 $S^*=c_V a_S^*-pc_M a_M^*>0$，这说明只要强制减排压力存在（$p>0$），最优的补贴额应该是企业成本和强制减排下的期望成本之差，即 $p>0$ 时，政府管理部门只需要补贴企业的部分减排成本 $c_V a_S^* - p c_M a_M^*$，不必对企业过度补贴；若 $c_V a_V - S \leqslant p c_M a_M^*$ 且 $S \geqslant 0$ 成立，则总效用最大化要求 $S=0$，此时 $a_V \leqslant \dfrac{p c_M a_M^*}{c_V}$，所以，均衡结果是（$a_V^{max}$，0）。

进一步分析发现，若 $\alpha>0$，则 a_V^* 并不是最优结果，也就是说，当激励企业参与自愿减排交易机制需要付出较高补贴，进而给公众造成福利损失时，政府管理部门在执行补贴政策时会相对慎重，行为趋向保守，会选择一个较低水平的减排目标 $a_S^* < a_V^*$。而且，根据前面计算出的 a_S^* 满足的等式 $\dfrac{\partial U(a_s)}{\partial a_s} = (1+\alpha) c_V$，两边关于 α 求导，可得 $\dfrac{\partial a_S^*}{\partial \alpha} = \dfrac{c_V}{U''} < 0$，即 a_S^* 是关于 α 的单调递增函数。因此，当补贴越高，福利损失越大时，均衡的减排水平就越低，进而管理部门后续提供补贴的动力就越小。

若企业拥有市场势力，企业选择最小化其成本 $c_V a_V - S$，一方面，需要满足下面的约束条件 $S \geqslant 0$ 和 $U(a_V) - c_V a_V - \alpha S \geqslant p(U(a_M^*) - c_M a_M^*)$。此时，即使政府管理部门会采用补贴（$S>0$）去激励企业采用最优减排水平，理性化的企业依然会选择最小的减排水平，而不是选择政府管理部门提供的契约组合，也就是说，企业可能会选择较少的补贴和相应较低的减排水平以降低成本增加效用，而不是选择自愿减排交易对应的最优减排水平 a_V^*。另一方面，企业的成本表达式 $c_V a_V - S$ 中不含有参数 α，所以企业不会去承担社会福利损失，但只要企业依然具有成本优势，一定会存在一个均衡的自愿减排水平，使得企业既可获取该减排水平对应的补贴，也因为减排水平的降低而获取利润。

进而我们得到以下结论5。

结论5 不管企业是否具有市场势力，一定存在 α 和 p 的取值区域，使得自愿减排交易下的均衡水平能够最大化社会福利、最小化企业成本；在此区域之外，企业拥有市场势力时对应的减排水平更低。

六、强制减排压力和补贴政策的影响

结论5说明自愿减排交易机制下哪种均衡结果出现取决于企业市场势力大小及 α 和 p 的取值，下面区分企业是否具有市场势力来说明 α 和 p 变动的影响。

若企业不具有市场势力，此时强制减排概率 p 充分大，不需要任何补贴。均衡结果就是最优减排水平，而且此时的减排水平超过了强制减排下的最优值 a_M^*。因此，只要强制减排压力足够大，政府管理部门不需要采用补贴政策就能够促使企业自愿减排交易。

若强制减排概率 p 很小，则均衡减排水平依赖于 α 的取值（见图8-4）。当 α 也很小时，政府管理部门可以通过提供补贴激励企业选择较高的自愿减排交易水平，超过了没有补贴时企业愿意接受的最大值 a_V^{max}，这是补贴政策发挥的激励效果。但在强制减排压力很小时，自愿减排交易机制下的均衡水平也较低。所以，若社会福利损失较小，政府管理部门可行的最优选择是采用补贴政策以换取较高的自愿减排交易水平。

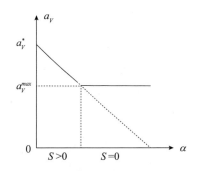

图8-4 α 和 a_V 的变化关系（p 很小）

若补贴政策的损害性 α 很大，即社会福利损失程度较高时，尽管可以采用补贴政策，但考虑到社会总效用的损失，理性化的政府管理部门一般不会采用，此时的 a_V 和 p 的变化关系前面已经研究过；当 α 较小时（见图8-5），若概率 p 也很小，政府会选择减排水平 a_S^* 并提供补贴 S^*，但只要强制减排压力变大，企业可以接受的没有补贴的减排水平也会相应提高，此时，政府管理部门只需要依靠潜在的压力，并不需要使用任何补贴政策，特别地，当强制减排概率为1时，减排水平达到最大。

若企业具有市场势力，不管强制减排压力多大，理性化的企业都会选择最小化成本的减排水平 a_V^{min} 来参与自愿减排机制，在政府管理部门运用补贴政策时，企业的自愿减排水平会有所提高，达到 a_S^*，但政府管理部门只有在补贴的损害较小时才会使用该政策（见图8-6）。

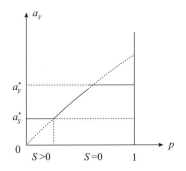

图 8-5　p 和 a_V 的变化关系（α 很小）

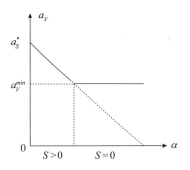

图 8-6　α 和 a_V 的变化关系

七、研究结论与启示

中国强制碳交易市场在试点期间已经陆续允许非试点地区自愿减排交易项目参与交易，实现了强制减排碳市场覆盖范围之外的自愿减排交易机制。但整体涉及区域较小，企业参与热情依然不高，交易量和交易额的增长非常缓慢，自愿减排交易机制真的不具有吸引力吗？如何提高强制减排机制外企业参与自愿减排交易的积极性？是采用传统的命令—控制型行政手段还是运用财政补贴的"萝卜"政策？本书通过构建政府管理部门和企业之间的博弈理论模型对上述问题做出了回答。

本书的研究结果显示，自愿减排交易机制具有的成本有效性可以吸引政府管理部门和企业选择自愿减排机制，但企业的市场势力大小会影响自愿减排水平（目标）。若企业不具有市场势力，此时的减排水平是最优的，企业会自觉选择自愿减排交易；若企业拥有市场势力，此时的自愿减排水平是最低的，传统行政手段无法有效改善减排水平，政府管理部门可以考虑通过补贴政策，激励企业的策略选择，进而达到一个较高水平的减排值。但是，理性化的企业会运用市场势力尽可能降低自愿减排水平。因此，为了提高企业自愿减排积极性，政府管理部门在制定自愿减排政策法规时，应充分考虑企业的行业类型和特点，提出针对性的细化规章制度，在政策执行时，也应区别对待，避免"一刀切"和"鞭打快牛"。

理性化的企业存在着逐利动机，不能单纯依靠市场机制来促使强制减排外的企业选择自愿减排。本书的研究结果发现，在减排交易中，企业并不会自觉选择自愿减排，因为政府管理部门一旦"缺位"（$p=0$），追求利润最大化的企业就会放弃自愿减排交易；政府管理部门一旦"错位"（p 很小），此时的企业尽管依然可能选择自愿减排交易机制，但对应的减排水平会很低，远低于政府管理部门强制减排压力较大时对应的减排水平。因此，政府管理部门要积极参与自愿减排交易机制，及时"补位"和"归位"，更好地发挥协调、引导和推动作用。

要充分发挥自愿减排机制的政策效果，应该将自愿减排机制和其他政策工具结合，提升对污染企业补贴的政策边际效率。尽管自愿减排交易机制是降低二氧化碳排放的有效手段，但当政府管理部门强制减排可能很小、对参与交易企业的补贴过多或者企业拥有市场势力时，自愿减排交易机制会以低效率运行；若政府管理部门选择强制减排策略的可能性很大，此时，对企业只要辅以较小的补贴，则自愿减排交易机制的效率高于政府管理部门一味强制减排的效率。所以，对污染企业的减排补贴社会损害较小时，政府管理部门可以适当牺牲社会总福利，通过对企业提供补贴来激励企业，进而获得较高的自愿减排水平。

第二节　基于博弈模型的碳排放配额 不同分配方式的效应研究

我国目前推行的碳交易市场，前期的主要配额是免费分配的，两种常见的分配方式究竟哪种对参与碳交易的企业更有利，本节试图通过构建动态博弈模型对上述问题进行比较研究。首先给出基本假设和模型变量，其次根据不同分配方式计算碳价和企业收益，最后给出我国电力行业的一个算例。

一、碳交易博弈模型基本假设

为了比较两种分配方式下碳价和碳交易企业的收益，本节考虑一个碳交易市场，有两家参与碳交易的企业，假设这两家企业一个是高排放企业（记作 H）[①]，另一个是低排放企业（记作 L），这两家企业生产不同的产品，产品价格和产品供求互不影响，生产成本是产量的函数，产量越大生产成本也越高，企业排放量也是产量的函数，产量增加会导致排放量攀升，这两家企业获得的初始配额指标有差异，市场中一家企业为完成减排目标需要向另一家企业购买多余配额指标，不失一般性地，这里假设一家企业获得全部配额指标，另一家企业的配额指标为零。涉及的变量记号和含义见表8-2。

其中生产成本函数满足：

$$\frac{dc}{dx}>0, \quad \frac{d^2c}{dx^2}>0$$

排放量函数满足：

$$\frac{de}{dx}>0, \quad \frac{d^2e}{dx^2}>0$$

即所有参与交易企业的生产成本和碳排放量随着产量增加而增加，而且是严格凸函数，参与交易企业的博弈时序为，获得配额的企业首先行动，根据碳价决定自己企业产品价格，确定可以出售的配额数量，然后配额为零的企业根据碳价决定自己的产量，确定购买的配额数量（见表8-2）。下面本节将分别研究两种免费分配方式下碳价和企业的收益。

表8-2　变量假设和指标含义

变量	指标含义
$x^H(x^L)$	高排放（低排放）企业产量
$p^H(p^L)$	高排放（低排放）企业产品价格
$c(x^H)(c(x^L))$	高排放（低排放）企业完成产量所对应的生产成本
$e^H(x^H)(e^L(x^L))$	高排放（低排放）企业完成产量产生的排放量
$e^A(\tilde{e})$	企业获得的碳排放配额（出售的配额）

---

① 根据国家统计局资料，这里所说的高排放企业主要涉及非金属矿物制品业，化学原料和化学制品制造业，有色金属冶炼和压延加工业，黑色金属冶炼和压延加工业，电力、热力生产和供应业，石油加工、炼焦和核燃料加工业。

二、根据历史排放量进行分配的碳交易博弈模型

根据历史排放量分配，也称祖父制（Grandfathering），是指以碳排放实体在基准期的历史平均排放量为基础确定应获得的碳排放配额的一种方法。在 EUETS 第一阶段，各国大部分将基准期定为 1998～2002 年。根据此规则，碳排放实体获取的碳排放配额与其在基准期的平均碳排放量成比例关系。但基准期并非固定不变，基准期可向前滚动，以更好地反映企业经营状况的变化。EUETS 第二阶段，各国政府将 2004 年，甚至 2005 年也纳入基准期，以此为基础来决定排放实体应获得的碳排放配额。动态变化的基准期既可以对发展较好的企业给予支持，又能够避免产量过剩的企业获得过多的配额。

显然，在这种分配方式下，高排放企业获得的配额大于低排放企业配额，不失一般性地，假设分配给高排放企业的配额为 e^A，低排放企业为 0，高排放企业可以出售的配额为 $\tilde{e} = e^A - e^H$，设碳价为 τ_1，此时，高排放企业的收益为：

$$\pi_1^H(x^H) = x^H p^H + \tau_1 \tilde{e} - c(x^H)$$

其中

$$p^H = m(\tau_1), \ \frac{dm}{d\tau_1} > 0$$

表示出售配额企业的产品价格是碳价的函数，碳价的上涨将会反映在企业产品价格上，进而传递到终端消费者身上。低排放企业的收益为：

$$\pi_1^L(x^L) = x^L p^L - \tau_1 e^L - c(x^L)$$

由逆向归纳法，首先计算买方的最优化一阶条件：

$$\frac{d\pi_1^L(x^L)}{dx^L} = p^L - \tau_1 \frac{de^L}{dx^L} - \frac{dc(x^L)}{dx^L} =: \varphi_1(x^L | \tau_1) = 0$$

从上式得到的产量 $x^L(\tau_1)$ 是关于 τ_1 的函数，即企业会根据碳价决定自己的产量，计算发现：

$$\frac{dx^L(\tau_1)}{d\tau_1} = -\frac{-\dfrac{de^L}{dx^L}}{-\tau_1 \dfrac{d^2 e^L}{dx^{L2}} - \dfrac{d^2 c}{dx^{L2}}} < 0$$

说明碳价越高，低排放企业生产积极性越低，产量越低，代入后得到：

$$e^L = e^L(x^L) = e^L(x^L(\tau_1)) =: \delta_1(\tau_1)$$

且是单调函数，$\dfrac{d\delta_1}{d\tau_1} < 0$，所以 $\tau_1 = \delta_1^{-1}(e^L)$。由于低排放企业排放量 $e^L = \delta_1(\tau_1) =$

$\tilde{e} = e^A - e^H =: \sigma_1(e^H)$，从而碳价 $\tau_1 = \delta_1^{-1} \circ \sigma_1 \circ e^H(x^H)$。

接下来，高排放企业的目标规划模型为：

$$\max\ \pi_1^H(x^H) = x^H p^H + \tau_1 \tilde{e} - c(x^H)$$

$$\text{s. t. } p^H = m(\tau_1)$$

$$\tilde{e} = \sigma_1(e^H(x^H))$$

$$\tau_1 = \delta_1^{-1} \circ \sigma_1 \circ e^H(x^H)$$

若记 $f_1 = m \circ \delta_1^{-1} \circ \sigma_1 \circ e^H$，$g_1 = \delta_1^{-1} \circ \sigma_1 \circ e^H$，则高排放企业收益为：

$$\pi_1^H(x^H) = x^H f_1(x^H) + g_1(x^H)\sigma_1(e^H(x^H)) - c(x^H)$$

最优化一阶条件：

$$\frac{d\pi_1^H(x^H)}{dx^H} = f_1(x^H) + x^H \frac{df_1}{dx^H} + \frac{dg_1}{dx^H}\sigma_1 + g_1(x^H)\frac{d\sigma_1}{dx^H} - \frac{dc(x^H)}{dx^H} =: \psi_1(x^H) = 0$$

从上式可以求出高排放企业的最优产量 x^{H*}，从而由 $\tau_1^* = g_1(x^{H*})$ 可以确定碳价，最后得到低排放企业产量 $x^{L*} = x^{L*}(\tau_1^*)$。

三、基于产出进行配额分配的碳交易博弈模型

基于产出（out-based）的分配方式下，低排放企业配额大于高排放企业配额，不失一般性地，设配额 e^A 都分配给低排放企业，高排放企业为 0，则 $e^A = e^L + \tilde{e}$，设此时碳价为 τ_2，采用类似的分析可以发现，此时，低排放企业的收益为：

$$\pi_2^L(x^L) = x^L p^L + \tau_2 \tilde{e} - c(x^L)$$

其中

$$p^L = n(\tau_2),\ \frac{dn}{d\tau_2} > 0$$

运用逆向归纳法，高排放企业的收益为：

$$\pi_2^H(x^H) = x^H p^H - \tau_2 e^H - c(x^H)$$

最优化一阶条件为：

$$\frac{d\pi_2^H(x^H)}{dx^H}=p^H-\tau_2\frac{de^H}{dx^H}-\frac{dc(x^H)}{dx^H}=:\pi_2(x^H\mid\tau_2)=0$$

记

$$e^H=e^H(x^H)=e^H(x^H(\tau_2))=:\delta_2(\tau_2),\tau_2=\delta_2^{-1}(e^H)$$

又

$$e^H=\tilde{e}=e^A-e^L=\sigma_2(e^L)$$

从而

$$\tau_2=\delta_2^{-1}\circ\sigma_2\circ e^L(x^L)$$

接下来求低排放企业的收益最大化的目标规划模型：

$$\max\ \pi_2^L(x^L)=x^Lp^L+\tau_2\tilde{e}-c(x^L)$$
$$s.t.\ p^L=n(\tau_2)$$
$$\tilde{e}=\sigma_2(e^L(x^L))$$
$$\tau_2=\delta_2^{-1}\circ\sigma_2\circ e^L(x^L)$$

同理，记

$$f_2=n\circ\ \delta_2^{-1}\circ\ \sigma_2\circ\ e^L,\ g_2=\delta_2^{-1}\circ\ \sigma_2\circ\ e^L$$

则

$$\pi_2^L(x^L)=x^Lf_2(x^L)+g_2(x^L)\sigma_2(e^L(x^L))-c(x^L)$$

记

$$\frac{d\pi_2^L(x^L)}{dx^L}=f_2(x^L)+x^L\frac{df_2}{dx^L}+\frac{dg_2}{dx^L}\sigma_2+g_2(x^L)\frac{d\sigma_2}{dx^L}-\frac{dc(x^L)}{dx^L}=:\psi_2(x^L)=0$$

从中求解出最优产量 x^{L*}，得到碳价 τ_2^*，确定 x^{H*}。

接下来，将通过一个数值算例来解释上述求解过程。

四、电力企业碳交易博弈算例

由于用电需求弹性极低，电力行业规模效益显著，电力行业在世界各国从来都是传统的垄断性行业，而且世界上很多国家的碳排放交易市场都首先将发电企业纳入规制，因此，本节以电力市场为例对上述一般博弈模型给出合理解释。电力市场中，高排放企业是以火电为特征的发电企业，低排放企业是清洁能源发电企业，所有变量指标和上文一致，考虑到在国内发电企业的产品价格即上网电价是一致的，不妨假设 $p=1$。

另外，由于碳排放配额指标是政府根据减排目标预先分配的 $e^A = c$，假设两种情形下企业获得的碳排放配额指标 $e^A = 25$；生产成本是企业完成产量所支出的各种生产费用之和，根据微观经济学知识，企业生产的边际成本一般是递增（规模报酬递减）的，即在实际生产过程中受到资源等条件约束，企业产量超过一定范围以后，单位产量的成本随产量扩大而逐步上升，因此，成本函数一般为二次函数，而且本书研究时，只考虑企业生产导致的碳排放。相应地，企业完成产量所对应的生产成本函数，其表达式也只和产量相关。所以，本书假设其一般式为 $c(x) = ax^2(0<a<1)$，为计算方便，生产成本函数具体可设为：

$$c(x) = \frac{x^2}{100}$$

进而，两个企业完成相应产量产生的排放量分别为：

$$e^H = \frac{(x^H)^2}{100}, \quad e^L = \frac{(x^L)^2}{400}$$

若碳排放初始配额分配采用祖父制，将上述函数分别代入公式得到高排放企业和低排放企业的收益为：

$$\pi_1^H (x^H) = x^H + \tau_1 \left(25 - \frac{(x^H)^2}{100}\right) - \frac{(x^H)^2}{100}$$

$$\pi_1^L (x^L) = x^L - \tau_1 \frac{(x^L)^2}{400} - \frac{(x^L)^2}{100}$$

利用逆向归纳法，先对低排放企业目标函数求解一阶条件得到：

$$x^L = \frac{200}{\tau_1 + 4}$$

显然 $\frac{dx^L}{d\tau_1} < 0$，即碳价和低排放企业（买方）的产量成反向变化关系。

由 $e^L = e^A - e^H = 25 - \frac{(x^H)^2}{100}$，同时 $e^L = \frac{(x^L)^2}{400} = \frac{1}{400} \left(\frac{200}{\tau_1+4}\right)^2$，得出 $\frac{100}{(\tau_1+4)^2} + \frac{(x^H)^2}{100} = 25$。接着对高排放企业目标函数求解一阶条件得到 $x^H = \frac{50}{\tau_1+1}$，代入上式后，利用 Matlab 软件求得数值解，产量 $x^H = 43.7848$，碳价 $\tau_1 = 0.14195$，产量 $x^L = 48.2864$。

如果碳排放配额采用第二种方式进行分配，此时双方的收益函数分别为：

$$\pi_2^H(x^H) = x^H - \tau_2 \frac{(x^H)^2}{100} - \frac{(x^H)^2}{100}$$

$$\pi_2^L(x^L) = x^L + \tau_2 \left(25 - \frac{(x^L)^2}{400}\right) - \frac{(x^L)^2}{100}$$

先对买方目标函数利用最优化一阶条件求出

$$x^H = \frac{50}{\tau_2 + 1}$$

然后根据

$$e^H = 25 - \frac{(x^L)^2}{400}$$

得到

$$\frac{25}{(\tau_2 + 1)^2} + \frac{(x^L)^2}{400} = 25$$

再对低排放企业收益函数求一阶条件得到

$$x^L = \frac{200}{\tau_2 + 4}$$

求得数值解，产量 $x^L = 48.2864$，碳价 $\tau_2 = 0.14195$，产量 $x^H = 43.7848$。

为了便于比较，表8-3列出了两种分配方式下高排放企业和低排放企业的相关参数。从表8-3可以看出，碳排放配额的分配方式对高排放企业和低排放企业的产量并无影响，而碳价是与企业产品价格相关的，所以碳价也是不变的，这主要是由于我国电力市场企业产品即上网电价是统一政府限价原因导致的，但对企业收益来说，基于历史排放的分配方式显然对高排放企业有利，基于产出的分配方式对低排放企业更好，两种分配方式下交易企业总收益不变。

表8-3 两种分配方式下企业相关指标

	高排放企业			低排放企业			碳价	总收益
	x^H	π^H	e^H	x^L	π^L	e^L	τ	π
Fathering	43.7848	25.4411	19.1711	48.2864	24.1432	5.8289	0.14195	49.5843
Out-based	43.7848	21.8924	19.1711	48.2864	27.6919	5.8289	0.14195	49.5843

纵向来看，由于两种分配方式下企业产量不变，所以碳排放量也没有变化。

但横向比较后发现，低排放企业的排放量仅为高排放企业排放量的 30%。因此，在统一电价的电力市场上，基于产出的配额分配方式下，低排放企业收益最高，碳排放也较小。

接下来，选取主要变量进行敏感性分析，本书理论模型中，重要变量为碳排放配额 e^A 和生产成本 $c(x)$。

第一，分析企业获得的碳排放配额变动对企业总收益和碳价的影响。设 e^A 增加 20%，其他变量条件不变，此时，$e^A = 30$，若采用祖父制，代入上述方程，得到 $\dfrac{100}{(\tau_1+4)^2} + \dfrac{(x^H)^2}{100} = 30$ 以及 $x^H = \dfrac{60}{\tau_1+1}$，进而求得产量 $x^H = 47.4675$，碳价 $\tau_1 = 0.12319$，产量 $x^L = 51.5481$。高排放企业、低排放企业的收益分别为 25.8559、24.1577，总收益为 50.0136。同理，若配额分配采用第二种方式，可以计算得到产量 $x^L = 51.5481$，碳价 $\tau_2 = 0.12319$，产量 $x^H = 47.4675$。高排放企业、低排放企业的收益分别为 22.1602、27.8534，总收益为 50.0136。结果说明，如果增加交易市场上碳排放配额，在其他条件不变时，碳价会降低，两种分配方式下的企业收益会提高，企业获得的总收益也会增加，因此，在后续交易市场配额分配时，可以考虑加大配额供应量，避免配额过少，碳价过高或者企业利润降低。

第二，分析生产成本变动对企业总收益和碳价的影响。若生产成本 $c(x)$ 增加 20%，在其他变量不改变时，设 $c(x) = \dfrac{1.2x^2}{100}$，在第一种分配方式下，代入计算，此时求解一阶条件得到 $\dfrac{100}{(\tau_1+4.8)^2} + \dfrac{(x^H)^2}{100} = 25$ 及 $x^H = \dfrac{50}{\tau_1+1.2}$，计算结果为产量 $x^H = 40.6421$，碳价 $\tau_1 = 0.16327$，产量 $x^L = 41.2453$。高排放企业和低排放企业的收益分别为 22.2056、20.1368，总收益为 43.3424。在第二种分配方式下，采用类似的方法计算发现，高排放企业和低排放企业的收益分别为 18.1239、24.2185，总收益为 43.3424。敏感度分析结果表明，当生产成本增加时，交易市场碳价也会相应提高，两种分配方式下的交易企业收益及总收益均降低。同时，第二种分配方式有利于增加低排放企业的收益。因此，在交易市场的初级阶段，对参与交易企业应采取适当措施，降低其生产成本，提高企业参与交易的积极性。

电力行业的碳排放配额交易市场是一个寡头垄断市场，存在明显的信息不对称、不确定性，单纯依靠市场机制的定价方式很难达到资源的有效配置，电价规制自然有一定的合理性。

第三节　基于博弈模型的节能
减排信贷政策效应分析

为应对全球气候变化，我国政府承诺到 2020 年单位国内生产总值二氧化碳排放要比 2005 年下降 40%～45%，节能提高能效的贡献率要达到 85% 以上。而伴随着我国经济飞速增长的是投资驱动、工业主导、能源消耗量大、利用强度低、结构不合理的现实。如何形成有效的激励机制、合理引导企业加快淘汰落后产能、加大企业技术改造力度、加快产业结构调整、转变发展方式具有重大而深远的意义。

不少学者首先探讨节能减排的各项政策。曾凡银（2010）将我国节能减排政策工具分成三类：一般性政策工具。包括财税政策、金融政策、价格政策。特殊性政策工具。包括直接性和选择性控制措施。间接引导性工具。包括道义劝告和窗口指导等方法，阐述了我国节能减排政策的传导机制。给出了完善有效的公众参与制度、明晰环境资源的产权等优化和改进我国节能减排政策的建议。张其仔等（2007）从制度挤出效应的角度研究了环境保护政策的制定必须加强政府管制的强度和对违规的处罚力度，才能保证节能减排目标的实现。何建武等（2009）分析了能源和环境税收政策的影响，认为单纯地实施能源税和环境税来实现一定的污染减排目标将会给宏观经济带来负面影响，而且对污染物征税对于经济活动造成的负面影响要小于对能源消费征税，因此，在征收能源税（环境税）的同时，应该实施相应配套政策。Todd Litman（2009）的研究发现消费者为了降低碳排放税的负担，有很多可能的方法来节约能源，通过鼓励人们节约能源，碳排放征税促进了经济的发展。也有很多学者关注节能减排的路径。蔡昉等（2008）认为节能减排政策能否实现与地方政府的发展动机及企业行为激励相容，从而真正得以贯彻是关键。他们提出中央政府要进行机制设计，一方面把经济增长方式转变的内在要求转化成为地区经济增长行为的变化，以及地方政府经济职能的变化；另一方面通过完善区域之间、中央与地方之间的转移支付，为缓解欠发达地区的 GDP 冲动提供物质激励，更有效地和更加激励相容地实施减排。Paul C. Stern 等（2010）讨论了以家庭为单位的节能减排的一些规则，如优先考虑有重要影响行为（合乘汽车）、提供足够的货币刺激等。Guo Ru 等（2010）对上海城市减排水平进行了系统分析后发现，过去 15 年内，上海能源消耗量持续上升，其中主要是工业能源消耗，考虑到未来经济发展和能源强度特点，他们建议从改善工业结构、优化能源结构、加强碳汇建设三个方面促进城市的节能减排工作。也有不少研究着眼于节能减排的机制。莫神星（2008）从机制、法律、政策三方面分析，认为我国需要建立健全节能减排法律与政策长效综合机制、政府调控与决策机制、企业与市场—激励与约束综合机制、全民参与综合机制。Edward Vine 和 Jan Hamrin（2008）介绍了节能认证作为一种市场机制，对于减轻温室气体排放、提高能源利用效率的潜在机会和重要意义。彭江波（2010）探讨了金融促进节能减排市场化工具的运行机制，提出将市场化运作的环境风险组合到金融风险中，充分利用金融风险管理技术，借助市场机制、政府管制、社会监督等多方面力量，有效推进市场化工具在促进节能减排中的作用。

我国节能减排的信贷政策主要是以直接控制（命令—控制）为主，尚未形成完好的激励政策和市场手段，投融资模式欠缺，节能减排项目迫切需要金融信贷政策的支持，已有文献主要是从宏观层面对金融信贷政策进行研究，从微观角度定量研究企业减排动机和金融信贷政策的研究尚不多见。因此，本书旨在从博弈视角分析企业和金融机构的最优选择，在接下来第二部分给出了基本假设，第三部分通过建立博弈模型，研究了企业与信贷部门在合作和不合作条件下的策略选择和均衡解，并进行了比较分析，最后一部分是研究结论。

一、博弈模型的构建与分析

为研究问题方便，我们提出如下基本假设：

（1）博弈的参与人是一个金融机构的信贷部门与一家申请贷款的企业，均为理性经济人。

（2）企业向金融机构的信贷部门申请 A 万元贷款用于新项目的建设，信贷部门需要审查该项目是否符合国家减排要求；若金融机构信贷部门选择审查，则必须付出检查成本 C；若审查发现企业存在隐瞒项目环评情况或提供虚假证明材料等行为，金融机构对企业处以 F 万元的罚款（可以是对先前已审批贷款的高额罚息等）。

（3）由于能源需求的大幅增加、受利益驱动，企业新申请贷款可能将其用于高排放项目（以落后产能、落后工艺设备为代表的项目），获取低成本下的利润最大化，也可能将其用于低排放项目。若用于高排放项目，则由于国家政策限制、区域环保要求，社会公众对企业的评价降低等原因可能导致该笔贷款成为不良贷款（为了简化分析，假设分文不能收回）。

（4）若信贷部门经审查发现企业新项目是高排放项目，企业需付出声誉负

效用 R_1，如果是低排放项目，企业获得声誉正效用 R_2；信贷部门经理审查时得到负效用 E；信贷部门经理管理行为可能短期化，接受企业的公关活动，从而获得效用 M，因而选择不审查该笔贷款，尽力进行风险掩饰与推迟。

（5）参数 C，F，R_1，R_2，E，M 均大于零，并假定 $A+F-C-E>-A+M$。

（6）信贷部门与企业各自以一定的概率选择自己的行动，构成混合策略。信贷部门以概率 x 选择审查，以概率 $1-x$ 选择不审查；企业以概率 y 选择高排放项目，以概率 $1-y$ 选择低排放项目。相应策略对应的收益矩阵如表8-4所示。

表8-4 信贷部门与企业的收益矩阵

企业 ＼ 信贷部门	审查	不审查
高排放项目	$(-F-R_1,\ A+F-C-E)$	$(A,\ -A+M)$
低排放项目	$(R_2,\ A-C-E)$	$(-A,\ A)$

显然，若信贷部门审查，则企业的最优策略是低排放；若信贷部门不审查，则企业的最优策略是高排放；若该项目是高排放项目，则信贷部门的最优策略是审查；若该项目是低排放项目，则信贷部门的最优策略是不审查。以上博弈不存在纯策略纳什均衡。

基于上述假设，我们先从企业与信贷部门经理非合作博弈［策略组合分别为 $(y_1,\ 1-y_1)$、$(x_1,\ 1-x_1)$］和合作博弈［策略组合分别为 $(y_2,\ 1-y_2)$、$(x_2,\ 1-x_2)$］两个角度分别给出各自的最优选择，然后进行比较分析。

1. 非合作博弈情况

由前面讨论可以看出，企业和信贷部门的预期收益函数分别为：

$$U_E(x_1,y_1)=(y_1,1-y_1)\begin{pmatrix}-F-R_1 & A \\ R_2 & -A\end{pmatrix}\begin{pmatrix}x_1 \\ 1-x_1\end{pmatrix}$$

$$=(-F-R_1-R_2-2A)x_1y_1+(A+R_2)x_1+2Ay_1$$

$$U_B(x_1,y_1)=(x_1,1-x_1)\begin{pmatrix}A+F-C-E & -A+M \\ A-C-E & A\end{pmatrix}\begin{pmatrix}y_1 \\ 1-y_1\end{pmatrix}$$

$$=(F-M+2A)x_1y_1+(-C-E)x_1+(M-2A)y_1+A$$

最优化的一阶条件为：

$$\frac{\partial U_E(x_1,y_1)}{\partial y_1}=(-F-R_1-R_2-2A)x_1+2A=0,\ \frac{\partial U_B(x_1,y_1)}{\partial x_1}=(F-M+2A)y_1-C-E=0$$

得到非合作博弈情况下的均衡解为：

$$x_1^* = \frac{2A}{F+2A+R_1+R_2}$$

$$y_1^* = \frac{C+E}{F+2A-M}$$

（1）对金融机构信贷部门审查的概率 x_1^* 进行敏感性分析：

$$\frac{\partial x_1^*}{\partial F} = -\frac{2A}{(F+R_1+R_2+2A)^2} < 0, \quad \frac{\partial^2 x_1^*}{\partial F^2} = \frac{4A}{(F+R_1+R_2+2A)^3} > 0$$

$$\frac{\partial x_1^*}{\partial R_1} = -\frac{2A}{(F+R_1+R_2+2A)^2} < 0, \quad \frac{\partial^2 x_1^*}{\partial R_1^2} = \frac{4A}{(F+R_1+R_2+2A)^3} > 0$$

$$\frac{\partial x_1^*}{\partial R_2} = -\frac{2A}{(F+R_1+R_2+2A)^2} < 0, \quad \frac{\partial^2 x_1^*}{\partial R_2^2} = \frac{4A}{(F+R_1+R_2+2A)^3} > 0$$

这表明随着对企业的罚款、企业高排放获得的负效用、低排放获得的正效用的增加，金融机构审查的概率降低，而且审查的概率 x_1^* 与 F、R_1、R_2 呈现出凹性，即通过增大 F、R_1、R_2 来降低金融机构审查概率，初期效果显著但后续动力不足。

（2）对企业将贷款用于高排放项目的概率 y_1^* 进行敏感性分析：

$$\frac{\partial y_1^*}{\partial F} = -\frac{C+E}{(2A+F-M)^2} < 0$$

$$\frac{\partial^2 y_1^*}{\partial F^2} = \frac{2(C+E)}{(2A+F-M)^3} > 0$$

即在短期内加大对高排放企业的罚款会降低企业高排放的概率，但长期来看，效果并不明显，因此罚款并不能作为降低企业高排放概率的唯一手段。

$$\frac{\partial y_1^*}{\partial M} = \frac{C+E}{(2A+F-M)^2} > 0$$

$$\frac{\partial^2 y_1^*}{\partial M^2} = \frac{2(C+E)}{(2A+F-M)^3} > 0$$

这说明信贷部门因企业的公关活动获得的效用越大，企业高排放的概率越大。同时，y_1^* 与 M 呈现出凹性。所以企业公关活动会导致企业高排放的概率显著增大，具有严重的负外部性。

而 $\frac{\partial}{\partial M}\left(\frac{\partial y_1^*}{\partial F}\right) = -\frac{2(C+E)}{(2A+F-M)^3} < 0$ 表明，信贷部门经理因企业的公关活动获得的效用与罚款的企业边际高排放的概率成反向变化，即 M 降低时，同样的罚款

增加量会导致较高的高排放概率。这要求我们进一步认识到对高排放企业处罚的适度性和企业公关活动的危害性。

$$\frac{\partial y_1^*}{\partial C} = \frac{1}{2A+F-M} > 0$$

$$\frac{\partial^2 y_1^*}{\partial C^2} = 0$$

$$\frac{\partial y_1^*}{\partial E} = \frac{1}{2A+F-M} > 0$$

$$\frac{\partial^2 y_1^*}{\partial E^2} = 0$$

意味着金融机构信贷部门审查成本、信贷部门经理审查时负效用的增加，会增加企业高排放的概率。因此多部门之间要加强合作，增强信贷部门各类型信息的可获得性，尽可能降低信贷部门的审查成本，从而降低企业投资高排放项目的概率。

2. 合作博弈情况

信贷资金是稀缺资源，由于各金融机构信贷政策的倾斜，企业获得贷款资源的难度加大，因此企业与金融机构信贷部门经理存在合谋的可能。为了简化分析，假设企业和金融机构信贷部门合作时共同的预期收益函数为：

$$U(x_2,y_2) = U_E(x_2,y_2) + U_B(x_2,y_2)$$

$$U(x_2,y_2) = (y_2,1-y_2)\begin{pmatrix} -F-R_1 & A \\ R_2 & -A \end{pmatrix}\begin{pmatrix} x_2 \\ 1-x_2 \end{pmatrix} + (x_2,1-x_2)\begin{pmatrix} A+F-C-E & -A+M \\ A-C-E & A \end{pmatrix}\begin{pmatrix} y_2 \\ 1-y_2 \end{pmatrix}$$

$$= (-M-R_1-R_2)x_2y_2 + (A+R_2-C-E)x_2 + My_2 + A$$

其最优化的一阶条件为：

$$\frac{\partial U(x_2,y_2)}{\partial x_2} = (-M-R_1-R_2)y_2 + (A+R_2-C-E) = 0$$

$$\frac{\partial U(x_2,y_2)}{\partial y_2} = (-M-R_1-R_2)x_2 + M = 0$$

从而得到：

$$x_2^* = \frac{M}{M+R_1+R_2}$$

$$y_2^* = \frac{A+R_2-C-E}{M+R_1+R_2}$$

（1）对金融机构信贷部门审查的概率 x_2^* 进行敏感性分析：

$$\frac{\partial x_2^*}{\partial M} = \frac{R_1 + R_2}{(M + R_1 + R_2)^2} > 0$$

$$\frac{\partial^2 x_2^*}{\partial M^2} = -\frac{2 (R_1 + R_2)}{(M + R_1 + R_2)^3} < 0$$

这表明，随着金融机构信贷部门经理因企业公关活动获得的效用的增加，信贷部门审查的概率也增加，并且 x_2^* 与 M 呈现出凸性。即在企业和信贷部门经理合谋时，信贷部门也会加大审查概率，所以在某些情况下加大审查力度可能只是表面现象。

$$\frac{\partial}{\partial R_1}\left(\frac{\partial x_2^*}{\partial M}\right) = \frac{M - R_1 - R_2}{(M + R_1 + R_2)^3} = \begin{cases} <0, R_1 > M - R_2 \\ >0, R_1 < M - R_2 \end{cases}$$

$$\frac{\partial^2}{\partial R_1^2}\left(\frac{\partial x_2^*}{\partial M}\right) = \frac{-4M + 2R_1 + 2R_2}{(M + R_1 + R_2)^4} = \begin{cases} <0, R_1 < 2M - R_2 \\ >0, R_1 > 2M - R_2 \end{cases}$$

当 $R_1 > M - R_2$ 时，企业公关活动给信贷部门经理带来的效用的边际审查概率与企业声誉负效用 R_1 成反向变化关系，此时若 $M - R_2 < R_1 < 2M - R_2$，$\frac{\partial x_2^*}{\partial M}$ 与 R_1 呈现凸性；若 $R_1 > 2M - R_2$，$\frac{\partial x_2^*}{\partial M}$ 与 R_1 呈现凹性；当 $R_1 < M - R_2$ 时，信贷部门经理因企业公关活动获得效用的边际审查概率与企业声誉负效用 R_1 呈递增关系，$\frac{\partial x_2^*}{\partial M}$ 与 R_1 呈现凹性。即在给定 M、R_2 不变的条件下，随着声誉负效用 R_1 的不断增大，信贷部门经理因企业公关活动获得效用的边际审查概率呈现出先增大后减小的变化曲线。说明在企业和信贷部门经理合谋时，一味放大高排放企业的负效用，会导致信贷部门较低的审查概率。

$$\frac{\partial x_2^*}{\partial R_1} = -\frac{M}{(M + R_1 + R_2)^2} < 0$$

$$\frac{\partial^2 x_2^*}{\partial R_1^2} = \frac{2M}{(F + R_1 + R_2)^3} > 0$$

$$\frac{\partial x_2^*}{\partial R_2} = -\frac{M}{(M + R_1 + R_2)^2} < 0$$

$$\frac{\partial^2 x_2^*}{\partial R_2^2} = \frac{2M}{(M+R_1+R_2)^3} > 0$$

这意味着，在合谋情形下，增加对高排放企业的负效用、低排放企业的正效用会使得金融机构信贷部门降低审查概率。

（2）对企业将贷款用于高排放项目的概率 y_2^* 进行敏感性分析：

$$\frac{\partial y_2^*}{\partial M} = -\frac{A+R_2-C-E}{(M+R_1+R_2)^2} = \begin{cases} >0 & A+R_2<C+E \\ <0 & A+R_2>C+E \end{cases}$$

$$\frac{\partial^2 y_2^*}{\partial M^2} = 2\frac{A+R_2-C-E}{(M+R_1+R_2)^3} = \begin{cases} <0 & A+R_2<C+E \\ >0 & A+R_2>C+E \end{cases}$$

$$\frac{\partial y_2^*}{\partial R_1} = -\frac{A+R_2-C-E}{(M+R_1+R_2)^2} = \begin{cases} >0 & A+R_2<C+E \\ <0 & A+R_2>C+E \end{cases}$$

$$\frac{\partial^2 y_2^*}{\partial R_1^2} = 2\frac{A+R_2-C-E}{(M+R_1+R_2)^3} = \begin{cases} <0 & A+R_2<C+E \\ >0 & A+R_2>C+E \end{cases}$$

当 $A+R_2<C+E$ 时，M、R_1 增加，企业高排放的概率 y_2^* 增加，y_2^* 与 M、R_1 呈现凸性；当 $A+R_2>C+E$ 时，M、R_1 增加，企业高排放的概率 y_2^* 降低，y_2^* 与 M、R_1 呈现凹性。

这说明在合谋时，要降低企业高排放的概率，既要考虑企业的声誉正负效用和公关活动给信贷部门经理带来的效用，也要结合信贷部门的审查成本。

而 $\frac{\partial y_2^*}{\partial C} = \frac{\partial y_2^*}{\partial E} = -\frac{1}{M+R_1+R_2} < 0$ 意味着为了达到合谋时双方利益的最大化，在金融机构信贷部门审查成本、信贷部门经理审查负效用增加时，企业会降低高排放的概率。

从上述合作和不合作情形的分析可以看出：

（1）在非合作情形下，随着罚款 F 的增加，企业会降低高排放的概率，金融机构信贷部门的审查概率也会降低，但降低的幅度会伴随罚款的不断增大逐步变小，罚款的边际效率会越来越低；而当企业与信贷部门经理合谋时，单纯的罚款对于金融机构信贷部门的审查概率、企业高排放概率的降低毫无效果。

（2）在非合作博弈前提下，因企业的公关活动给信贷部门经理带来的效用的增加，会显著加大企业高排放的概率；当企业与信贷部门经理合谋时，为了达到企业和信贷部门经理效用的最大化，因企业的公关活动给信贷部门经理带来的效用的增加也可能会加大企业高排放的概率；同时，在企业与信贷部门经理合谋时，随着 M 的增加，信贷部门审查的概率也相应增加，扩大了金融机构的"非生产性消费"，损害了金融机构的整体利益。

（3）随着企业高排放带来的声誉负效用 R_1 的增加，在非合作情形下，金融机构会降低信贷部门审查的概率，节约了社会资源；在合作情形下，若 $A+R_2<C+E$，企业高排放的概率会增加。

二、非合作博弈与合作博弈的比较分析

将最优解分别代入预期收益函数，得到非合作和合作情形下的最优值，

$$U_E(x_1{}^*,y_1{}^*)=\frac{2A(A+R_2)}{F+R_1+R_2+2A}$$

$$U_B(x_1{}^*,y_1{}^*)=\frac{(M-2A)(C+E)}{F-M+2A}+A$$

$$U(x_2{}^*,y_2{}^*)=\frac{M(A+R_2-C-E)}{M+R_1+R_2}+A$$

命题　若企业的声誉效用之和 R_1+R_2 介于 $\dfrac{(F+2A-M)(A+R_2)-(F+2A)(C+E)}{C+E}$

和 $\dfrac{MF}{2A-M}$ 之间，则 $U_E+U_B>U$。

证明：经计算得到：

$$U_E+U_B-U=\frac{\{(F+2A-M)(A+R_2)-(F+2A+R_1+R_2)(C+E)\}\{(2A-M)(R_1+R_2)-MF\}}{(F+2A+R_1+R_2)(F+2A-M)(M+R_1+R_2)},$$

要证 $U_E+U_B>U$ 即证 $U_E+U_B-U>0$。

因为 $F+2A>M$，所以只要证明下述不等式成立。

$$\begin{cases} (F+2A-M)(A+R_2)>(F+2A+R_1+R_2)(C+E) \\ (2A-M)(R_1+R_2)>MF \end{cases}$$

或者

$$\begin{cases} (F+2A-M)(A+R_2)<(F+2A+R_1+R_2)(C+E) \\ (2A-M)(R_1+R_2)<MF \end{cases}$$

求解上述不等式得到，

$$\frac{MF}{2A-M}<R_1+R_2<\frac{(F+2A-M)(A+R_2)-(F+2A)(C+E)}{C+E}$$

或者

$$\frac{(F+2A-M)(A+R_2)-(F+2A)(C+E)}{C+E}<R_1+R_2<\frac{MF}{2A-M}$$

下面对上述结论进行数值模拟，假设 $A=50$，$C=10$，$F=20$，$R_1=30$，$E=5$，$M=10$，取不同的 R_2 计算所得结果如表8-5所示。

表8-5 数值模拟结果

	企业高排放概率	企业收益	信贷部门审查概率	信贷部门收益	总收益
$R_2=15$					
非合作博弈	$x_1{}^*=\dfrac{20}{33}$	$u_E=\dfrac{2600}{66}$	$y_1{}^*=\dfrac{3}{22}$	$u_B=\dfrac{2490}{66}$	$u=\dfrac{5090}{66}$
合作博弈	$x_2{}^*=\dfrac{2}{11}$	$u_E=\dfrac{1950}{66}$	$y_2{}^*=\dfrac{10}{11}$	$u_B=\dfrac{1950}{66}$	$u=\dfrac{3900}{66}$
$R_2=20$					
非合作博弈	$x_1{}^*=\dfrac{10}{17}$	$u_E=\dfrac{700}{17}$	$y_1{}^*=\dfrac{3}{22}$	$u_B=\dfrac{2490}{66}$	$u=\dfrac{14755}{187}$
合作博弈	$x_2{}^*=\dfrac{1}{6}$	$u_E=\dfrac{355}{12}$	$y_2{}^*=\dfrac{11}{12}$	$u_B=\dfrac{355}{12}$	$u=\dfrac{355}{6}$

从表8-5可以看出，无论 R_2 取什么值，只要满足命题条件就能保证非合作博弈下的总收益大于合作博弈下的总收益，有利于监管者制定政策，引导企业和金融机构的利益取向，提高社会效益；在其他条件不变时，提高企业低排放的正效用，在降低企业高排放概率的同时，提高了企业和信贷部门的收益，从而提高了总收益。

三、研究结论

首先，促进企业减排积极性，防止落后产能死灰复燃，不能单纯依靠增加企业高排放项目的粉饰成本、加大对隐瞒环评企业的惩戒力度。存在外部性的市场化工具有时会出现失灵，相关部门要加强信息沟通和政策协调，进一步完善各职能部门的信息交流和共享机制，适时激发公众的参与热情，增强节能减排信贷政策的效果。

其次，提高企业减排积极性，应该加大对低排放企业的正面宣传和舆论引导，建立低排放企业的绿色档案，对低排放企业开展包括循环授信机制在内的多元化信贷支持，努力建立绿色贷款长期扶持机制，放大低排放企业的声誉正效用。要及时更新和共享各类型企业的环保数据，建立失信企业的黑名单制度，提高对存在高排放历史的企业的融资门槛，扩大企业高排放带来的声誉负效用。

最后，企业和信贷部门要建立内部防范机制，发挥市场纪律约束，强化风险管理和内控建设，通过有效的制度来降低企业公关活动的影响。

第九章　其他常见的环境经济政策评价

第一节　基于超效率 DEA 模型的中国碳管制效率研究

　　人类生产生活导致的温室气体排放对气候变化的影响已经引起了全球社会的广泛关注，为减缓二氧化碳排放造成的全球气候变暖，世界各国政府一直在努力。在 2015 年通过、2016 年签署的《巴黎协定》上，各缔约方承诺将把"全球气温升幅控制在 2℃以内"作为目标，并为把升温幅度控制在 1.5℃以内而努力。随着全球经济的缓慢回暖，全球范围内碳排放总量也会随之上升，《2017 全球碳预算报告》指出：到 2017 年底，全球化石燃料及工业二氧化碳排放总量预计将比 2016 年增长 2%。

　　中国是世界上最大的二氧化碳排放国，其应对气候变化的行动一直是世界关注的焦点。虽然没有减排义务，但中国作为负责任的大国，在 2009 年哥本哈根会议上，就做出承诺到 2020 年中国单位 GDP 二氧化碳排放将比 2005 年下降 40%~45%。中国"十三五"规划又再次提出到 2020 年，单位国内生产总值二氧化碳排放比 2015 年下降 18%，碳排放总量得到有效控制的约束目标，又一次彰显了中国降低二氧化碳排放的决心和勇气。2017 年 12 月，国家发改委宣布中国统一碳交易市场正式开启，这标志着中国利用市场手段降低二氧化碳排放迈出了关键一步。这些碳减排政策工具的贯彻执行，对有效降低中国二氧化碳排放，促进产业转型升级，转变经济增长方式，加速生态文明建设发挥了重要作用。但也必须看到中国经济进入新常态后，经济中高速增长也将伴随着二氧化碳排放总量的缓慢增长，数据显示，虽然 2016 年中国（不包括港澳台地区）煤炭消费在能源消费总量的占比下降了 2%，但中国能源消费总量增长了 1.3%，二氧化碳排放总量为 9123.0 百万吨，依旧达到全球碳排放总量的 27.3%，中国的二氧化碳管制形势依然严峻。近日，在全国生态环境保护大会上，习近平总书记发表了重要讲话，提出新时代推进生态文明建设的原则和要求，这将进一步传递继续加强碳排放管制的政策信号。

　　如何客观地对二氧化碳排放管制的效率进行评价是中国碳管制体系的一个重要环节，可以及时分析碳管制效果、发现碳管制过程中的问题，找到提升碳管制效率的路径和方法，这对后续相关碳排放管制政策的制定和完善具有重要的意义。

一、碳排放管制政策文献综述

　　碳排放相关问题一直是国内外学者研究的热点，大量文献从不同方面进行了广泛的研究，这其中对碳排放管制效率的研究并不多见。Böhringer C. 等（2008）分析了在欧盟碳交易机制覆盖部门征收碳税带来的潜在效率损失，认为双重管制带来了额外的成本增加。常凯和王维红（2011）也提出双重管制会导致碳价上升，碳减排量下降，扭曲了碳减排效率。张伟等（2013）基于因素分解模型发现，中国的二氧化碳减排效率受能源使用和碳排放的技术因素影响。支燕（2013）基于 STIRPAT 模型研究了不同国家的碳管制效率差异，发现中国的碳管制效率最高，影响碳管制效率的主要因素是法治力度和政府效率。高杨和李健（2014）采用管制规划模型研究发现，碳排放管制目标确定时，可以通过调控碳排放标准和监督概率变动实现社会经济成本的最优成本效率。杨翱等（2014）比较了不同碳减排政策的优劣，运用 DSGE 模型模拟了不同政策对宏观经济变量稳定值的影响。肖红叶和程郁泰（2017）也研究了中国碳减排政策的效应，提出了E-DSGE 模型进行仿真测度，认为目前环境政策没有对经济系统稳定产生特别强烈的负面冲击。

　　上述文献研究主要是对碳减排政策效率进行评价研究，对碳排放管制效率的研究，只有 2013 年，支燕运用了 STIRPAT 模型进行的分析，但该文献比较了不同国家碳管制效率的差距，没有对中国碳排放管制效率进行研究，也缺乏对影响中国碳管制效率因素的分析。因此，本书通过选择投入、产出指标，构建中国碳管制效率的超效率 DEA 评价模型，测算中国碳排放管制效率，研究效率区域差异，并寻求导致效率差异的可能因素。

二、超效率 DEA 模型变量和数据处理

　　超效率 DEA 模型是一种超效率包络分析模型，它是一种基于传统 DEA 模型

的新模型，传统 DEA 模型只能区别决策单元是否有效率，不能对结果直接进行分析。超效率 DEA 模型弥补了传统 DEA 模型的不足，利用此模型所得出的值不只限制在 0~1 的范围之内，而是允许计算得到的值大于 1，更加方便对各决策单元作比较。具体模型如下：假设决策单元的数量为 n，输入和输出的数据分别为 (x_j, y_j) $(j = 1, 2, \cdots, n)$，对于第 j_0 $(1 \leqslant j_0 \leqslant n)$ 个决策单元，SE-DEA 模型计算第 j_0 个决策单元的效率值的公式为：

$$\min\theta - \varepsilon(\sum_{i=1}^{m} S_i^- + \sum_{r=1}^{s} S_r^+)$$

$$\text{s. t.} \sum_{j=1}^{n} x_{ij} \lambda_j + S_i^- = \theta_{x_{ij_0}} (i = 1, 2, \cdots, m)$$

$$\sum_{j=1}^{n} y_{rj} \lambda_j - S_r^+ = y_{rj_0} (r = 1, 2, \cdots, s)$$

$$\lambda_j, S_i^-, S_r^+ \geqslant 0 (j = 1, 2, \cdots, j_0 - 1, j_0, j_0 + 1, \cdots, n)$$

其中，θ 为第 j_0 个决策单元的超效率值；ε 为非阿基米德无穷小量；n 是决策单元的数量，每个决策单元均包括 m 种输入变量和 s 种输出变量；S_i^-、S_r^+ 分别为输入和输出的松弛变量；x_{ij} 表示第 j 个决策单元在第 i 个投入指标上的值；y_{rj} 表示第 j 个决策单元在第 r 个产出指标上的值；λ_j 是各类指标的权重，可由模型求解。DEA 是一种环境效率评估模型，超效率值越大，说明技术越有效。

本书把影响碳管制效率的几种因素作为投入变量，把地区生产总值作为期望产出，碳排放则作为非期望产出。在超效率 DEA 模型中，采用"非预期产出作投入法"来处理碳排放指标，由此计算碳排放管制效率，运用 Matlab 来进行模型的计算以及数据处理。

研究碳管制效率，要考虑哪些因素导致碳排放增加，已有大量研究成果对影响中国碳排放的基本因素已达成共识，人口、技术和产业结构是基本的影响因子，它们在短时间内很难有显著变化。因此，在选择投入指标时，它们只考虑上述基本面，并做了适当的改进，形成了城市化水平、对外开放程度以及产业结构来影响碳管制效率的指标。具体而言，首先，目前中国城市化水平还不高，城市化率仍处于不断上升阶段，城市化的发展进程中需要消耗大量能源。同时，城市化进程也使得城市人口越来越多，持续增加的城市人口导致能源的消耗继续升高，所以，城市化水平的不断提升会导致各个地区的碳排放量不断增加，进而影响地方政府对于碳排放的管制效率。城市化水平用城镇居民的人口数占总人口数来表示。其次，中国对外贸易的增加加速了相关产品的生产过程，导致了更多的能源消耗，使得碳排放量也有所增加。同时，对外开放也会带来技术的相互交流、引进新技术、改进生产流程，带动中国的生产效率的提高，而生产效率的提高也说明了技术的进步，从而碳排放的管制效率也会产生影响，所以本书将地区对外开放程度作为投入指标之一。对外开放程度用地区的外贸总额与 GDP 比率来表示。最后，产业结构用第三产业和第二产业之比来进行衡量。由于第三产业消耗的能源以及所产生的碳排放相对较少，所以不同地区产业结构的差异会导致碳排放量的截然不同，政府在促进产业结构优化升级上的努力也会影响碳管制效率。

本书主要选取中国 30 个省份（不包括西藏、台湾、香港和澳门）2008～2016 年的相关数据进行研究，所有投入变量数据、期望产出数据均来自《中国统计年鉴》（2009～2017）。

非期望产出数据需要通过计算各省不同年份的碳排放量得到。各省份的能源消费相关数据来自《中国能源统计年鉴》（2009～2017）。碳排放量包括各类化石燃料在消耗过程中所排放的直接碳排放量与电力调入调出产生的间接碳排放量之和，公式如下：

$$TC_{it} = C_{D_{it}} + C_{P_{it}}$$

其中，$C_{D_{it}}$ 代表 i 省 t 年的省内直接碳排放量，即消耗化石燃料排放的碳排放量，计算公式为：$C_{D_{it}} = \sum E_{ijt} \cdot \rho_j$，$E_{ijt}$ 代表 i 省 t 年 j 种能源的消耗量，ρ_j 代表 j 种能源的碳排放系数。主要的化石燃料包括汽油、原油、燃料油、原煤、焦炭和天然气，$C_{P_{it}}$ 为电力调入调出所带来的间接碳排放量。在计算不同能源的消耗量时，通过不同能源的折标准煤系数，将不同能源的消耗量折算成标准煤，再运用碳排放系数计算出最终的碳排放量。具体的二氧化碳排放系数如表 9-1 所示。

表 9-1　各类能源的折标准煤系数和碳排放系数

能源名称	原煤	焦炭	原油	汽油	煤油	柴油	燃料油	天然气	电力
折标准煤系数（吨标准煤）	0.7143	0.9714	1.4286	1.4714	1.4714	1.4571	1.4286	13.3	1.229
碳排放系数（吨碳/万吨标准煤）	0.7476	0.855	0.5857	0.5538	0.5714	0.5921	0.6185	0.4483	2.2132

资料来源：《综合能耗计算通则》（GB/T 2589—2008）。

计算得到 2008～2016 年中国各省份的碳排放量，计算结果如表 9-2 所示，由于数据较多，表 9-2 仅列出了部分年份的碳排放数据。

表 9-2 2008~2016 年中国部分省份碳排放量

单位：万吨

省份	2008 年	2010 年	2012 年	2013 年	2014 年	2015 年	2016 年
北京	5596.99	6069.53	6033.10	5801.37	5980.55	5915.84	5918.69
安徽	9912.10	11765.90	13604.97	14837.96	15336.15	15505.31	15918.61
福建	7764.51	9947.52	11511.60	11638.71	13049.33	12740.83	12578.90
甘肃	6236.74	7017.22	8452.42	8854.81	8959.48	8794.16	8497.02
广东	23015.65	27143.99	29850.30	30259.07	31441.43	31678.35	33066.98
广西	5639.35	7540.51	9662.56	9823.51	9985.14	9734.80	10143.54
贵州	7766.18	8803.37	10747.38	11259.84	11103.26	11042.42	11711.97
海南	1627.96	1938.39	2422.68	2337.11	2561.69	2807.01	2790.04
河北	25661.45	30242.29	34656.21	35155.17	34039.62	33427.05	33696.26
河南	20839.60	23510.24	25124.78	25251.92	25508.11	25431.35	25598.98
黑龙江	10303.64	11636.98	13042.80	12408.47	12585.20	12559.48	12854.73
湖北	11122.10	13772.78	15661.36	14386.50	14566.21	14496.47	14782.90
湖南	9855.20	11437.39	12726.21	12607.73	12376.02	12869.03	13063.95
吉林	7529.07	8621.96	9706.82	9424.58	9395.73	8856.28	8742.16
江苏	24662.22	29403.34	34699.28	36228.68	36236.54	37328.76	39213.35
江西	5480.48	6771.49	7762.90	8352.20	8647.77	9094.03	9435.69
辽宁	20496.89	23572.71	26089.87	25457.55	25558.10	24885.06	25095.72
内蒙古	17507.23	21196.96	27549.93	27482.37	28644.64	28931.24	29336.94
宁夏	4007.03	5144.48	7249.18	7768.02	7973.73	8254.03	8232.96
青海	1993.11	2424.51	3270.74	3630.40	3637.89	3331.33	3529.50
山东	33933.00	39486.26	44155.91	43916.00	46579.50	51237.91	54605.18
山西	21348.45	22860.95	26546.09	27238.18	27752.26	27301.53	26821.25
陕西	9386.72	11947.61	15108.10	16083.56	16981.04	16848.24	17604.61
上海	10032.03	11076.43	11336.04	11836.67	11003.63	11334.37	11560.57
四川	11670.81	13924.73	15188.35	15737.07	16279.35	15552.45	15502.27
天津	5351.94	6922.27	7680.08	7993.38	7843.39	7745.37	7489.59
新疆	7217.67	9539.14	13719.10	16270.96	18602.65	19502.70	20760.02
云南	8158.36	9487.30	10822.21	11107.26	10563.61	9636.04	9508.12
浙江	17108.40	19708.61	21100.00	21811.11	21828.00	22099.84	22866.94
重庆	5042.18	6123.48	6940.00	6495.68	6950.36	7016.41	7100.15

三、碳管制效率计算结果

采用超效率 DEA 模型来对碳管制效率进行计算，得到中国 2008～2016 年碳管制效率的整体变化情况，如图 9-1 所示。可以发现，2008～2009 年碳管制效率短暂下跌后，随着中国碳排放管制政策、法规和规定的出台，2009 年开始进入上升通道，尽管进入 2011 年以来，碳管制效率提高缓慢，但 2015～2016 年碳管制效率增加明显，上涨幅度达到 10% 左右。

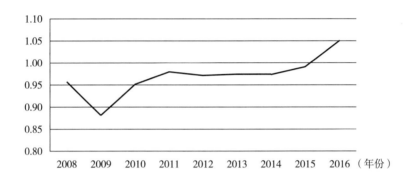

图 9-1　2008～2016 年我国碳管制效率平均值

进一步地，从不同经济区域来看（见图 9-2），2008～2016 年，四大经济区域碳管制效率整体表现为下跌—上升—下跌—再上升的走势，尤其是 2015～2016 年，中国所有区域碳管制效率均呈现急剧上升态势，中国环境保护取得了较好的政策效果。同时，除东北区域外，东部地区的碳管制效率较高，中部地区的碳管制效率次之，西部地区的碳管制效率较低，东北地区碳管制效率出现剧烈波动。2010 年之前，碳管制效率较高，2012 年以后出现下降的趋势，远低于其他三个区域，东北区域在振兴经济的同时，需要努力提高碳排放管制效率。

具体来说，从不同省份 2008～2016 年碳管制效率平均值及排名来看（见表 9-3），北京、辽宁、上海、吉林、浙江、安徽、广东和江苏的碳管制效率相对较高，贵州、新疆、河南、黑龙江、青海和甘肃等地的碳管制效率相对较低。进一步分析发现，除海南外，东部地区的碳管制效率普遍较高，排名比较靠前；东北地区除了黑龙江以外其余两个省份的碳管制效率也较高；中部地区的不同省份碳管制效率差异较大；而西部地区碳管制效率的排名普遍比较靠后。

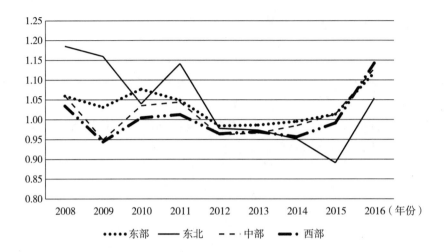

图 9-2　2008~2016 年中国不同区域的碳管制效率走势

表 9-3　中国各省份碳管制效率及排名

省份	碳管制效率	排名	省份	碳管制效率	排名
北京	1.044	1	内蒙古	0.956	16
辽宁	1.003	2	陕西	0.955	17
上海	0.992	3	重庆	0.952	18
吉林	0.980	4	湖南	0.948	19
浙江	0.978	5	湖北	0.948	20
安徽	0.975	6	宁夏	0.942	21
广东	0.973	7	广西	0.942	22
江苏	0.972	8	海南	0.938	23
江西	0.969	9	山西	0.932	24
天津	0.965	10	贵州	0.931	25
四川	0.965	11	新疆	0.930	26
云南	0.965	12	河南	0.927	27
山东	0.963	13	黑龙江	0.924	28
河北	0.961	14	青海	0.921	29
福建	0.957	15	甘肃	0.846	30

在上述结果基础上，本书将所有省份的城市化水平、对外开放程度和产业结构的平均值作为自变量，碳管制效率平均值作为因变量，进行多元线性回归分析，考察这三个影响因素与碳管制效率的关系。统计分析结果如表9-4所示。

表9-4　多元线性回归分析结果

参数	非标准化系数 B	标准错误	标准系数 β	t 值	显著性	共线性统计容许	VIF
常量	2.379	0.429					
城市化水平	-0.729	0.258	-1.477	-2.827	0.037	0.256	3.908
对外开放程度	2.598	0.919	1.27	2.826	0.030	0.217	4.606
产业结构	0.796	0.222	1.612	3.588	0.012	0.213	4.685

如表9-4所示，可以看出三个碳管制效率影响因素的 VIF 均小于10，说明多重共线性不强，同时显著性 P 值均小于0.05，所以城市化水平、对外开放程度和产业结构这三个影响因素都显著影响碳管制效率，可以从这三个因素寻找碳管制效率区域差异的原因，进而得到提高碳管制效率的路径。

首先从城市化水平来看，碳管制效率与城市化水平呈现负相关关系，过度的城市化会降低碳管制效率。因此，对中西部碳管制效率较低的区域，在经济发展过程中要调整城市化的速度，防止急速提高的城市化水平带来碳排放量的骤增，进而影响碳管制效率。其次是对外开放程度，如表9-4所示，对外开放程度和碳管制效率呈同向变化关系，对外开放程度较低的中国中部和西部地区，可以通过对外进出口贸易所带动的经济增长以及相关生产技术的进步来提高碳管制效率。最后是产业结构，产业结构与碳管制效率正相关。产业结构明显优越的地区，第三产业产值所占比重较大，第三产业贡献较高，产生的碳排放总量也较少，产业结构比值相对较低的地区第二产业产值占比依然较高，进而导致碳排放总量相对较多。因此，政府在优化产业结构上的作为将直接影响地区碳排放总量，产业结构的调整优化，增加第三产业的比重，把国民经济的重心逐步转移到第三产业上去，能够有效地提升碳管制效率。

四、结论及建议

本书运用超效率 DEA 模型来对碳排放管制效率进行测算，研究中国不同区域管制效率的差异，并寻找造成这种差异的可能原因。在对中国 30 个省份的碳管制效率进行研究分析之后，发现中国碳管制效率存在着明显的地区差异，东部地区碳管制效率相对较高，东北地区其次，中部地区不同省份碳管制效率水平差距比较大，中部地区还有很大的上升空间，而西部地区的碳管制效率相对较低。这种地区差异与中国经济区域的划分存在着一定的趋同性，通过进一步分析影响碳管制效率的各个因素，得出改善碳管制效率的可行路径。

政府在制定碳排放管制政策时需要充分考虑中国不同地区的经济发展水平、产业结构等基本情况，形成差异化的管制政策。中国已经进入生态文明建设新时代，生态文明理念已经深入人心，各项生态环境保护政策不断出台，地方政府也竭尽全力治理经济发展中的过度排放，但必须看到中国仍存在经济发展不平衡、不充分的问题，对碳排放的管制不能超越承受能力，碳管制效率的地区差异就要求政策制定时必须分类实施，制定经济可行细化的管制政策。

中西部地区可以通过适当控制城市化水平、扩大对外开放程度和优化产业结构来改进碳管制效率。中西部地区的经济发展需要加快推进城市化水平，但本书显示，城市化水平的提高会降低碳管制效率。因此，中西部地区的城市化需要严格的环境保护政策，防止过度城市化带来严重的环境问题，防止走上"先污染后治理、边治理边污染"的路。中西部地区还需要进一步扩大对外开放程度。尽管对外开放可能会导致"污染转移"，但对外开放带来的技术革新和产业变革会降低环境污染水平，进而整体上提升碳管制效率。当然，碳管制效率的提高归根结底还是要通过中西部地区产业结构的优化开始，主动进行高污染行业的"关停并转"，引进的行业必须是碳排放较低的产业，从根本上改善碳管制效率。

东部地区碳管制效率的提高则应主要依靠产业结构优化升级。东部地区城市化水平较高，对外开放程度也远高于其他地区。因此，继续调整产业结构则成为东部区域各省份提高碳管制效率的有效途径。

东北区域也需要通过适度控制城市化水平、扩大对外开放程度和优化产业结构来提高碳管制效率。尽管辽宁、吉林碳管制效率平均值排名靠前，但必须看到2012 年以来碳管制效率急速下滑，其原因是多方面的。从本书的分析因素来看，东北区域长期以来产业结构不合理、第二产业比重过高，尤其是能源相关产业占比过大，第三产业、第二产业比重较小，碳排放总量很大。因此，东北区域需要以国家振兴东北政策为契机，下决心摆脱能源工业的依赖，实现产业结构改善。在产业结构优化过程中，也同样面临着城市化和对外开放的困惑，东北区域不少资源枯竭型城市转型困难、城市人口急剧降低、对外开放程度极低，这也是导致碳管制效率较低的重要原因。

第二节 基于 LMDI 模型的南京市工业
结构调整的碳排放效应分析

随着我国政府首次将碳减排目标由总量转变为单位国内生产总值的二氧化碳排放，对经济增长与碳排放关系的研究逐渐成为热点。工业部门的能源消耗是城市的主要碳源，摆脱工业经济增长的环境压力，是新型工业化进程中的瓶颈，也是发展低碳经济备受关注的焦点。实现工业低碳化发展从长期来看就是温室气体排放和工业增加值逐渐"脱钩"、不断弱化二者之间联系的过程。

"脱钩"概念最先由经济合作与发展组织（OECD）提出，通过建立该指标来反映经济增长与物质消耗投入及生态环境保护之间的不确定关系和不同步变化的实质，并表征二者之间的压力关系。国内外学者对"脱钩"指标进行扩展，并利用脱钩理论对经济增长与低碳减排进行了一系列实证研究。根据不同的物质消耗或环境指标、研究对象和分析角度，主要有如下研究成果：OECD 率先利用环境压力与 GDP 比率的期末值与期初值之比计算脱钩指数，从而定义环境压力与经济增长是否达到脱钩状态；Vehmas 等利用环境压力、经济增长及单位国内生产总值的环境压力等指标变化量判断脱钩程度；Tapio 对 1970~2001 年欧洲多国交通运输业经济增长与运输量、温室气体之间的脱钩情况进行了研究，将脱钩细分为弱脱钩、强脱钩、弱负脱钩、强负脱钩、扩张负脱钩、扩张连接、衰退脱钩与衰退连接八种状态；庄贵阳运用 Tapio 脱钩指数对包括中国在内的全球 20 个温室气体排放大国在不同时期的脱钩特征进行了分析；彭佳雯、黄贤金等构建了基于脱钩理论的脱钩分析模型，探讨了我国经济增长与能源碳排放的脱钩关系及程度，分析了二者脱钩发展的时间和空间演变趋势；De Freitas 和 Shinji Kaneko 分析了 2004~2009 年巴西的经济增长与能源引致碳排放之间的脱钩关系，并对碳排放的变动进行指数分解分析，结果表明碳排放强度和能源结构是碳减排的决定因素；陆钟武、王鹤鸣等从 IeGTX 方程出发，导出了废物排放脱钩指数，并根据脱钩指数值将废物排放与 GDP 的脱钩程度分为绝对脱钩、相对脱钩和未脱钩三个等级。

从上述研究中可以看出，国内外对"脱钩"的运用主要是通过脱钩指标测度经济增长与能源消费或碳排放之间的关系，很少有对脱钩定性驱动因素的追溯，缺少对碳减排影响力的定量测度和分析。此外，大部分研究都是基于国家（或省域）宏观层面分析碳排放与经济发展之间的脱钩状态，鲜有针对某一地区特定高能耗、高排放行业的脱钩分析和实证研究。因此，本书以我国重要的化工基地南京市为例，选取 2000~2010 年工业部门能源消耗数据，根据 IPCC 的方法计算工业二氧化碳排放量，采用 Tapio 脱钩模型评定南京市工业经济与碳排放脱钩状态，在此基础上使用对数均值迪氏分解，建立脱钩指标扩展模型，测度不同效应对碳减排的影响程度，量化脱钩的驱动因素。对南京市工业经济增长与碳排放的脱钩关系进行定性分析和定量研究，旨在为产业脱钩政策的制定及低碳导向的产业结构优化提供参考。

一、脱钩模型及其扩展

1. Tapio 脱钩评价指标

Tapio 脱钩指数最初是针对经济增长与运输量、温室气体排放之间的脱钩问题提出的弹性系数，该指数克服了 OECD 脱钩指数基期选择困难的缺陷，不受统计量纲变化的影响，并可引入中间变量通过恒等变换进行完全的链式分解，追溯脱钩关系变动的驱动因素。以 CO_2 排放为环境压力，GDP 为经济驱动力，其弹性系数公式如下：

$$\varepsilon = \frac{\Delta CO_2 / CO_2}{\Delta GDP / GDP}$$

其中，ε 为脱钩指数；CO_2、GDP 分别为当期碳排放量和当期工业增加值；ΔCO_2、ΔGDP 分别为当期碳排放量和当期工业增加值相对于基期的变化值。当碳排放量与工业增加值出现增长率的不同步变化，则达到脱钩状态。此外，根据弹性值的大小，该指数定义了扩张负脱钩、强负脱钩、弱负脱钩、弱脱钩、强脱钩、衰退脱钩、扩张连接、衰退连接八种脱钩状态，对环境压力指标与经济驱动力指标的各种可能组合给出了合理定位，如图 9-3 所示。

2. 脱钩指数分解模型

Tapio 脱钩指数实现了相对准确地评测经济增长和碳排放的"脱钩"程度，为定性研究低碳经济发展状况提供了可靠工具，但该指数缺乏对"脱钩"状态的深入分析和研究，不能对实现"脱钩"状态的内在机理加以实证。因此，不足以为制定关键、准确的低碳战略提供全面确切的理论依据。

由于对数均值迪氏分解法（LMDI）能解决分解残差并运用"小值替代法"处理分解模型中的零值问题，所以比较适合进行时间序列分析，在 CO_2 排放实证研究领域应用较为广泛。本书采用 LMDI 方法对碳排放脱钩指数进行如下分解：

（1）构建工业部门碳排放影响因素的分解公式：

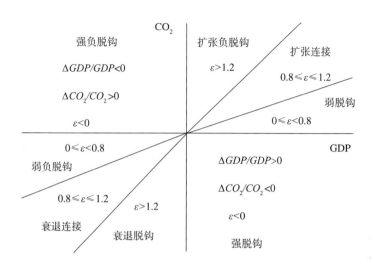

图 9-3 Tapio 脱钩状态划分

$$C = \sum_{i=1}^{4} \sum_{j=1}^{5} C_{ij} = \sum_{i=1}^{4} \sum_{j=1}^{5} G \times \frac{G_i}{G} \times \frac{E_i}{G_i} \times \frac{E_{ij}}{E_i} \times \frac{C_{ij}}{E_{ij}} = \sum_{ij} GS_i I_i M_{ij} U_{ij}$$

式中，C 为工业二氧化碳排放量，C_{ij} 为工业行业内部第 i 类产业中第 j 类能源的二氧化碳排放量；G 为工业总增加值，G_i 为工业部门 i 的总产值；E_i 为工业部门 i 的能源消费总量，E_{ij} 为工业部门 i 中第 j 类能源的消费量；G、S_i、I_i、M_{ij}、U_{ij} 分别表示工业经济规模、产业结构、能源强度、能源结构和碳排放系数。

（2）将基期到目标期的碳排放变动值 ΔC_{tot} 分解为：

$$\Delta C_{tot} = C_t - C_0 = \Delta C_{act} + \Delta C_{str} + \Delta C_{int} + \Delta C_{mix} + \Delta C_{emf}$$

式中，ΔC_{act}、ΔC_{str}、ΔC_{int}、ΔC_{mix}、ΔC_{emf} 分别表示工业经济规模变动、产业结构变动、能源强度变动、能源结构变动和碳排放系数变动导致的碳排放总量的变动，相应地进行如下定义：

$$\Delta C_{act} = \sum_{ij} \frac{C_{ij}^T - C_{ij}^0}{\ln C_{ij}^T - \ln C_{ij}^0} \ln\left(\frac{G^T}{G^0}\right)$$

$$\Delta C_{str} = \sum_{ij} \frac{C_{ij}^T - C_{ij}^0}{\ln C_{ij}^T - \ln C_{ij}^0} \ln\left(\frac{S_i^T}{S_i^0}\right)$$

$$\Delta C_{int} = \sum_{ij} \frac{C_{ij}^T - C_{ij}^0}{\ln C_{ij}^T - \ln C_{ij}^0} \ln\left(\frac{I_i^T}{I_i^0}\right)$$

$$\Delta C_{mix} = \sum_{ij} \frac{C_{ij}^T - C_{ij}^0}{\ln C_{ij}^T - \ln C_{ij}^0} \ln\left(\frac{M_{ij}^T}{M_{ij}^0}\right)$$

$$\Delta C_{emf} = \sum_{ij} \frac{C_{ij}^T - C_{ij}^0}{\ln C_{ij}^T - \ln C_{ij}^0} \ln\left(\frac{U_{ij}^T}{U_{ij}^0}\right)$$

由于本书所取样本数据在较短期间内,碳排放系数较稳定,故假设其变动为零,则上述 $\Delta C_{emf} = 0$。

(3)综上可得脱钩指数分解模型:

$$D_{tot} = \frac{\Delta C_{act}}{C_t}\frac{G_t}{\Delta G} + \frac{\Delta C_{str}}{C_t}\frac{G_t}{\Delta G} + \frac{\Delta C_{int}}{C_t}\frac{G_t}{\Delta G} + \frac{\Delta C_{mix}}{C_t}\frac{G_t}{\Delta G} = D_{act} + D_{str} + D_{int} + D_{mix}$$

二、实证分析

本章旨在对南京市工业经济增长与碳排放之间的脱钩关系进行测度与分解分析。根据《南京统计年鉴》(2000~2010年)中工业能源消费有关数据,将工业部门划分为四个二级产业,即采选业,制造业,石油化工业和电力热力、燃气及水的生产和供应业。鉴于统计数据的可获得性,本书主要考虑原煤、汽油、柴油、燃料油和电力五种能源引致的碳排放。由于碳排放量没有直接监测数据,本书参照IPCC碳排放折算方法,计算公式如下:

$$CO_2 = \sum_{i=1}^{5} CO_{2,i} = \sum_{i=1}^{5} E_i \times NCV_i \times CEF_i \times COF_i \times (44/12)$$

其中,$CO_{2,i}$ 代表估算的第 i 种能源消费产生的二氧化碳排放量;E_i 表示各种能源消耗量;NCV_i 是各能源平均低位发热量(取自《中国能源统计年鉴2011》附录4);CEF_i 为IPCC(2006)温室气体清单提供的单位热值碳排放系数,COF_i 即碳氧化因子(取自《中国温室气体清单研究》);44和12分别为二氧化碳和碳的分子量。各能源二氧化碳排放系数计算结果均如前所述。

1. 南京市工业发展与碳排放的脱钩状态判定

根据算得的南京市2000~2010历年工业碳排放量,以及统计资料中历年工业增加值数据,结合测算出的南京市工业发展与碳排放的Tapio脱钩指数,并分别定义其脱钩状态(见表9-5)。总体来看,2000~2010年南京市工业行业的碳排放量总体呈现上升趋势,在逐年增长率方面,工业增加值始终较碳排放更快增长。工业低碳化发展总体处于弱脱钩的非理想状态。

但从各年的脱钩指数可以看出:除了2007~2008年南京市工业碳排放呈现强脱钩状态,其余年份大都为弱脱钩,2000~2001年和2009~2010年还呈现出扩张性负脱钩。弱脱钩表示在工业发展的同时，能源消耗也在不断增加，只是其增长速度略低于工业产值的增长速度。说明大多数年份，工业碳减排的贡献效应较弱，对工业碳排放减少和放缓的控制都有限。2007～2008 年虽然表现为强脱钩状态，但不难发现该年的工业产值增长率较往年降低不少，发展低碳经济不应以减缓经济发展、降低产值为条件，因此这一强脱钩现象不是以减排技术为驱动，不具有必然性和持久性。两次扩张性负脱钩分别出现在"十五"初年和"十一五"末年，说明这两个时期的工业经济与工业碳排放存在较为紧密的关联性，工业发展过程中对碳减排技术的重视程度和控制力度不足。综观全部年份的平均脱钩指数为 0.4684，一方面，这说明了南京市工业经济增长在能源利用方面是有效率的；另一方面，这意味着在未来较长一段经济增长周期内，南京市工业能源消耗依然会成倍增加，能源利用效率依然面临巨大挑战，工业碳减排任重道远。

表 9-5　2000～2010 年南京市工业增加值与碳排放的脱钩指数及类型

年份	$\Delta GDP/GDP$	$\Delta CO_2/CO_2$	脱钩指数	脱钩状态
2000～2001	0.0423	0.0111	0.2635	弱脱钩
2001～2002	0.1066	0.1125	1.0555	扩张负脱钩
2002～2003	0.2357	0.0701	0.2975	弱脱钩
2003～2004	0.2228	0.1105	0.4960	弱脱钩
2004～2005	0.2240	0.0960	0.4284	弱脱钩
2005～2006	0.1387	0.0674	0.4860	弱脱钩
2006～2007	0.1849	0.0047	0.0253	弱脱钩
2007～2008	0.1277	-0.0348	-0.2726	强脱钩
2008～2009	0.0241	0.0159	0.6609	弱脱钩
2009～2010	0.2102	0.2614	1.2435	扩张负脱钩

2. 南京市工业发展与碳排放的脱钩分解分析

为深入分析南京市工业发展与碳排放脱钩关系，根据上述公式，本书将脱钩指数分解为产业规模效应、产业结构效应、能源强度效应、能源结构效应对应的分脱钩指数（见表 9-6），并测度出各种效应对碳减排的贡献程度（见图 9-4）。

产业规模效应对应的脱钩指数分布在 0.9～1.11，这说明碳排放量的增加与工业经济规模存在明显的相关性，工业经济规模的持续扩大之一是南京市工业碳排放不断增长的最主要因素。2000~2010年，南京市工业增加值增长了4.37倍，同期工业碳排放增长1.18倍，工业总产值增长依赖能源为之提供动力，其快速发展刺激能源消费，最终导致工业碳排放逐年上升。

表9-6 2000~2010年南京市工业增加值与碳排放的脱钩分解

年份	D_{act}	D_{str}	D_{int}	D_{mix}	D_{tot}
2000~2001	1.0087	-1.3903	0.7015	-0.0564	0.2635
2001~2002	0.9962	0.2636	-0.2022	-0.0022	1.0555
2002~2003	1.0996	-0.2235	-0.5759	-0.0027	0.2975
2003~2004	1.0662	-0.7154	0.1452	0.0000	0.4960
2004~2005	1.0759	-0.0312	-0.6163	0.0001	0.4284
2005~2006	1.0371	0.7718	-1.3321	0.0092	0.4860
2006~2007	1.1017	-0.6926	-0.3896	0.0058	0.0253
2007~2008	1.0870	-0.0399	-1.3080	-0.0117	-0.2726
2008~2009	1.0037	0.7584	-1.0681	-0.0331	0.6609
2009~2010	0.9643	0.1639	0.0979	0.0174	1.2435

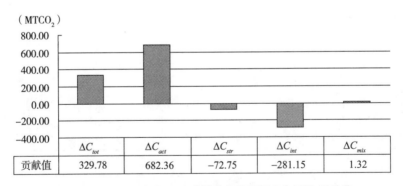

图9-4 2000~2010年工业碳排放各分解因素年平均贡献值

产业结构效应对应的脱钩指数呈现不规律的正负交替，这说明产业结构对南京市工业发展与碳排放的脱钩影响还不稳定，脱钩指数的绝对值基本小于1，也说明其影响力并不明显。制造业（含石油化工行业）和电力热力、燃气及水的生产和供应业均是碳排放密集部门，而这两个部门的工业产值占行业总产值的比重极高。因此，南京市在发展低碳工业过程中优化产业结构面临着较大挑战。

　　能源强度效应对应的脱钩指数大都保持负值，且平均绝对值在 0.5 左右，其影响力相对明显且稳定。2000～2010 年工业行业能源强度变化共减少碳排放 2811.52 万吨，是减缓南京市工业碳排放增长速度的重要因素。该效应影响南京市工业发展与碳排放脱钩，主要是由于能源强度的降低能够减少单位 GDP 的能源需求量，提高能源利用效率减少单位能源的碳排放量。近年来，南京市工业各子部门的能源强度有所下降，但电力、热力的生产和供应业等少数行业的能源强度仍居高不下，降低此类行业的能源强度是南京市未来发展低碳工业的重心。

　　能源结构效应的分脱钩指数在零值附近波动，对脱钩几乎没有影响效力，并未产生抑制作用。这主要是由于样本期间南京市工业行业的能源结构总体上没有得到改善。碳排放密集部门的能源消费以原煤和电力为主。与其他的能源相比，原煤利用效率较低，而电力消耗量大，均会导致较低的碳排放效率，从而抵消相当一部分的能源结构效应，原煤和电力能源消耗的大量增加甚至导致能源结构效应被覆盖，成为实现脱钩的障碍。

三、研究结论与建议

　　本书在对南京市工业碳排放计算的基础上，运用 LMDI 分解模型对 2000～2010 年南京市工业发展与碳排放的脱钩指数进行分解，测度出四种效应对实现脱钩的影响程度并加以实证分析，得到以下结论和建议：

　　（1）南京市在以工业发展拉动城市经济快速增长的同时，工业发展与碳排放的脱钩关系总体还处于弱脱钩的非理想状态，工业碳排放与工业产值保持同步增长的趋势。工业经济规模是促使南京市工业碳排放增加的决定性因素，也在一定程度上对碳排放的控制还未见显著成效。然而，工业规模的扩大是拉动经济发展的必然要求，通过减小规模或放缓经济来抑制碳排放的增长显然是不智之选。因此，需要充分协调工业内部发展关系，重点控制碳排放密集而对 GDP 贡献较低的子行业，通过技术改进来减缓高产值、高排放的支柱行业碳排放的增长速度。

　　（2）工业内部产业结构和各行业能源强度变化在不同程度上减缓了工业碳排放，二者共抵消工业碳排放增加值的 51.86%。其中，能源强度变化是减少工业碳排放的最主要因素，降低能源强度是南京市工业未来发展低碳经济工作的重点，能源强度高的行业应推广技术创新改造和清洁能源的使用，提高能源利用效率，进一步促进能源强度的减排效应最大化，实现减排目标。

（3）南京市工业发展过程中，碳减排的能源结构效应不太明显，能源消费结构变化对工业碳排放没有发挥抑制作用。工业现代化进程中，随着自动化程度的逐渐提高，电力需求不断增大，应大力发展智能电网等新兴产业，提高火力发电技术，引进风电、生物质能发电等清洁能源，同时提高电力转换和传输技术，减少不必要的能源损失。

第三节　基于 LMDI 模型的北京市行业碳生产率变动效应研究

气候变化问题已经引起全球越来越多国家的高度关注，各国政府为了减少温室气体排放一直在努力。早在哥本哈根会议召开前夕，中国政府就庄严承诺预计到 2020 年单位 GDP 的二氧化碳排放比 2005 年下降 40%~45%，在中共中央"十三五"规划纲要中，再次提出预计到 2020 年，单位 GDP 的二氧化碳排放比 2015 年下降 18% 的刚性目标。对北京而言，根据北京市"十三五"时期节能降耗及应对气候变化规划，要全面确立能源消费、二氧化碳排放总量和强度的"双控双降"发展格局，到 2020 年单位 GDP 的二氧化碳排放比 2015 年下降 20.5%。显然，上述约束性目标的提出在短期内对北京各个行业的发展形成了一定的潜在压力，会对各个行业产生不同程度的影响。在减缓温室气体排放的同时，又可以促进经济的稳定发展，是政府制定环境政策时需要考量的经济可持续发展的两个重要维度。

碳生产率是环境保护和经济发展有效结合的一个指标，它反映的是每一单位的二氧化碳排放量对应的经济产出，衡量了地区、部门或者行业环境负外部性对经济发展的贡献，与单位经济产出的二氧化碳消耗（碳排放强度）指标相比，碳生产率反映的是碳排放效率，更加注重环境效率和经济效率。因而，有人把碳生产率的提高形象地理解为"做正确的事"和"正确地做事"两个角度。做正确的事表示要提高经济产出，正确地做事意味着要降低碳排放。碳生产率概念提出以后，不少学者将其应用到对中国碳排放和经济发展的研究中。何建坤和苏明山、He 等认为碳生产率的变化是一个国家在气候变化问题中所作努力的重要指标；潘家华和张丽峰研究了中国碳生产率东、中、西部的差异性，发现东部碳生产率高于中西部；赵国浩和高文静则提出广义碳生产率指数，并研究中国工业部门分行业广义碳生产率指数及其变化；Long 等测度了中国 30 个省份工业碳生产率的差异，认为工业能源效率、开放程度、技术进度和工业规模结构和工业生产率存在显著正相关关系；而 Yu 等、滕泽伟等和 Chen 等分别研究了中国交通运输业、服务业和电力行业的碳生产率。

上述文献详细研究了中国不同区域、不同省份、不同行业的碳生产率情况，但是鲜见对区域内不同行业不同产业碳生产率的变动及影响因素的研究。因此，本书选择北京市不同行业不同产业的碳生产率进行分析。首先，运用 LMDI 分解方法对行业碳生产率进行因素分解，探寻影响碳生产率的因素；其次，研究不同行业（产业）碳生产率的变化情况及变化产生的原因。

一、碳生产率 LMDI 分解

为便于分析，首先给出本书使用的记号。第 i 个行业第 t 年的碳生产率 CP_i^t，$i=1$，…，19，第 i 个行业第 t 年的行业增加值 Y_i^t，第 i 个行业第 t 年的碳排放量 C_i^t，$CP_i^t=\dfrac{Y_i^t}{C_i^t}$ 表示碳生产率，E_i^t 是第 i 个行业第 t 年的能源消费量[1]，$EP_i^t=\dfrac{Y_i^t}{E_i^t}$ 是第 i 个行业第 t 年的能源生产率（效率），反映单位能源消耗的经济产出水平，$CE_i^t=\dfrac{E_i^t}{C_i^t}$ 是第 i 个行业在第 t 年的单位碳排放对应的能源消费量。

对数平均迪氏分解法（LMDI）是目前因素分解运算中比较流行的一种方法，由于其具有良好的理论基础、适用性和易用性等，它经常被用来做因素分解，有不少学者将它应用于碳生产率的因素分解中，他们发现因素分解中区域性结构因素并不影响碳生产率。因此，本书在沿用 LMDI 方法分解时，有别于以往文献，没有考虑区域性结构因素，而是将能源指标引入碳生产率的因素分解中。

根据碳生产率定义，第 i 个行业在第 t 年的碳生产率定义 $CP_i^t=\dfrac{Y_i^t}{C_i^t}$ 在引入能源指标后可以进一步写成：

$$CP_i^t=\frac{Y_i^t}{C_i^t}=\frac{Y_i^t E_i^t}{E_i^t C_i^t} \tag{9-1}$$

式（9-1）可以表示为 $CP_i^t=EP_i^t\cdot CE_i^t$，即第 i 个行业第 t 年的碳生产率等于

---

① 各行业能源消费总量为各行业终端消费量与各行业分摊的损失量和加工转换损失量之和，不等于分品种能源消费量的合计（国家统计局）。

能源生产率和单位碳排放能耗的乘积。为了考察不同行业碳生产率 $CP_i^t = \dfrac{Y_i^t}{C_i^t}$ 随时间变化的情况，对式（9-1）关于 t 求导数可得：

$$\frac{dCP_i^t}{dt} = \frac{d\dfrac{Y_i^t}{E_i^t}}{dt}\frac{E_i^t}{C_i^t} + \frac{Y_i^t}{E_i^t}\frac{d\dfrac{E_i^t}{C_i^t}}{dt} \tag{9-2}$$

其中，$\dfrac{dCP_i^t}{dt}$ 表示第 i 个行业碳生产率随时间 t 的变化量，$\dfrac{d\dfrac{Y_i^t}{E_i^t}}{dt}$ 表示第 i 个行业能源生产率随时间 t 的变化量，$\dfrac{d\dfrac{E_i^t}{C_i^t}}{dt}$ 表示第 i 个行业单位碳排放能耗量随时间 t 的变化量，因此，式（9-2）说明第 i 个行业碳生产率随时间 t 的变化量可以分解为能源生产率随时间 t 的变化量和单位碳排放能耗随时间 t 的变化量。

为了研究不同行业碳生产率的变化情况，需要分析碳生产率从第 m 年到第 n 年的变化 $\Delta CP_i^{(m,n)}$ 及引起这些变化的因素，显然：

$$\Delta CP_i^{(m,\,n)} = CP_i^n - CP_i^m = \int_m^n \frac{dCP_i^t}{dt}dt = \int_m^n \left(\frac{d\dfrac{Y_i^t}{E_i^t}}{dt}\frac{E_i^t}{C_i^t} + \frac{Y_i^t}{E_i^t}\frac{d\dfrac{E_i^t}{C_i^t}}{dt}\right)dt \tag{9-3}$$

$$= \int_m^n \frac{E_i^t}{C_i^t}\frac{d\dfrac{Y_i^t}{E_i^t}}{dt}dt + \int_m^n \frac{Y_i^t}{E_i^t}\frac{d\dfrac{E_i^t}{C_i^t}}{dt}dt$$

碳生产率 CP_i^t 从第 m 年到第 n 年的变化可以分解为两部分：能源效率的变化和单位碳排放能耗的变化，但式（9-3）右端两个积分中被积函数都是时间 t 的函数，而本书中时间 t 对应的变量数据均是离散的，所以，要计算右端的两部分变化量，需要借用 LMDI 分解方法进行变换。

设 $L(x,y) = \begin{cases} \dfrac{x-y}{\ln x - \ln y}, & x \neq y \\ x, & x = y \end{cases}$，用 $\omega_{i1} = \dfrac{L\left(\dfrac{Y_i^m}{C_i^m},\dfrac{Y_i^n}{C_i^n}\right)}{L\left(\dfrac{Y_i^m}{E_i^m},\dfrac{Y_i^n}{E_i^n}\right)}$ 替换 $\dfrac{E_i^t}{C_i^t}$，用 $\omega_{i2} = \dfrac{L\left(\dfrac{Y_i^m}{C_i^m},\dfrac{Y_i^n}{C_i^n}\right)}{L\left(\dfrac{E_i^m}{C_i^m},\dfrac{E_i^n}{C_i^n}\right)}$ 替

换 $\dfrac{Y_i^t}{E_i^t}$，则式（9-3）可以化简为：

$$\Delta CP_i^{(m,n)} = CP_i^n - CP_i^m = \omega_{i1}\left(\frac{Y_i^n}{E_i^n} - \frac{Y_i^m}{E_i^m}\right) + \omega_{i2}\left(\frac{E_i^n}{C_i^n} - \frac{E_i^m}{C_i^m}\right)$$

$$= \omega_{i1}(EP_i^n - EP_i^m) + \omega_{i2}(CE_i^n - CE_i^m)$$

若记 $\Delta EP_i^{(m,n)} = \omega_{i1}(EP_i^n - EP_i^m)$，$\Delta CE_i^{(m,n)} = \omega_{i2}(CE_i^n - CE_i^m)$，分别表示从第 m 年到第 n 年第 i 个行业的能源生产率变化量和单位碳排放能耗变化量，则式（9-3）进一步变成式（9-4）：

$$\Delta CP_i^{(m,n)} = \Delta EP_i^{(m,n)} + \Delta CE_i^{(m,n)} \tag{9-4}$$

即第 i 个行业第 m 年到第 n 年的变化量可以分解成能源生产率变化量和单位碳排放能耗变化量，$\dfrac{\Delta EP_i^{(m,n)}}{\Delta CP_i^{(m,n)}}$、$\dfrac{\Delta CE_i^{(m,n)}}{\Delta CP_i^{(m,n)}}$ 则反映了这两部分变化量对整体变化量的贡献率，我们可以运用式（9-4）来进行变化量的实证研究。

二、实证分析

本书对北京市的行业划分，是按照 2017 年国民经济行业分类国家标准，选择了 19 个大类行业，可依次划分为第一产业（行业 1）、第二产业（行业 2 至行业 5）和第三产业（行业 7 至行业 19），北京市 19 个行业增加值、主要能源品种消费量来自《北京统计年鉴》(2014~2017 年)，主要能源品种中，考虑到焦炭和液化天然气部分年份数据不全且大部分行业中消费量为零，为确保可比性，删除了这两种能源，保留了煤炭、汽油、煤油、柴油、燃料油、液化石油气、天然气等化石能源及热力、电力共 9 类能源。

本书对行业二氧化碳排放量的计算，采用了学术界普遍认可的联合国政府间气候变化专门委员会（IPCC）编制的国家温室气体清单指南（2006）中提供的估算方法，计算公式如式（9-5）所示：

$$DCO_2 = \sum_i CO_{2,i} = \sum_i E_i \times NCV_i \times CEF_i \times COF_i \times (44/12) \tag{9-5}$$

其中，$CO_{2,i}$ 是第 i 种能源产生的碳排放量，E_i 是第 i 种能源的消费量，NCV_i 是平均低位发热量，CEF_i 是碳排放系数，COF_i 是碳氧化因子，44 和 12 分别为二氧化碳和碳的分子量。

应用式（9-5）计算北京 19 个行业消费 7 种化石能源直接产生的二氧化碳时，保留了 IPCC 指南（2006）提供的碳排放系数，但 IPCC 没有提供煤炭碳排放系数，本书将烟煤和无烟煤按照 80% 和 20% 的比例进行加权平均，主要原因是中国煤炭产量中煤类比重长期以来变化不大，烟煤占比始终在 75%～80% 左右。平均低位发热量由《中国能源统计年鉴》（2016）直接提供，碳氧化因子来自国家发改委《省级温室气体清单编制指南》（2011）。各行业消费热力和电力而产生的间接二氧化碳排放的估算，本书借鉴了上海市发改委《上海市温室气体排放核算与报告指南（试行）》（2012）中的计算方法：间接碳排放量=活动水平×碳排放因子，其中活动水平就是不同行业对热力和电力的消费量。7 种能源相关参数和热力、电力间接二氧化碳排放因子均如前所述。根据上述碳排放计算公式，得到 2013～2016 年北京 19 个行业使用 7 种能源直接产生的二氧化碳排放量和使用热力和电力产生的间接二氧化碳排放量之和，如表 9-7 所示。

表 9-7 2013～2016 年北京市行业二氧化碳排放总量

单位：万吨

行业	2013 年	2014 年	2015 年	2016 年
农、林、牧、渔业	251.33	239.22	225.74	218.01
采矿业	57.88	59.30	47.15	40.34
制造业	2597.06	2502.57	2355.16	2326.65
电力、燃气及水的生产和供应业	4245.20	4109.56	3886.07	3916.32
建筑业	313.28	308.79	295.85	296.63
批发和零售业	488.35	506.68	524.61	556.16
交通运输、仓储和邮政业	2468.11	2594.01	2659.29	2784.53
住宿和餐饮业	676.46	701.72	721.31	689.08
信息传输、软件和信息技术服务业	363.10	402.55	457.77	508.05
金融业	165.60	187.08	187.60	182.44
房地产业	939.56	939.54	950.21	976.13
租赁和商务服务业	480.39	538.51	506.91	529.34
科学研究和技术服务业	404.47	409.01	446.86	497.18
水利、环境和公共设施管理业	132.49	154.47	154.13	162.73
居民服务、修理和其他服务业	97.85	83.34	78.03	79.97

续表

行业	2013 年	2014 年	2015 年	2016 年
教育	526.37	564.37	578.47	559.95
卫生和社会工作	200.44	215.57	216.67	222.02
文化、体育和娱乐业	162.04	174.94	196.69	207.68
公共管理、社会保障和社会组织	310.00	313.25	305.74	295.60

1. 碳生产率趋势分析

运用式（9-1）计算得到 2013~2016 年北京市 19 个行业的碳生产率，19 个行业的碳生产率的平均值呈稳定上升趋势（见图 9-5），但碳生产率的提高不明显，年均增长率仅为 4.89%，其中，第一产业碳生产率水平最低，4 年间变化不大，且从 2014 年开始缓慢下降，说明第一产业单位碳排放的经济产出水平较低；第二产业碳生产率也远低于平均水平，呈现出先逐步提高后急剧下降的态势，2015~2016 年下降幅度达 13.38%；只有第三产业碳生产率表现优异，不仅远高于第一、第二产业和行业平均水平，而且 2013~2016 年稳步提升，年均增长率为 6.21%，这表明北京市第三产业在控制二氧化碳排放的同时，实现了产业增加值的提高。

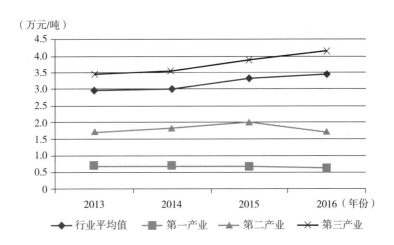

图 9-5　2013~2016 年北京市不同产业碳生产率趋势

第二产业中，采矿业碳生产率在 2016 年出现较大幅度下降，采矿业 2016 年比 2015 年碳排放量下降了 14.44%，但 2016 年行业增加值比 2015 年下降了

51.15%，引起碳生产率的剧烈下降，另外，全球矿业不景气和北京持续推进生态文明建设都进一步加快了采矿业的碳生产率继续下滑，这也导致第二产业平均碳生产率的降低；第三产业中，金融业碳生产率表现突出，2013~2016 年碳生产率不断提升，平均碳生产率达到了 20.02 万元/吨，远超北京市行业平均值 3.25 万元/吨，这主要是因为北京市金融行业增加值的优异成绩，2013~2016 年连续四年行业增加值位列 19 个行业的首位，加上较低的二氧化碳排放量使然；紧随其后的是信息传输、软件和信息技术服务业，科学研究和技术服务业，两者 2013~2016 年碳生产率水平稳步提高，平均碳生产率水平也达到了 5.33 万元/吨和 4.84 万元/吨；而批发和零售业碳生产率则出现了缓慢下降，批发和零售业碳排放量 2014 年比 2013 年增长了 3.75%，2015 年比 2014 年增长了 3.54%，2016 年比 2015 年增长了 6.01%，而同一时期，行业增加值增长了 3%、−2.44%、0.88%，行业增加值增长速度低于碳排放量增长速度，因此，碳生产率水平呈现出颓势。

2. 碳生产率变动及因素分解

根据式（9-4）计算行业碳生产率的变动情况并进行因素分解，进而得到不同行业碳生产率变动效应、能源生产率变动效应和单位碳排放能耗变动效应。行业碳生产率变动效应从不同年份的变动情况来看（见表 9-8），2013~2014 年 19 个行业中 7 个行业碳生产率变动为负值，而 2014~2015 年、2015~2016 年则分别只有 4 个行业碳生产率变动为负值，表明了北京市行业碳生产率水平整体向好；从产业结构来说，第一产业碳生产率变动从 2014 年开始为负值，第二产业碳生产率变动从 2015 年开始为负值，第三产业碳生产率 2013~2016 年变动均为正值，说明第三产业碳生产率呈现持续增长态势，其中，农、林、牧、渔业碳生产率 2014~2016 年呈现出明显颓势，2016 年与 2014 年相比，碳排放降低了 8.87%，但行业增加值却降低了 18.14%；第二产业变动中，仅有采矿业 2015~2016 年变动值为负，说明 2013~2016 年除采矿业外，第二产业各行业碳生产率均在逐年提高；第三产业虽然整体平均变动为正值，但也有个别行业碳生产率出现下滑，如批发和零售业，碳生产率 3 年变动均为负值，碳生产率持续下降，这也是 19 个行业中唯一一个 3 年变动均为负值的行业；文化、体育和娱乐业碳生产率在经历了 2013~2015 年的下降后，2015~2016 年开始提高；租赁和商务服务业碳生产率变动则处于波动中。

表 9-8　2013~2016 年北京市行业碳生产率变动效应

产业	行业	2013~2014 年	2014~2015 年	2015~2016 年
第一产业	农、林、牧、渔业	0.030	−0.043	−0.026
第二产业	采矿业	0.014	0.199	−1.386
	制造业	0.079	0.071	0.107
	电力、燃气及水的生产和供应业	0.029	0.011	0.014
	建筑业	0.272	0.302	0.206
平均值		0.099	0.146	−0.265
第三产业	批发和零售业	−0.034	−0.275	−0.217
	交通运输、仓储和邮政业	0.012	0.005	0.011
	住宿和餐饮业	−0.035	0.032	0.029
	信息传输、软件和信息技术服务业	0.069	0.028	0.188
	金融业	0.176	2.982	2.479
	房地产业	−0.011	0.099	0.200
	租赁和商务服务业	−0.102	0.327	−0.021
	科学研究和技术服务业	0.535	0.038	0.071
	水利、环境和公共设施管理业	−0.021	0.290	0.074
	居民服务、修理和其他服务业	0.430	−0.030	0.167
	教育	0.067	0.160	0.288
	卫生和社会工作	0.096	0.494	0.198
	文化、体育和娱乐业	−0.090	−0.005	0.037
	公共管理、社会保障和社会组织	−0.038	0.563	0.344
平均值		0.075	0.336	0.275

　　是什么原因导致了行业碳生产率的上述变动，根据前文分析，碳生产率的变动可以分解为能源生产率变动和单位碳排放能耗变动这两个因素，因此，下文从这两个角度来分析它们与碳生产率变动的关系。

　　如表 9-9 所示，从能源生产率变动效应来看，19 个行业 2013~2014 年、2014~2015 年和 2015~2016 年的平均贡献值分别为 0.101、0.326 和 0.197，均为正值，说明能源生产率变动对行业碳生产率的效应在持续增加，尽管平均贡献率

2013~2015 年从 3.124 降低到 0.623，但 2015~2016 年又迅速回升到 1.382。因此，整体来说，能源生产率变动与行业碳生产率的变动关联性较强。

表 9-9　2013~2016 年北京市能源生产率变动和单位碳排放能耗变动效应（行业）

行业	能源生产率变动效应			单位碳排放能耗变动效应		
	2013~2014 年	2014~2015 年	2015~2016 年	2013~2014 年	2014~2015 年	2015~2016 年
农、林、牧、渔业	0.045	-0.018	0.016	-0.015	-0.025	-0.042
采矿业	0.540	0.217	-1.402	-0.526	-0.018	0.016
制造业	0.088	0.078	0.145	-0.009	-0.007	-0.038
电力、燃气及水的生产和供应业	0.024	-0.003	0.008	0.005	0.014	0.006
建筑业	0.228	0.250	0.175	0.044	0.052	0.031
批发和零售业	0.010	-0.295	-0.308	-0.044	0.020	0.091
交通运输、仓储和邮政业	0.010	0.006	0.011	0.002	-0.001	0.000
住宿和餐饮业	-0.042	0.028	0.063	0.007	0.004	-0.034
信息传输、软件和信息技术服务业	0.068	0.062	0.300	0.001	-0.034	-0.112
金融业	0.051	3.549	2.947	0.125	-0.567	-0.468
房地产业	-0.029	0.115	0.243	0.018	-0.016	-0.043
租赁和商务服务业	-0.271	0.330	-0.083	0.169	-0.003	0.062
科学研究和技术服务业	0.508	0.253	0.040	0.027	-0.215	0.031
水利、环境和公共设施管理业	-0.017	0.333	0.105	-0.004	-0.043	-0.031
居民服务、修理和其他服务业	0.588	0.032	0.189	-0.158	-0.062	-0.022
教育	0.089	0.154	0.375	-0.022	0.006	-0.087
卫生和社会工作	0.143	0.476	0.343	-0.047	0.018	-0.145
文化、体育和娱乐业	-0.058	0.056	0.110	-0.032	-0.061	-0.073
公共管理、社会保障和社会组织	-0.056	0.569	0.468	0.018	-0.006	-0.124

　　具体而言，从产业结构角度来看（见表 9-10），2013~2016 年第三产业能源生产率变动效应均为正值，说明第三产业能源生产率的变动对碳生产率起正向促进作用，第二产业能源生产率变动在 2013~2015 年起正向作用，2015~2016 年则拉低碳生产率，相比之下，第一产业能源生产率变动效应则普遍较低；其中，第二产业中的采矿业、制造业，第三产业中的住宿和餐饮业、房地产业和租赁和商

务服务业，2013~2016 年的能源生产率变动效应的贡献率明显较高，表明这些行业碳生产率变动主要来源于能源生产率的变动，因此，要提高这些行业的碳生产率必须改进其能源生产率。

表 9-10　2013~2016 年北京市能源生产率变动效应和单位碳排放能耗变动效应（产业结构）

产业	能源生产率变动效应			单位碳排放能耗变动效应		
	2013~2014 年	2014~2015 年	2015~2016 年	2013~2014 年	2014~2015 年	2015~2016 年
第一产业	0.045	-0.018	0.016	-0.015	-0.025	-0.042
第二产业	0.22	0.136	-0.269	-0.122	0.010	0.004
第三产业	0.071	0.405	0.343	0.004	-0.069	-0.068

从单位碳排放能耗变动效应来看（见表 9-9），19 个行业 2013~2016 年的变动效应贡献值普遍较低，说明单位碳排放能耗的变动对行业碳生产率变动的影响较小。进一步分析，2013~2014 年、2014~2015 年和 2015~2016 年 19 个行业单位碳排放能耗变动效应的平均贡献值分别为 -0.02、-0.05 和 -0.05，贡献率的平均值除了 2013~2014 年略高为 -2.12 外，2014~2015 年和 2015~2016 年分别为 0.38 和 -0.38，均处于较低水平；从产业结构角度来看（见表 9-10），第一产业、第二产业和第三产业的单位碳排放能耗平均变动效应为 -0.03、-0.04 和 -0.04，贡献值较小，因此，单位碳排放能耗的变动与行业碳生产率的变动关联性较小。

为进一步验证能源生产率变动、单位碳排放能耗变动和行业碳生产率变动的关系，下面分别计算三者的相关系数，结果如表 9-11 所示，碳生产率变动与能源生产率变动具有显著的强相关性，与单位碳排放能耗变动的相关性不显著，能源生产率变动和单位碳排放能耗变动之间的相关性也不显著。能源生产率的变动主要是能源效率的改进，通过引进低碳技术、改进现有设备的应用效率和优化能源消费结构等措施可以提高北京市不同行业能源效率，从而提高北京市行业碳生产率。

表 9-11　碳生产率变动因素的相关系数

指标	相关系数	P 值（显著性水平 0.05）
能源生产率变动与碳生产率变动	0.995	0.031
单位碳排放能耗变动与碳生产率变动	-0.719	0.245
能源生产率变动与单位碳排放能耗变动	-0.784	0.213

三、研究结论与建议

本书计算了 2013~2016 年北京市 19 个行业的碳生产率，研究不同行业和产业碳生产率整体趋势，运用 LMDI 因素分解方法将北京市碳生产率的变动效应归结为两个主要因素：能源效率变动效应和单位碳排放能耗效应。研究发现，北京市碳生产率整体呈现出逐年增长态势，第三产业增长尤为迅速；能源效率变动显著影响碳生产率变动，碳排放能耗变动影响并不显著，同时，三次产业中，第二、第三产业能源效率变动效应贡献率较高，第一、第二和第三产业的单位碳排放能耗效应均较低。

能源生产率的提高可以促进北京市行业碳生产率水平的提升。本书分析显示能源生产率变动与碳生产率变动存在显著相关性，且相关系数为 0.995。因此，改进能源生产率可以在很大程度上提高碳生产率水平。数据显示，2013~2016 年北京市第一产业以全市 1.56% 的碳排放量生产了 0.65% 的行业增加值，第二产业以全市 45.81% 的碳排放量生产了 20.80% 的行业增加值，第三产业以全市 52.63% 的碳排放量生产了 78.49% 的行业增加值。说明第三产业能源利用效率最高，这样解释了第三产业碳生产率稳居第一的事实；而第二产业和第一产业的能源利用效率偏低，尤其是第二产业，如采矿业，这两个产业除了结构转型、引用节能新技术等措施外，可以通过优化能源消费结构，在生产过程中采用清洁能源和可再生能源的方式，改善能源利用效率，进而提升碳生产率水平。

继续保持第三产业碳生产率的优势地位。2013~2016 年北京市第三产业的碳生产率水平不断提高，优势非常明显，特别是金融业、信息传输、软件和信息技术服务业以及科学研究和技术服务业，2013~2016 年，这三个行业增加值占全市比例为 35.28%，而碳排放量仅为 7.05%，因此，这些产业和行业碳生产率优势的持续发挥，在提高北京经济发展水平的同时，可以不断改善北京市环境质量，有助于北京"十三五"减排约束目标的实现。

注意不同产业和行业碳生产率的差异性，因地制宜开展政策引导。上述研究发现，从产业结构来看，第一、第二产业碳生产率显著低于平均水平，远远低于第三产业，北京市第三产业持续向好，发挥优势带头作用的同时，需要把更多的政策指向提高其他产业的碳生产率水平，尤其是持续低迷的第一产业，加快农业结构调整，突出农业生态功能，增加都市型新农业的收入；加快对第二产业的引领，加快产业新旧动能转换，切实降低第二产业能源消耗，提升能源效率。从不同行业来看，在北京市全面落实首都城市战略定位，在建设生态北京的过程中，要审慎对待传统工业行业，如采矿业，帮助和引导行业通过技术改进、引进新技术或者结合新业态等手段降低碳排放，顺应经济高质量发展；扶持高新技术制造业，进一步改善能源生产率，提升碳生产率水平；对住宿和餐饮业、房地产业和租赁和商务服务业等碳生产率存在提升空间的行业，要通过政策鼓励其持续进行全面节能减排，从而有利于碳生产率水平的改进；而对于批发和零售业，则迫切需要通过政策引导优化能源消费结构，降低高污染能源的消耗，有效降低持续攀升的碳排放量，进而提高碳生产率水平。

参考文献

［1］Abadie L M, Chamorro J M. European CO_2 prices and carbon capture invest- ments ［J］. Energy Economics, 2008, 30 （6）: 2992-3015.

［2］A M A K. Abeygunawardana, C. Bovo, A. Berizzi. Analysis of impacts of carbon prices on the italian electricity market using a supply function equilibrium model ［A］. 2009: 167-173.

［3］Ang B W. The LMDI approach to decomposition analysis: A practical guide ［J］. Energy Policy, 2005, 33 （7）: 867-871.

［4］Anger A. Including aviation in the European emissions trading scheme: Im- pacts on the industry, CO_2 emissions and macroeconomic activity in the EU ［J］. Journal of Air Transport Management, 2010, 16 （2）: 100-105.

［5］Ari İ. Voluntary emission trading potential of Turkey ［J］. Energy Policy, 2013 （62）: 910-919.

［6］Bel G, Joseph S. Emission abatement: Untangling the impacts of the EU ETS and the economic crisis ［J］. Energy Economics, 2015 （49）: 531-539.

［7］Benessaiah K. Carbon and livelihoods in Post-Kyoto: Assessing voluntary carbon markets ［J］. Ecological Economics, 2012 （77）: 1-6.

［8］Bento A, Ho B, Ramirez-Basora M. Optimal monitoring and offset prices in voluntary emissions markets ［J］. Resource and Energy Economics, 2015 （41）: 202-223.

［9］Betz R, Gunnthorsdottir A. Modeling emissions markets experimentally: The impact of price uncertainty ［J］. Unpublished Manuscript, 2009.

［10］Böhringer C, Koschel H, Moslener U. Efficiency losses from overlapping regulation of EU carbon emissions ［J］. Journal of Regulatory Economics, 2008, 33 （3）: 299-317.

［11］BP 世界能源统计年鉴 （2014） ［R］. London: BP, 2014.

［12］BP 世界能源统计年鉴 （2018） ［R］. London: BP, 2018.

[13] Brauneis A, Mestel R, Palan S. Inducing low-carbon investment in the electric power industry through a price floor for emissions trading [J]. Energy Policy, 2013 (53): 190-204.

[14] Brohé A, Burniaux S. The impact of the EU ETS on firms' investment decisions: Evidence from a survey [J]. Carbon Management, 2015, 6 (5-6): 221-231.

[15] Brouwers R, Schoubben F, Van Hulle C, et al. The initial impact of EU ETS verification events on stock prices [J]. Energy Policy, 2016 (94): 138-149.

[16] Calili R F, Souza R C, Galli A, et al. Estimating the cost savings and avoided CO_2 emissions in Brazil by implementing energy efficient policies [J]. Energy Policy, 2014 (67): 4-15.

[17] Castelo Branco D A, Szklo A, Gomes G, et al. Abatement costs of CO_2 emissions in the Brazilian oil refining sector [J]. Applied Energy, 2011, 88 (11): 3782-3790.

[18] Chang Y-C, Wang N. Environmental regulations and emissions trading in China [J]. Energy Policy, 2010, 38 (7): 3356-3364.

[19] Chao C-C. Assessment of carbon emission costs for air cargo transportation [J]. Transportation Research Part D: Transport and Environment, 2014 (33): 186-195.

[20] Charlier D, Risch A. Evaluation of the impact of environmental public policy measures on energy consumption and greenhouse gas emissions in the French residential sector [J]. Energy Policy, 2012 (46): 170-184.

[21] Cheng B, Dai H, Wang P, et al. Impacts of carbon trading scheme on air pollutant emissions in Guangdong Province of China [J]. Energy for Sustainable Development, 2015 (27): 174-185.

[22] Chen G, Hou F, Chang K. Regional decomposition analysis of electric carbon productivity from the perspective of production and consumption in China [J]. Environmental Science and Pollution Research, 2018, 25 (2): 1508-1518.

[23] Chen L-T, Hu A H. Voluntary GHG reduction of industrial sectors in Taiwan [J]. Chemosphere, 2012, 88 (9): 1074-1082.

[24] Choi Y, Liu Y, Lee H. The economy impacts of Korean ETS with an emphasis on sectoral coverage based on a CGE approach [J]. Energy Policy, 2017 (109): 835-844.

[25] Choi Y, Zhang N, Zhou P. Efficiency and abatement costs of energy-related

CO_2 emissions in China: A slacks – based efficiency measure [J]. Applied Energy, 2012 (98): 198–208.

[26] Coase R. The problem of social cost [A] //Classic papers in natural resource economics [M]. London: Palgrave Macmillan, 1960: 87–137.

[27] Cong R–G, Wei Y–M. Potential impact of (CET) carbon emissions trading on China's power sector: A perspective from different allowance allocation options [J]. Energy, 2010, 35 (9): 3921–3931.

[28] Crocker T D. The structuring of atmospheric pollution control systems [J]. The Economics of Air Pollution, 1966 (61): 81–84.

[29] Cui L–B, Fan Y, Zhu L, et al. How will the emissions trading scheme save cost for achieving China's 2020 carbon intensity reduction target?   [J]. Applied Energy, 2014 (136): 1043–1052.

[30] Cui Q, Wei Y–M, Li Y. Exploring the impacts of the EU ETS emission limits on airline performance via the Dynamic Environmental DEA approach [J]. Applied Energy, 2016 (183): 984–994.

[31] Dales J. Pollution, preperty and pricess: An essay in policy – making and economics [M]. Toronto: University of Toronto Press, 1968.

[32] De Cara S, Jayet P – A. Marginal abatement costs of greenhouse gas emissions from European agriculture, cost effectiveness, and the EU non–ETS burden sharing agreement [J]. Ecological Economics, 2011, 70 (9): 1680–1690.

[33] De Freitas L C, Kaneko S. Decomposing the decoupling of CO_2 emissions and economic growth in Brazil [J]. Ecological Economics, 2011, 70 (8): 1459–1469.

[34] den Elzen M G J, Hof A F, Mendoza Beltran A, et al. The copenhagen accord: Abatement costs and carbon prices resulting from the submissions [J]. Environmental Science & Policy, 2011, 14 (1): 28–39.

[35] Denny E, O'Malley M. The impact of carbon prices on generation–cycling costs [J]. Energy Policy, 2009, 37 (4): 1204–1212.

[36] Dirix J, Peeters W, Sterckx S. Is the EU ETS a Just Climate Policy? [J]. New Political Economy, 2015, 20 (5): 702–724.

[37] Drezner J A. Designing effective incentives for energy conservation in the public sector [M]. California: Doctor Dissertation of Claremont Graeluate University, 1999.

[38] Ehrlich P R, Holdren J P. Impact of population growth [J]. Science, 1971, 171 (3977): 1212–1217.

[39] Ekins P, Dresner S. Green taxes and charges: Reducing their impact on low–

income households [M]. York, UK: Joseph Rowntree Foundation, 2004.

[40] Ellerman D, Convery F, Perthuis C de. The european carbon market in action: Lessons from the first trading period [J]. Journal for European Environmental & amp, Planning Law, 2008, 5 (2): 215−233.

[41] Fan Y, Wu J, Xia Y, et al. How will a nationwide carbon market affect regional economies and efficiency of CO_2 emission reduction in China? [J]. China Economic Review, 2016 (38): 151−166.

[42] Foley D K, Rezai A, Taylor L. The social cost of carbon emissions: Seven propositions [J]. Economics Letters, 2013, 121 (1): 90−97.

[43] Freitas C J P, Silva P P da. European Union emissions trading scheme impact on the Spanish electricity price during phase Ⅱ and phase Ⅲ implementation [J]. Utilities Policy, 2015 (33): 54−62.

[44] Gallo M, Del Borghi A, Strazza C, et al. Opportunities and criticisms of voluntary emission reduction projects developed by Public Administrations: Analysis of 143case studies implemented in Italy [J]. Applied Energy, 2016 (179): 1269−1282.

[45] Golombek R, Kittelsen S A C, Rosendahl K E. Price and welfare effects of emission quota allocation [J]. Energy Economics, 2013 (36): 568−580.

[46] Goulder L H, Morgenstern R D, Munnings C, et al. China's national carbon dioxide emission trading system: An Introduction [J]. Economics of Energy & Environmental Policy, 2017, 6 (2).

[47] Graichen V, Schumacher K, Matthes F C, et al. Impacts of the EU Emissions Trading Scheme on the industrial competitiveness in Germany [R]. Federal Environment Agency, UBA Climate Change, 2008.

[48] Greaker M. Strategic environmental policy, eco − dumping or a green strategy? [J]. Journal of Environmental Economics and Management, 2003, 45 (3): 692−707.

[49] Harding G. The tragedy of the commons [J]. Science, 1968, 162 (3859): 1243−1248.

[50] He J, Deng J, Su M. CO_2 emission from China's energy sector and strategy for its control [J]. Energy, 2010, 35 (11): 4494−4498.

[51] Hák T, Moldan B, Dahl A L. Sustainability indicators: A scientific assessment [M]. Island Press, 2012.

[52] Hua G, Cheng T C E, Wang S. Managing carbon footprints in inventory management [J]. International Journal of Production Economics, 2011, 132 (2):

178-185.

[53] Huang W M, Lee G W M. GHG legislation: Lessons from taiwan [J]. Energy Policy, 2009, 37 (7): 2696-2707.

[54] Hu X, Liu C. Carbon productivity: A case study in the Australian construction industry [J]. Journal of Cleaner Production, 2016 (112): 2354-2362.

[55] Jaehn F, Letmathe P. The emissions trading paradox [J]. European Journal of Operational Research, 2010, 202 (1): 248-254.

[56] Jiang J, Xie D, Ye B, et al. Research on China's cap-and-trade carbon emission trading scheme: Overview and outlook [J]. Applied Energy, 2016 (178): 902-917.

[57] Johnson E P. The cost of carbon dioxide abatement from state renewable portfolio standards [J]. Resource and Energy Economics, 2014, 36 (2): 332-350.

[58] Jordan A, Lenschow A. "Greening" the European Union: What can be learned from the "leaders" of EU environmental policy? [J]. European Environment, 2000, 10 (3): 109-120.

[59] Kancs d'Artis, Wohlgemuth N. Evaluation of renewable energy policies in an integrated economic-energy-environment model [J]. Forest Policy and Economics, 2008, 10 (3): 128-139.

[60] Kara M, Syri S, Lehtilä A, et al. The impacts of EU CO_2 emissions trading on electricity markets and electricity consumers in Finland [J]. Energy Economics, 2008, 30 (2): 193-211.

[61] Karhunmaa K. Opening up storylines of co-benefits in voluntary carbon markets: An analysis of household energy technology projects in developing countries [J]. Energy Research & Social Science, 2016 (14): 71-79.

[62] Kaya Y, Yokobori K. Environment, energy and economy: Strategies for sustainability [M]. Delhi: Bookwell Publications, 1999.

[63] Kettner C, Köppl A, Schleicher S. The EU emission trading scheme: insights from the first trading years with a focus on price volatility [R]. WIFO Working Papers 368, 2010.

[64] Kim W, Chattopadhyay D, Park J. Impact of carbon cost on wholesale electricity price: A note on price pass-through issues [J]. Energy, 2010, 35 (8): 3441-3448.

[65] Kirat D, Ahamada I. The impact of the European Union emission trading scheme on the electricity-generation sector [J]. Energy Economics, 2011, 33 (5):

995-1003.

[66] Ko L, Chen C-Y, Lai J-W, et al. Abatement cost analysis in CO_2 emission reduction costs regarding the supply-side policies for the Taiwan power sector [J]. Energy Policy, 2013 (61): 551-561.

[67] Lafferty W, Hovden E. Environmental policy integration: Towards an analytical framework [J]. Environmental Politics, 2003, 12 (3): 1-22.

[68] Lanzi E, Chateau J, Dellink R. Alternative approaches for levelling carbon prices in a world with fragmented carbon markets [J]. Energy Economics, 2012 (34): S240-S250.

[69] Lauri P, Kallio A M I, Schneider U A. Price of CO_2 emissions and use of wood in Europe [J]. Forest Policy and Economics, 2012 (15): 123-131.

[70] Lennox J A, Andrew R, Forgie V. Price effects of an emissions trading scheme in New Zealand [A]. Seville, Spain, 2008.

[71] Li G, Yang J, Chen D, et al. Impacts of the coming emission trading scheme on China's coal-to-materials industry in 2020 [J]. Applied Energy, 2017 (195): 837-849.

[72] Li H, Mu H, Zhang M, et al. Analysis of regional difference on impact factors of China's energy - Related CO_2 emissions [J]. Energy, 2012, 39 (1): 319-326.

[73] Li J F, Wang X, Zhang Y X, et al. The economic impact of carbon pricing with regulated electricity prices in China—An application of a computable general equilibrium approach [J]. Energy Policy, 2014 (75): 46-56.

[74] Li L, Tan Z, Wang J, et al. Energy conservation and emission reduction policies for the electric power industry in China [J]. Energy Policy, 2011, 39 (6): 3669-3679.

[75] Linder A. Explaining shipping company participation in voluntary vessel emission reduction programs [J]. Transportation Research Part D: Transport and Environment, 2018 (61): 234-245.

[76] Link Irish Rural. Ignoring rural realities: The implications of a carbon tax for rural ireland [R]. Meath, 2009.

[77] Litman T. Evaluating carbon taxes as an energy conservation and emission reduction strategy [J]. Transportation Research Record, 2009, 2139 (1): 125-132.

[78] Liu Y-P, Guo J-F, Fan Y. A big data study on emitting companies' performance in the first two phases of the European Union Emission Trading Scheme [J].

Journal of Cleaner Production, 2017 (142): 1028-1043.

[79] Liu Z, Guan D, Wei W, et al. Reduced carbon emission estimates from fossil fuel combustion and cement production in China [J]. Nature, 2015, 524 (7565): 335-338.

[80] Li Y, Wang Y, Cui Q. Has airline efficiency affected by the inclusion of aviation into European Union Emission Trading Scheme? Evidences from 22 airlines during 2008-2012 [J]. Energy, 2016 (96): 8-22.

[81] Li Y, Zhu L. Cost of energy saving and CO_2 emissions reduction in China's iron and steel sector [J]. Applied Energy, 2014 (130): 603-616.

[82] Long R, Shao T, Chen H. Spatial econometric analysis of China's province-level industrial carbon productivity and its influencing factors [J]. Applied Energy, 2016 (166): 210-219.

[83] Lutsey N, Sperling D. Canada's voluntary agreement on vehicle greenhouse gas emissions: When the details matter [J]. Transportation Research Part D: Transport and Environment, 2007, 12 (7): 474-487.

[84] Lu Y, Zhu X, Cui Q. Effectiveness and equity implications of carbon policies in the United States construction industry [J]. Building and Environment, 2012 (49): 259-269.

[85] Malina R, McConnachie D, Winchester N, et al. The impact of the European Union Emissions Trading Scheme on US aviation [J]. Journal of Air Transport Management, 2012 (19): 36-41.

[86] Manley B, Maclaren P. Potential impact of carbon trading on forest management in New Zealand [J]. Forest Policy and Economics, 2012 (24): 35-40.

[87] Meleo L, Nava C R, Pozzi C. Aviation and the costs of the European Emission Trading Scheme: The case of Italy [J]. Energy Policy, 2016 (88): 138-147.

[88] Meng M, Niu D. Three-dimensional decomposition models for carbon productivity [J]. Energy, 2012, 46 (1): 179-187.

[89] Mohr R D. Technical Change, External Economies, and the Porter Hypothesis [J]. Journal of Environmental Economics and Management, 2002, 43 (1): 158-168.

[90] Moiseyev A, Solberg B, Kallio A M I. The impact of subsidies and carbon pricing on the wood biomass use for energy in the EU [J]. Energy, 2014 (76): 161-167.

[91] Mo J-L, Agnolucci P, Jiang M-R, et al. The impact of Chinese carbon

emission trading scheme (ETS) on low carbon energy (LCE) investment [J]. Energy Policy, 2016 (89): 271-283.

[92] Nazifi F, Milunovich G. Measuring the impact of carbon allowance trading on energy prices [J]. Energy & Environment, 2010, 21 (5): 367-383.

[93] OECD-Eurostat. The environmental and services industry: Manual for data collection and analysis [M]. Paris: OECD Editions, 1999.

[94] Organisation for Economic Co-operation and Development. Decoupling: A conceptual overview [M]. Paris: OECD Publishing, 2006.

[95] Pigou A C. 福利经济学 [M]. 北京: 商务印书馆, 2011.

[96] Porter M E. Towards a dynamic theory of strategy [J]. Strategic Management Journal, 1991, 12 (S2): 95-117.

[97] Porter M E, Van der Linde C. Toward a new conception of the environment-competitiveness relationship [J]. Journal of Economic Perspectives, 1995, 9 (4): 97-118.

[98] Prasad M, Mishra T. Low-carbon growth for Indian iron and steel sector: Exploring the role of voluntary environmental compliance [J]. Energy Policy, 2017 (100): 41-50.

[99] Rezessy S, Bertoldi P. Voluntary agreements in the field of energy efficiency and emission reduction: Review and analysis of experiences in the European Union [J]. Energy Policy, 2011, 39 (11): 7121-7129.

[100] Robaina Alves M, Rodríguez M, Roseta-Palma C. Sectoral and regional impacts of the European carbon market in Portugal [J]. Energy Policy, 2011, 39 (5): 2528-2541.

[101] Schleich J, Rogge K, Betz R. Incentives for energy efficiency in the EU Emissions Trading Scheme [J]. Energy Efficiency, 2009, 2 (1): 37-67.

[102] Stavins R N. Transaction costs and tradeable permits [J]. Journal of Environmental Economics and Management, 1995, 29 (2): 133-148.

[103] Stern P C, Gardner G T, Vandenbergh M P, et al. Design Principles for Carbon Emissions Reduction Programs [J]. Environmental Science & Technology, 2010, 44 (13): 4847-4848.

[104] Tapio P. Towards a theory of decoupling: Degrees of decoupling in the EU and the case of road traffic in Finland between 1970 and 2001 [J]. Transport Policy, 2005, 12 (2): 137-151.

[105] Tian Y, Akimov A, Roca E, et al. Does the carbon market help or hurt the

stock price of electricity companies? Further evidence from the European context [J]. Journal of Cleaner Production, 2016 (112): 1619-1626.

[106] Tomás R A F, Ramôa Ribeiro F, Santos V M S, et al. Assessment of the impact of the European CO_2 emissions trading scheme on the Portuguese chemical industry [J]. Energy Policy, 2010, 38 (1): 626-632.

[107] U. S. Interagency working group on social cost of greenhouse gases. Technical support document: Technical update of the social cost of carbon for regulatory impact analysis under executive order 12866 [R]. Washington, DC, 2016.

[108] van't Veld K, Plantinga A. Carbon sequestration or abatement? The effect of rising carbon prices on the optimal portfolio of greenhouse-gas mitigation strategies [J]. Journal of Environmental Economics and Management, 2005, 50 (1): 59-81.

[109] Vehmas J, Kaivo-oja J, Luukkanen J. Global trends of linking environmental stress and economic growth [J]. Turku: Finland Futures Research Centre, 2003 (6): 25.

[110] Vine E, Hamrin J. Energy savings certificates: A market-based tool for reducing greenhouse gas emissions [J]. Energy Policy, 2008, 36 (1): 467-476.

[111] Vithayasrichareon P, MacGill I F. Assessing the value of wind generation in future carbon constrained electricity industries [J]. Energy Policy, 2013 (53): 400-412.

[112] Wang K, Fu X, Luo M. Modeling the impacts of alternative emission trading schemes on international shipping [J]. Transportation Research Part A: Policy and Practice, 2015 (77): 35-49.

[113] Wang K, Wei Y-M. China's regional industrial energy efficiency and carbon emissions abatement costs [J]. Applied Energy, 2014 (130): 617-631.

[114] Wang K, Wei Y-M, Zhang X. A comparative analysis of China's regional energy and emission performance: Which is the better way to deal with undesirable outputs? [J]. Energy Policy, 2012 (46): 574-584.

[115] Wächter P. The usefulness of marginal CO_2-e abatement cost curves in Austria [J]. Energy Policy, 2013 (61): 1116-1126.

[116] Weitzman M L. Prices vs. Quantities [J]. The Review of Economic Studies, 1974, 41 (4): 477-491.

[117] Wilkerson J T, Leibowicz B D, Turner D D, et al. Comparison of integrated assessment models: Carbon price impacts on U. S. energy [J]. Energy Policy, 2015 (76): 18-31.

［118］ World Bank Group Climate Change. Carbon Pricing Watch 2017 ［R］. Washington, DC: World Bank, 2017.

［119］ World Bank. High-Level Commission on Carbon Prices ［R］. Washington, DC: World Bank, 2017.

［120］ World Bank. State and Trends of Carbon Pricing 2017 ［R］. Washington DC: World Bank, 2017.

［121］ Wu D, Xu Y, Zhang S. Will joint regional air pollution control be more cost-effective? An empirical study of China's Beijing-Tianjin-Hebei region ［J］. Journal of Environmental Management, 2015 (149): 27-36.

［122］ Wu F, Fan L W, Zhou P, et al. Industrial energy efficiency with CO_2 emissions in China: A nonparametric analysis ［J］. Energy Policy, 2012 (49): 164-172.

［123］ Wu L, Qian H, Li J. Advancing the experiment to reality: Perspectives on Shanghai pilot carbon emissions trading scheme ［J］. Energy Policy, 2014 (75): 22-30.

［124］ Wu N, Parsons J E, Polenske K R. The impact of future carbon prices on CCS investment for power generation in China ［J］. Energy Policy, 2013 (54): 160-172.

［125］ Xu T, Sathaye J, Kramer K. Sustainability options in pulp and paper making: Costs of conserved energy and carbon reduction in the US ［J］. Sustainable Cities and Society, 2013 (8): 56-62.

［126］ Yamaguchi K. Voluntary CO_2 emissions reduction scheme: Analysis of airline voluntary plan in Japan ［J］. Transportation Research Part D: Transport and Environment, 2010, 15 (1): 46-50.

［127］ York R, Rosa E A, Dietz T. STIRPAT, IPAT and ImPACT: Analytic tools for unpacking the driving forces of environmental impacts ［J］. Ecological Economics, 2003, 46 (3): 351-365.

［128］ Yu S, Wei Y-M, Fan J, et al. Exploring the regional characteristics of inter-provincial CO_2 emissions in China: An improved fuzzy clustering analysis based on particle swarm optimization ［J］. Applied Energy, 2012 (92): 552-562.

［129］ Yu Y, Choi Y, Wei X, et al. Did China's regional transport industry enjoy better carbon productivity under regulations? ［J］. Journal of Cleaner Production, 2017 (165): 777-787.

［130］ Zagheni E, Billari F C. A cost valuation model based on a stochastic representation of the IPAT equation [J]. Population and Environment, 2007, 29 (2): 68-82.

[131] Zhang B, Zhang Y, Bi J. An adaptive agent-based modeling approach for analyzing the influence of transaction costs on emissions trading markets [J]. Environmental Modelling & Software, 2011, 26 (4): 482-491.

[132] Zhang C, Lin Y. Panel estimation for urbanization, energy consumption and CO_2 emissions: A regional analysis in China [J]. Energy Policy, 2012 (49): 488-498.

[133] Zhou W, Gao L. The impact of carbon trade on the management of short-rotation forest plantations [J]. Forest Policy and Economics, 2016 (62): 30-35.

[134] Zhou X, Fan L W, Zhou P. Marginal CO_2 abatement costs: Findings from alternative shadow price estimates for Shanghai industrial sectors [J]. Energy Policy, 2015 (77): 109-117.

[135] 埃里克弗鲁博顿, 鲁道夫芮切特. 新制度经济学 [M]. 上海: 格致出版社, 2015.

[136] 蔡昉, 都阳, 王美艳. 经济发展方式转变与节能减排内在动力 [J]. 经济研究, 2008 (6): 4-11.

[137] 蔡昉, 王德文, 王美艳. 工业竞争力与比较优势——WTO 框架下提高我国工业竞争力的方向 [J]. 管理世界, 2003 (2): 58-63.

[138] 常凯, 王维红. 双重管制政策下碳减排效率 [J]. 科技管理研究, 2011 (10): 161-164.

[139] 陈茂山. 海河流域水环境变迁与水资源承载力的历史研究 [D]. 北京: 中国水利水电科学研究院, 2005.

[140] 陈诗一. 能源消耗, 二氧化碳排放与中国工业的可持续发展 [J]. 经济研究, 2009 (4): 41-55.

[141] 陈文颖, 高鹏飞, 何建坤. 用 MARKAL-MACRO 模型研究碳减排对中国能源系统的影响 [J]. 清华大学学报 (自然科学版), 2004, 44 (3): 342-346.

[142] 陈晓红, 胡维, 王陟昀. 自愿减排碳交易市场价格影响因素实证研究——以美国芝加哥气候交易所 (CCX) 为例 [J]. 中国管理科学, 2013 (4): 74-81.

[143] 陈一萍. 基于密切值法的节能减排评价研究 [J]. 生态环境学报, 2010, 19 (2): 419-422.

[144] 储莎, 陈来. 基于变异系数法的安徽省节能减排评价研究 [J]. 中国人口·资源与环境, 2011, 21 (S1): 512-516.

［145］戴伊. 美国公共政策经典译丛——理解公共政策［M］. 北京：北京大学出版社，2008.

［146］丁浩，张朋程，霍国辉. 自愿减排对构建国内碳排放交易市场的作用和对策［J］. 科技进步与对策，2010（22）：149-151.

［147］丁文广. 环境政策与分析［M］. 北京：北京大学出版社，2008.

［148］范英，张晓兵，朱磊. 基于多目标规划的中国二氧化碳减排的宏观经济成本估计［J］. 气候变化研究进展，2010（2）：130-135.

［149］高杨，李健. 考虑成本效率的碳减排政策工具最优选择［J］. 系统工程，2014（6）：119-125.

［150］国际能源署. 世界能源展望2004［M］. 北京：中国石化出版社，2006.

［151］哈密尔顿. 里约后五年：环境政策的创新［M］. 北京：中国环境科学出版社，1998.

［152］韩一杰，刘秀丽. 中国二氧化碳减排的增量成本测算［J］. 管理评论，2010（6）：100-105.

［153］何建坤，苏明山. 应对全球气候变化下的碳生产率分析［J］. 中国软科学，2009（10）：42-47.

［154］何建武，李善同. 节能减排的环境税收政策影响分析［J］. 数量经济技术经济研究，2009（1）：31-44.

［155］何伟，秦宁，何玘霜等. 节能减排绩效及其与经济效益协调性的监控和评估［J］. 环境科学学报，2010，30（7）：1499-1509.

［156］姜礼尚，徐承龙，任学敏. 金融衍生产品定价的数学模型与案例分析［M］. 北京：高等教育出版社，2008.

［157］李斌. 基于可持续发展的我国环境经济政策研究［D］. 青岛：中国海洋大学，2007.

［158］李康. 环境政策学［M］. 北京：清华大学出版社，2000.

［159］李强. 环境规制与产业结构调整——基于Baumol模型的理论分析与实证研究［J］. 经济评论，2013（5）：100-107.

［160］李阳，党兴华，韩先锋等. 环境规制对技术创新长短期影响的异质性效应——基于价值链视角的两阶段分析［J］. 科学学研究，2014（6）：937-949.

［161］林伯强. 温室气体减排目标、国际制度框架和碳交易市场［J］. 金融发展评论，2010（1）：107-119.

［162］林云华. 国际气候合作与排放权交易制度研究［D］. 武汉：华中科技大学，2006.

［163］刘桂艳. 模糊综合评价法在航空企业节能减排评价中的应用［J］. 环

境污染与防治, 2011, 33 (4): 62-65.

[164] 刘明磊, 朱磊, 范英. 我国省级碳排放绩效评价及边际减排成本估计: 基于非参数距离函数方法 [J]. 中国软科学, 2011 (3): 106-114.

[165] 刘思峰, 党耀国, 方志耕等. 灰色系统理论及其应用 (第5版) [M]. 北京: 科学出版社, 2010.

[166] 刘伟, 童健, 薛景等. 环境规制政策与经济可持续发展研究 [M]. 北京: 经济科学出版社, 2017.

[167] 陆敏, 苍玉权. 构建统一的碳交易市场 [J]. 中国金融, 2015 (24): 62-63.

[168] 陆敏, 苍玉权, 李岩岩. 碳交易机制对上海市工业碳排放强度和竞争力的影响 [J]. 技术经济, 2018, 37 (7): 114-120.

[169] 陆敏, 苍玉权. 中国碳交易市场减排成本与交易价格研究 [M]. 北京: 中国社会科学出版社, 2016.

[170] 陆敏, 李岩岩. 基于 GM (1, 1) 模型的我国若干节能减排政策评价研究 [J]. 生态经济, 2014 (9): 45-49.

[171] 陆敏, 赵湘莲, 李岩岩. 基于系统聚类的中国碳交易市场初步研究 [J]. 软科学, 2013 (3): 40-43.

[172] 陆敏, 赵湘莲, 李岩岩. 碳排放交易国内外研究热点问题综述 [J]. 中国科技论坛, 2012 (4): 129-134.

[173] 陆敏, 赵湘莲, 李岩岩. 碳排放约束目标下的中国省际潜在支出分析 [J]. 系统工程, 2014 (2): 57-63.

[174] 陆钟武, 王鹤鸣, 岳强. 脱钩指数: 资源消耗、废物排放与经济增长的定量表达 [J]. 资源科学, 2011 (33): 2-9.

[175] 马世骏. 生态工程——生态系统原理的应用 [J]. 生态学杂志, 1983 (4): 20-22.

[176] 马银戌. 中国地区工业竞争力统计分析 [J]. 数量经济技术经济研究, 2002 (8): 86-89.

[177] 莫神星. 节能减排机制法律政策研究 [M]. 北京: 中国时代经济出版社, 2008.

[178] 潘家华, 张丽峰. 我国碳生产率区域差异性研究 [J]. 中国工业经济, 2011 (5): 47-57.

[179] 彭佳雯, 黄贤金, 钟太洋. 中国经济增长与能源碳排放的脱钩研究 [J]. 资源科学, 2011 (33): 626-633.

[180] 彭江波. 金融促进节能减排市场化工具运行的机制研究 [J]. 经济学

动态，2010（3）：63-67.

［181］齐佳音，李怀祖，陆新元. 环境管理政策的选择分析［J］. 中国人口·资源与环境，2002（6）：60-62.

［182］饶清华，邱宇，许丽忠等. 节能减排指标体系与绩效评估［J］. 环境科学研究，2011，24（9）：1067-1073.

［183］任景明. 基于复合生态管理的政策环境评价方法研究［D］. 北京：中国科学院，2007.

［184］水利部海河水利委员会. 海河流域水资源公报2017年［R］. 2018.

［185］水利部海河水利委员会. 海河流域水资源及其开发利用情况调查评价［R］. 2004.

［186］宋帮英，苏方林. 我国省域碳排放量与经济发展的GWR实证研究［J］. 财经科学，2010（4）：41-49.

［187］孙然好，程先，陈利顶. 海河流域河流生境功能识别及区域差异［J］. 生态学报，2018，38（12）：4473-4481.

［188］孙睿，况丹，常冬勤. 碳交易的"能源—经济—环境"影响及碳价合理区间测算［J］. 中国人口·资源与环境，2014（7）：82-90.

［189］孙亚男. 碳交易市场中的碳税策略研究［J］. 中国人口·资源与环境，2014（3）：32-40.

［190］滕泽伟，胡宗彪，蒋西艳. 中国服务业碳生产率变动的差异及收敛性研究［J］. 数量经济技术经济研究，2017（3）：78-94.

［191］汪泽方. 碳市场将现"中国样本"［N］. 人民日报（海外版），2017.

［192］王兵，吴延瑞，颜鹏飞. 环境管制与全要素生产率增长：APEC的实证研究［J］. 经济研究，2008（5）：19-32.

［193］王金南，陆军，何军. 中国环境规划与政策（第十三卷）［M］. 北京：中国环境出版社，2017.

［194］王金南. 运用"四力"法则推进环保机构改革［N］. 中国环境报，2008.

［195］王如松. 复合生态与循环经济［M］. 北京：气象出版社，2003.

［196］王修林，李克强. 渤海主要化学污染物海洋环境容量［M］. 北京：科学出版社，2006.

［197］王毅刚. 中国碳排放权交易体系设计研究［M］. 北京：经济管理出版社，2011.

［198］卫功琦. 我国商业银行道德风险的实证分析：信贷风险掩饰和推迟视角［J］. 国际金融研究，2009（7）：80-86.

［199］魏楚. 中国城市 CO_2 边际减排成本及其影响因素 ［J］. 世界经济，2014，37（7）：115-141.

［200］魏后凯，吴利学. 中国地区工业竞争力评价 ［J］. 中国工业经济，2002（11）：54-62.

［201］魏涛远，格罗姆斯洛德. 征收碳税对中国经济与温室气体排放的影响 ［J］. 世界经济与政治，2002（8）：47-49.

［202］夏炎，范英. 基于减排成本曲线演化的碳减排策略研究 ［J］. 中国软科学，2012（3）：12-22.

［203］肖红叶，程郁泰. E-DSGE 模型构建及我国碳减排政策效应测度 ［J］. 商业经济与管理，2017（7）：73-86.

［204］肖黎姗，王润，杨德伟等. 中国省际碳排放极化格局研究 ［J］. 中国人口·资源与环境，2011，21（11）：21-27.

［205］许广月，宋德勇. 中国碳排放环境库兹涅茨曲线的实证研究——基于省域面板数据 ［J］. 中国工业经济，2010（5）：37-47.

［206］杨翱，刘纪显，吴兴弈. 基于 DSGE 模型的碳减排目标和碳排放政策效应研究 ［J］. 资源科学，2014（7）：1452-1461.

［207］杨超，李国良，门明. 国际碳交易市场的风险度量及对我国的启示——基于状态转移与极值理论的 VaR 比较研究 ［J］. 数量经济技术经济研究，2011，28（4）：94-109.

［208］杨超，王锋，门明. 征收碳税对二氧化碳减排及宏观经济的影响分析 ［J］. 统计研究，2011（7）：45-54.

［209］杨朝飞，王金南，葛察忠. 环境经济政策：改革与框架 ［M］. 北京：中国环境科学出版社，2010.

［210］杨来科，张云. 国际碳交易框架下边际减排成本与能源价格关系研究 ［J］. 财贸研究，2012（4）：83-90.

［211］姚勤农. 海河流域水资源和水生态环境问题刍议 ［J］. 海河水利，2003（6）：26-28.

［212］原毅军. 环境政策创新与产业结构调整 ［M］. 北京：科学出版社，2017.

［213］曾凡银. 中国节能减排政策：理论框架与实践分析 ［J］. 财贸经济，2010（7）：110-115.

［214］曾琳，张天柱. 循环经济与节能减排政策对我国环境压力影响的研究 ［J］. 清华大学学报（自然科学版），2012（4）：478-482.

［215］张彬，姚娜，刘学敏. 基于模糊聚类的中国分省碳排放初步研究 ［J］.

中国人口·资源与环境, 2011, 21 (1): 53-56.

[216] 张成, 于同申, 郭路. 环境规制影响了中国工业的生产率吗——基于 DEA 与协整分析的实证检验 [J]. 经济理论与经济管理, 2010 (3): 11-17.

[217] 张纪录. 区域碳排放因素分解及最优低碳发展情景分析——以中部地区为例 [J]. 经济问题, 2012 (7): 126-129.

[218] 张其仔, 郭朝先. 制度挤出与环境保护政策设计 [J]. 中国工业经济, 2007 (7): 65-71.

[219] 张伟, 朱启贵, 李汉文. 能源使用、碳排放与我国全要素碳减排效率 [J]. 经济研究, 2013 (10): 138-150.

[220] 张尊华. 基于因子分析模型的船舶企业节能减排评价及应用 [J]. 船海工程, 2010, 39 (1): 66-68.

[221] 赵国浩, 高文静. 基于前沿分析方法的中国工业部门广义碳生产率指数测算及变化分解 [J]. 中国管理科学, 2013 (1): 31-36.

[222] 支燕. 碳管制效率、政府能力与碳排放 [J]. 统计研究, 2013 (2): 64-72.

[223]《中国水利年鉴》编纂委员会. 中国水利年鉴 (2016) [M]. 北京: 中国水利水电出版社, 2016.

[224] 中华人民共和国生态环境部. 2017 中国生态环境状况公报 [R]. 2018.

[225] 中华人民共和国水利部. 2017 年中国水资源公报 [R]. 2018.

[226] 周波. 中国的节能减排困境和财税政策选择 [J]. 中国人口·资源与环境, 2011 (6): 79-82.

[227] 周艳菊, 袁财华. 考虑消费者低碳偏好的制造商自愿减排抉择 [J]. 统计与决策, 2017 (7): 41-45.

[228] 朱迎春. 我国节能减排税收政策效应研究 [J]. 当代财经, 2012 (5): 26-33.

[229] 朱永彬, 刘晓, 王铮. 碳税政策的减排效果及其对我国经济的影响分析 [J]. 中国软科学, 2010 (4): 1-9.

[230] 庄贵阳. 低碳经济: 气候变化背景下中国的发展之路 [M]. 北京: 气象出版社, 2007.

[231] 庄贵阳. 低碳试点城市低碳发展指标比较 [J]. 中国建设信息化, 2010 (21): 36-39.

后 记

习近平总书记提出的"绿水青山就是金山银山"的重要理念，生动形象、入木三分地阐明了经济发展与环境保护之间的辩证关系，为建设生态文明、建设美丽中国提供了根本遵循。在这样的背景下，旨在改善环境质量和环境资源，提高人们的生存条件和生活水平，促进生产力发展，实现环境与经济的协调发展的环境经济政策就显得尤为重要。立足需要与可能、兼顾当前和长远，对环境经济政策进行综合评价，提出完善政策、规范政策执行等方面的对策建议，则具有举足轻重的作用。

本书在环境经济政策的理论基础上展开了深入研究，采用多种研究方法探索不同环境经济政策的政策效应，丰富了环境经济政策评价方法，为解决实际环境污染问题提供了一定的借鉴，有利于环境经济政策更好地促进经济绿色发展。

然而，政策层面的评价无论是国内还是国外，都属于较难的研究领域，每种方法总有其优缺点，而且涉及的政策也千差万别，目前还没有放之四海而皆准的评价模型。学术界比较热门的评价方法还有可计算一般均衡方法（CGE）、双重差分模型（DID）等，这些方法也可以用来对环境经济政策的效应进行合理评价。